U0256967

CAMBRIDGE

雾都伦敦

THE
SMOKE OF LONDON

[美]
威廉·卡弗特 著
William M. Cavert

现代早期城市的能源与环境
Energy and Environment in the Early Modern City

王庆奖　苏前辉 译
梅雪芹 审校

社会科学文献出版社
SOCIAL SCIENCES ACADEMIC PRESS (CHINA)

中文版自序

拙作内容看似与中国无关却有关。我关注的完完全全是英国史，尤其是伦敦 1550～1800 年的历史，表面上看根本不涉及中国史。本书讲述的是伦敦发生的事情，描述的是这座城市环境变化的方式和原因，以及人们对此改变的所思所为。借此讲述，试图将环境污染归结为牵涉范围广、经历过程多之后果。不仅是因为技术变革，也缘于社会关系；不仅是因为价格的问题，也涉及政府政策的问题；不仅存在着对污染抵制的现象，也存在着对其接受和漠视的现象。总而言之，我试图解释伦敦空气是如何被污染的，这个过程涉及政府官员、知识分子和普通民众，因为他们共同创造了一个新的、肮脏的城市环境。

但从更大范围来看，就在我对伦敦历史进行思考的同时，过去几十年中国所发生的一切不断在我心中回响。21 世纪初，许多美国人惊讶于中国经济和城市化进程的飞速发展，因之对中国产生了兴趣。我读了有关中国和亚洲别的地方存在严重污染的文章之后，逐渐意识到现代早期伦敦所发生的事为后来经历工业化的国家设定了非常重要的模式，既可以提供启示又可以提出警示。在从事本研究的过程中，我通过荧幕观看了 2008 年北京奥运会，在新闻报道中读到这座城市为尽可能给运动员提供良好的空气环境所做出的努力。写完本书后，我第一次到了中国，对北京的发展惊叹不已。也看到长长的火车满载着煤炭在河北西北部穿行，在我看来，以煤炭为动力的当代中国城市很多方面都在走现代早期伦敦的老路。

如果该情况属实，我希望本书可以给当今的中国读者提供一些有益的教训，尽管吸取教训并非易事。那次访问中国的最后一天是在北京度过的。我参观了几个著名的历史景点，考察了新旧住宅小区，与大学里的同行见了面，彼时的天空却由美丽的蓝色变成暗灰色。我的喉咙发痒，进而咳嗽，于是我开始思索一个具有讽刺意味却使我兴奋的事实：居然能够身临其境地感受到被严重污染的城市空气。我在结语中应该再多写一点北京的内容，它与伦敦这两座城市均可被视为"新型城市生活，有着它的壮丽和问题"的典型。在结语中，我主要讨论经济增长的方式而不是早期的伦敦，其中所表达的愿望同样适用于中国以及我的祖国美国。但愿我们都能够摆脱伦敦这种经由污染之路获取财富的方式，实现"一种不必付出巨大代价的增长方式"。

威廉·卡弗特
2019 年 3 月

目　录

第四部分　适应

绪　言

　　在 18 世纪，有无数人来到伦敦。既有来工作的，也有来旅游的，还有来定居的，其中有两位来自大英帝国不同角落的人。这两人都出生在那个世纪的早期，属于安妮女王统治时期，而且在去世之前的几十年里长期声名显赫。他们几乎是同时代的人，所处的是印刷业和图书销售发达的时代，两人来到伦敦时英姿勃发，都是通过自己的文章声名鹊起。他们政治信仰各异，宗教观点不同，即使同在一个圈里，却不是朋友。在伦敦，英国的首都，大英帝国正在全球崛起的时刻，两人唯一的相遇不可避免地出现了。在两人的职业生涯中，伦敦这座城市都起到了至关重要的作用，然而他们都没有将其看作健康、洁净或是美丽的城市。

　　两人都一致认为伦敦的特征是空气肮脏、烟雾缭绕。年纪稍长的那位在殖民地长大，曾将伦敦的生活与朋友家乡汉普夏郡（Hampshire）的"香甜空气"进行对比。在从可以颐养天年的乡下回到喧嚣与肮脏的城市后，他写道："现在我很不情愿地要呼吸伦敦的烟雾了。"在其他场合他还写到都市的烟雾就是"硫黄"，且使得"固若金汤的城市……令人窒息"，认为解决之道是重新设计壁炉。年纪稍小的那位则出生在英国中部，他认

为城市生活本质上就是一段体验烟雾的经历。在他撰写的众多
文章中，有一篇写到才华横溢的谈话和城市的美景同样紧缺。

> 从阅读一个人的书到与之对话，往往犹如远观后走进
> 一座城市的门。从远望去，只见巍然耸立之庙宇塔尖、宫
> 殿塔楼，并借此想象城里之金碧辉煌、雄伟壮丽、不同凡
> 响。然一旦踏进城门，却看见让人满腹疑惑的狭窄小巷、
> 丢脸的破烂小屋、尴尬的道路拥堵，天空中还飘荡着烟雾。

xiv

这位作者虽然只知道一座"大城市"，却对之了如指掌。他声
称，这座城市生机勃勃，"在伦敦生活所需的一切应有尽有。如
果有人说对伦敦感到厌倦了，那他就是对生活感到厌倦"。只不
过那是烟雾人生啊，并不是人人都喜欢的人生。作者的爱妻就
住在北边 4 英里、烟雾笼罩的汉普斯特德（Hampstead），而
"她的丈夫则在伦敦的烟雾中吃尽苦头"。观察到这一现象的记录
者是作者的苏格兰朋友兼传记作家，他也对妻子的健康感到担忧，
认为她的身体状况使她"不适于在伦敦的烟雾中生活"。① 这两

---

① Benjamin Franklin to Jonathan Shipley, 24 June 1771; *An Account of the New Invented Pennsylvanian Fire-Places* (Philadelphia, 1744); Samuel Johnson, The Rambler Issue 14, 5 May 1750, in *The Yale Edition of the Works of Samuel Johnson* (New Haven, 1968), Ⅲ, 79 - 80; George Birkbeck Hill, ed., *Boswell's Life of Johnson* (Oxford, 1887), Ⅰ, 275; Ⅲ, 187; Boswell to William Johnson Temple, 20 July 1784, Nellie Pottle Hankins and John Strawhorn, eds., *The Correspondence of James Boswell with James Bruce and Andrew Gibb, Overseers of the Auchinleck Estate* (New Haven, 1998), 97. 关于本杰明·富兰克林和塞缪尔·约翰逊 1761 年同时出席会议的情况，参见 "Franklin, Benjamin," Pat Rogers, ed., *The Samuel Johnson Encyclopedia* (Westport CT, 1996), 150 - 51。他们之间在政治上的针锋相对，参见 Neill R. Yoy, "Politics and Culture: The Dr. Franklin-Dr. Johnson Connection, with an Analogue," *Prospects* 23 (1998): 59 - 105。

人是本杰明·富兰克林（Benjamin Franklin）和塞缪尔·约翰逊（Samuel Johnson）。

对于像本杰明·富兰克林、塞缪尔·约翰逊和詹姆斯·鲍斯韦尔（James Boswell）这样的作家来说，"伦敦烟雾"（The smoke of London）这几个字富有深意，因为它们把多重可能性融入这个城市的物质环境。对于他们来说，冬季的伦敦大多时候都处于黑暗之中，即使在天空晴朗时，烟雾也很少离伦敦而去。烟雾已经成为定义都市生活的特征，从而使伦敦显得不同寻常。作为一个城市，伦敦既不是独一无二的大城市，也不是独一无二的富有城市，尤其不是一座宏伟的城市。相对而言，巴黎是大城市并且拥有更多的地标性建筑，阿姆斯特丹是一个商业网络发达的中心，马德里和伊斯坦布尔也曾经做过伟大帝国的首都。然而伦敦的城区环境与上述城市有着天壤之别，这一点对于约翰逊和富兰克林尚可忍受，而对一些外国游客来说简直是糟糕透顶。

他们认为伦敦的外观很糟。一位德国游客写道："伦敦的建筑被残忍的烟火熏黑了。"这位游客认为煤烟是"伦敦的祸根"。另外一位德国人则认为英国下院"被烟尘玷污了"，威斯敏斯特教堂的加冕座椅"被烟尘熏黑，很难看"，皇家学会博物馆里的物品"被烟尘所毁，看起来又黑又丑"。① 芬兰－瑞典博物学家佩尔·卡尔曼（Pehr Kalm）1748 年来到伦敦。在去宾夕法尼亚见本杰明·富兰克林之前的几个月，他从格林尼治看

---

① Karl Ludwig and Freiherr von Pöllnitz, *The Memoirs of Charles-Lewis*, *Baron de Pollnitz* （1739），Ⅱ，431，433；W. H. Quarrell and Margaret Mare, trans. and eds., *London in 1710 From the Travels of Zacharias Conrad von Uffenbach* （1934），74，92，101.

不见圣保罗大教堂的圆顶，从教堂圆顶也看不见城市的其他地方，"城市四周厚厚的烟尘让二者模糊不清"。卡尔曼抱怨道：

> 无论本人对咳嗽之免疫力何其之大，每自乡下到伦敦，只需在此住上一日，咳嗽乃现……而一旦离开并居于乡下两日，则不治而愈。习惯居于乡下则无法习惯于煤烟，无论是何人，英国本地人均为如此。①

对于他来说，煤烟使伦敦成为一座难以让人羡慕和享受的城市。

另一位本杰明·富兰克林的老相识、哲学家让-皮埃尔·戈拉斯雷（Jean-Pierre Grosley）对伦敦的空气感到震撼。他在1765 年写道："煤烟滚滚，浓雾深深。所形成之乌云，宛如斗篷把伦敦城包裹起来。遮天蔽日，煤烟一浪高过一浪，阳光难以穿云破雾。"他认为煤烟窒息了城市居民，雨水中都带有煤烟，把建筑物的内墙外壁也涂黑了。更糟的是，"如若放任不管，伦敦居民最终必与阳光永别"。② 还有一个来自拉布拉多名叫阿塔尤克（Atajuk）的人，他虽然自我启蒙的感受稍差，却是一个善于观察的游客，他发现 1772 年的伦敦"房屋多、煤烟多、人多"。③

---

① Pehr Kalm, *Kalm's Account of His Visit to England on His Way to America in 1748*, Joseph Lucas, trans. (1892), 42, 138.

② Pierre-Jean Grosley, *A Tour to London: or, New Observations on England, and Its Inhabitants* Thomas Nugent, trans. (1772), 44.

③ George Cartwright, *A Journal of Transactions and Events, During a Residence of Nearly Sixteen Years on the Coast of Labrador* (1792), I, 269; Coll Thrush, "The Iceberg and the Cathedral: Encounter, Entanglement, and Isuma in Inuit London," *Journal of British Studies* 53:1 (2014), 59-79.

　　伦敦的确给游客带来了非常震撼的印象，人们从未对其他城市的烟雾用过这类描述，而英国人自己也把伦敦说成雾都。1748 年，在佩尔·卡尔曼患上咳嗽几周之后，一位才女（塞缪尔·约翰逊的朋友）伊丽莎白·卡特（Elizabeth Carter）在给朋友的信中写道，伦敦北边十英里、夏日的恩菲尔德（Enfield）"比起喧嚣尘上、乌烟瘴气、拥挤不堪的城里更加宜人"。到了夏末，计划也变了，"我不想在恩菲尔德这个长满野生荨麻的地方待着，但是伦敦的烟雾也让我感到难以喘息"。[①] 无论是卡特还是她的那些知识分子朋友，塞缪尔·约翰逊、詹姆斯·鲍斯韦尔、本杰明·富兰克林、佩尔·卡尔曼、让－皮埃尔·戈拉斯雷，伦敦的特别之处都是通过其物质环境来表述的：这个人类商业和工业中心坐落在自身造成的浓烟之中。由此看来，1661 年约翰·伊夫林（John Evelyn）通过《烟尘防控建议书》（Fumifugium）对城市煤烟提出的有名控诉，也就不是如人们认为的那样属于荒野的呼唤了。很多人认为，伊夫林所展现的细节也是很多伦敦人时而认真、时而调侃地对每况愈下的城市环境所表达的意见。

　　空气中的烟雾如何成为伦敦都市生活形象和经历的一个基本构成，这个过程就是本书的主题。在现代早期，世界上任何一个城市都无法与伦敦相比拟，原因很简单，其他城市没有像伦敦一样燃烧大量的灰煤（dirty coal）。灰煤属矿物燃料，是

xvi

① Elizabeth Carter to Susanna Highmore, 8 June 1748, in Gwen Hampshire, ed. , *Elizabeth Carter, 1717 – 1806: An Edition of Some Unpublished Letters* (Cranbury, NJ, 2005); Carter to Catherine Talbot, 5 August 1748, in *A Series of Letters between Mrs. Elizabeth Carter and Miss Catherine Talbot from the Year 1741 to 1770* (1808), Ⅰ, 287.

英国西北部纽卡斯尔（Newcastle）附近地区的沉积岩。它是烟煤，一种热量高的中等品质的煤。与木质燃料不同的是，灰煤在燃烧时会释放出浓厚烟尘，并含有高浓度的污染物。由于城市规模特别巨大，能源消费很不均衡，灰煤让伦敦在早期现代化过程中获得了世界上独一无二的巨大活力。但之后上演了相似的剧情，城市扩张、经济增长、能源消费量上升等几个方面一起导致了环境的恶化。对于现代经济学家来说，这种污染具有负外部效应或不悦效应（negative externality or disamenity）。而在 17、18 世纪，当人们第一次面对这样的局面时，观察家有时称之为"小麻烦""肮脏""污染"，或者干脆称为"伦敦烟雾"。

　　污染本身有着自己的历史，可以用很多方式来表述。环境史学家以及那些对人与自然、人与自己建构的环境的关系变迁感兴趣的人们一般都会把污染的历史表述成以下三个宏大叙事。第一种叙事认为人类一直在破坏自身所处的环境，因此连续性和相似性（continuities and parallels）与历时变化同等重要。第二种叙事强调在现代医学和现代物质财富出现之前，人人贫穷且不卫生，只是没有引起过多关注。第三种叙事断言，污染是新生事物，类似烟尘之事在 1800 年以前并没有大量存在，而之后是工业改变了人，让人类能够从大自然中获取资源并因此改变了自然环境。

　　以上叙事各有不同，各有道理。人类的确在很长一段时间改变着历史，平整土地、燃烧和狩猎都是比人类文明古老得多的活动。古代城市如罗马、长安也都在大量消耗资源和产生垃圾。[①]

xvii

---

① J. Donald Hughes, *An Environmental History of the World*: *Humankind's Changing Role in the Community of Life* (Abingdon, 2009), ch. 2 – 4.

实际上，前现代的人们可能比富有的后人更能够忍受环境污染，因为他们无法像后人一样享有充足的水源、化学洁净剂、生物医学信息。① 最后，现代经济的发展使得污染愈演愈烈。在北京、德里、开罗、墨西哥城，烟尘和雾霾虽然威胁着这些城市的公共卫生，但也是经济发展的结果，与其他大量存在的污染物如核辐射、水银和激素干扰剂没什么两样。这些对全球环境和公共卫生的威胁在前现代是不存在的，的确是普天之下的新生事物。②

　　上述宏大叙事都揭示了部分真理，但是由于每一种叙事都无法解释欧洲 1500 ~ 1800 年如此规模的变化，因而也都存在不足。如果强调环境恶化总是与我们如影随形，那我们就可能错过一些关键性特征并把不同类型的环境干预和环境压力混为一谈，如同把古代美索不达米亚平原的盐碱化与三峡大坝等同起来一样。我们可以把工业化之前的那个时期解释为一场灾难，因为那时大部分人既穷又脏；也可以将其视为一种幸运，因为没有人在这个地球上受到毒害。但是无论作何解读，如果说工业化之前的那个时期主要是缺乏现代性并由此对其进行定义，那将会取消前现代、前工业化社会的特征。19 世纪以前几百年间所发生的变化太多了，尤其是在英格兰，因而这种定义方式很难适用。正如莎士比亚（William Shakespear）、弗朗西斯·德雷克（Francis Drake）③ 的时代与简·奥斯丁（Jane

---

① Mark Jenner, "Follow Your Nose? Smell, Smelling, and their Histories," *American Historical Review* 116 （2011）, 335 – 51.

② J. R. McNeill, *Something New Under the Sun: An Environmental History of the Twentieth-Century World* （New York, 2001）.

③ 弗朗西斯·德雷克是伊丽莎白时代的一位船长、奴隶贩子和海盗，曾率领海盗船击退过西班牙的无敌舰队。——译者注

Austin)、詹姆斯·瓦特（James Watt）的时代是两回事一样，因此 1800 年伦敦的城市环境与其在 16 世纪的情况有着很大的不同。现代开始的几个世纪里所发生的剧变，在连续性的宏大叙事中或者在把历史划分为前现代和现代的二元论中几乎没有得到重视。这两个路径都没有充分讨论现代早期情况的可能。因此，本书认为讨论这几个世纪发生的环境变迁史是很有必要的。

这段历史不仅是因为应该将其当作某种恢复真相的行为来加以讲述，如一些历史学家所说的那样，"就其本身而言"来书写，而且是因为，如果我们希望了解后来发生的巨大变化，那么对前现代和前工业化的世界所发生的事情加以了解是必不可少的。给 18 世纪的英国提供动力的是化石燃料，这是不争的事实，并且也是伦敦尤为突出的特点，这在很多重要的方面成就了我们的现代世界。有人认为"化石燃料革命"是人类历史上具有划时代意义的重大事件，可与农业革命相媲美。正如埃德蒙·伯克三世（Edmund Burke Ⅲ）所说的那样，如果我们把所有的历史只按照太阳能时代和化石燃料时代这样的两个阶段来划分的话，那么从前者向后者过渡的那个时段就应该在人类历史上以及在人类所处的世界里占据中心的位置。①

由此观之，1600 年前几年至大约 1800 年工业化开始这个时段，伦敦向煤燃料过渡的经历与其他前现代的经历并不一样。古罗马空气并不洁净，玛雅帝国出现过大规模森林砍伐事件，但是环境问题只有在英国现代早期才得以按某种方式解决，最终诞生了新的全球能源体系。埃德蒙·伯克三世认为能

xviii

---

① Edmund Burke Ⅲ, "The Big Story: Human History, Energy Regimes, the Environment," in Edmund Burke Ⅲ and Kenneth Pomeranz, eds., *The Environment and World History* (Berkeley, 2009), 33 – 53.

源可以用来定义和划分历史阶段。如果我们重视这一观点的话，那么我们就能理解 1600～1800 年英国转向燃煤社会的方式和原因。英国历史学家曾经很自信地说，这个时期的英国有很多特殊的情况，是现代国家、议会主权、英帝国、社会分层、资本主义的孕育阶段。所有这些宏大叙事的说法都遭到挑战，但是从能源组织体系及其与环境污染之间的关系这个视角来看，现代英国的早期是或者已经是"第一个现代社会"，这样的看法也许还是站得住脚的。

　　本书论述的不仅是经济和环境发展过程，也是社会文化发展的过程。本书认为伦敦把燃煤作为自身的基本燃料，这个转向导致了互为关联的两个过程的出现。第一，燃煤产生的烟雾让伦敦人觉得很讨厌、很不健康，是他们不想要的东西，因此本书所揭示的是不被欢迎的和不为多数人所知的现代早期对城市空气污染的关注。第二，尽管当时的伦敦人对烟雾很关注，但是由于煤炭的消费已经深深根植于社会稳定、经济繁荣和国家权力的观念之中，所以其消费量在整个现代早期以及之后都在持续不断地增长。以燃煤为动力的经济与城市大气中的烟雾同步升起，至少那时的看法是这样的，因为伦敦人最终认可了浓烟升起带来的利益，环境肮脏可以忍受。环境史的讲述都是通过市民及其管理者的经验、理念、冲突和目标来展开的。它讲述的是不断发展的城市和资本主义社会如何面对新的能源体系带来的后果，对空气污染的关注没有导致环境保护理念的产生，却出现了如何适应环境的思维方式。很多人觉得伦敦的烟雾让人难以忍受，也有不少人觉得伦敦的烟雾可以忍受，还有人像农学家亚瑟·杨（Arthur Young）那样认为这是一个只能安心接受的悖论，鱼和熊掌不可兼得。在 18 世纪末的时候，亚瑟·杨写道，"煤烟笼罩伦敦"，导致长年的污染，而他自己却兴高采烈地逃到乡村，安享"新鲜和甜蜜的空气、静谧安宁的环境、没有烟雾遮蔽的阳光"。他依然感叹："感谢上帝赐予英国煤炭。"① 对于那些对烟煤既爱又恨的人来说，亚瑟·杨说出了他们的心声。于是，伦敦的烟雾便是一个具有多重含义的空间，成为辉煌与污秽兼具的新型城市生活的象征。

---

① Arthur Young, *Travels During the Years 1787, 1788, and 1789* (Dublin, 1793), Ⅰ, 128, 503; Matilda Betham-Edwards, ed., *The Autobiography of Arthur Young, With Selections from His Correspondence* (Cambridge, 2012), 352.

第一部分

转　型

1 伦敦的早期现代性

黑色破坏者

1680 年代，一位匿名作家准备着手解决伦敦两个最棘手的问题。他的目标是改善糟糕的公共卫生现状，消除"众多难以命名之新疾病"和解决穷人失业，"无业之民终日游手好闲，于街头胡作非为，随时威胁城市之有业者及企业家"。[①] 幸运的是，他并非无计可施。他认为伦敦的空气恶劣，亟待改善，因为从古至今，从罗马到阿姆斯特丹，通过"巨大努力"，人类的技艺是能够改进自然的。伦敦并非一个有先天缺陷的城市，恰恰相反，缔造者为这座城市选择了一个通风良好、拥有海角的河滨，使其居民能够呼吸"洁净空气"。然而伦敦的自然优势却变成诅咒，"来此就业之人蜂拥而至，产生了大量垃圾与污物，使得这场灾难几乎无法避免"。因此，该作家建议让失业的穷人，特别是儿童和老人来净化这座肮脏的大都市。他们通过工作可以得到（最低）报酬，但如果他们

---

① Anon., "Orvietan: or A Counter = Poison Against the Infectious Ayr of London," BL Sloane MS 621, f. 4, 2v.

游手好闲，不但得不到教区救济，还要对他们实施"胡萝卜
加大棒"的政策。诚实劳动还可以让自己变得干干净净，"肮
脏衣着与身上之体味令人作呕"便不再困扰伦敦上流社会。①
该作家认为这项开明的政策非常实用，对于因为伦敦的空气污
染是由煤烟造成的，所以任何改善计划都注定要失败的强有力
观点，读者应予驳斥。

4 　　这项计划的障碍是伦敦的煤烟。有一种说法是："长久以
来……身边之煤烟是造成空气污染之唯一原因。"但该作家却强
烈反对这种说法，他认为，如果烟雾的腐蚀性颗粒真的有这样
的"毒副作用"，那么为什么铁在城市的开放环境中降解得很
快，而在居民的烟囱里不这样呢？如果烟雾是"城市空气恶化
之唯一原因"，那么为什么大家都喜欢在海格特（Highgate）、汉
普斯特德、切尔西（Chelsea）和哈克尼（Hackney）这样的
郊区买房呢？无论何时风从伦敦吹来，这些地方都会受到恶
臭烟雾的影响。"含砷的煤烟车辆""死亡的硫黄使者""黑
色破坏者"产生的危害大到可以与"煤烟"相比，他认为这
种想法可笑至极。他承认，这一观点被人们广泛接受，因此
用一种政治争端中司空见惯的反民主言论来加以谴责。"烟
雾存在是造成伦敦空气污染之唯一毁灭性原因"这个观点
"是一个被大家广为接受之错误"，"该观点如此粗糙且杂
乱"，"其信念建立在如此不稳定的基础之上"。但其粗鄙和
不稳定性并不意味着只有穷人、未受过教育的人或愚蠢的人
才知道烟雾的危害，"有见地的人"也会犯同样的错误。作

___
① 　Anon. , "Orvietan: or A Counter = Poison Against the Infectious Ayr of London,"
BL Sloane MS 621, f. 5, 5v－6, 6v, 12.

者暗示，受污染的空气"玷污并污染了灵魂与思想"，衍生出了辉格"派"本身的"嫉妒与恐惧"。① 他知道，污染来自肮脏的街道，可是倔强的人们却将这一切归咎于城市肮脏的空气。

在这本小册子里，伦敦被描述成一个繁华的商业城市，尽管缺乏哲学却充满潜力。伦敦民众沮丧地坚信，煤烟是造成他们空气污染的根源，而此观点与其哲学缺失相辅相成，包括牺牲健康换取财富和"获取房产"，以及那条"令人诅咒"的政治格言使人们变成"所有良序与良政之敌"。② 当时的伦敦人贪得无厌、雄心勃勃、积极参与政治，这一切都使得伦敦成为一个熙熙攘攘的"大蜂巢"。对于撰写《解毒药方》（Orvietan）的作者来说，伦敦充满了矛盾：这是一个伟大而又光荣的都城，但却亟待净化；一个琳琅满目而又不失华丽的城市，但在诸多方面仍有待完善；一座皇家之城，却又在公共领域存有争议，其公共政治仍然混乱；到处都是"劳动者与产业"的蜂巢，但又充斥着游手好闲、满眼敌意的穷人；这是一座有待完善的城市，一个充满了各种可能的地方，既可能奇迹般地进步，也可能进一步衰败。

历史学家试图弄清楚为什么这一时期的伦敦让人觉得类似于两幅面孔的城市。伦敦曾是一座以古老的城墙和特权定义的　5
城市群落，同时又是一个蔓生的大都市，似乎越来越杂乱，越来越无边际。伦敦的选区和教区、各行业的公司和志愿团体、

---

① Anon., "Orvietan: or A Counter = Poison Against the Infectious Ayr of London," BL Sloane MS 621, f. 34 – 5, 9 – 9v, 39.

② Anon., "Orvietan: or A Counter = Poison Against the Infectious Ayr of London," BL Sloane MS 621, f. 38 – 9.

酒馆和咖啡馆均允许社区和监督的存在，但其永不停息的交通、永在进行中的运动以及不断地发展使其成为英国最好的隐身之地和重塑之所。伦敦的经济更加发达，更加有特色，可能更加资本主义化，更有创造力。当然，对于政府而言，伦敦比起英国的其他地方来说也就显得更为重要。但历史学家仍然认为，伦敦并不那么的"工业化"。换言之，伦敦在很多方面甚至被看作现代早期城市的一个典范。

空气污染：环境史中的现代早期伦敦

《解毒药方》把"污染"一词用于描述煤烟与城市有害空气之间的关系，时间应该不是在 1680 年代。根据当今环境史学家的叙述，无论是污染这件事还是"污染"一词，都是在 19 世纪才出现的。污染之所以那时才出现，是因为工业革命极大地改变了人类操纵自然的能力，由此人类开始大规模地破坏环境。不论贫困地区曾经多么的肮脏和不卫生，工业污染与前现代时期传统经济所造成的污染截然不同。在这个框架下，污染是新型工业生产所带来的环境成本，因此污染本质上是现代化的产物。① 在这类叙述中，空气污染通常都发生在某一特

---

① Joel Tarr, *The Search for the Ultimate Sink: Urban Pollution in Historical Perspective* (Akron, OH, 1996); Christoph Bernhardt and Geneviève Massard-Guilbaud, eds. , *Le Démon Moderne: La Pollution dans les Sociétés Urbaines et Industrielle d'Europe/The Modern Demon: Pollution in Urban and Industrial European Societies* (Clermont-Ferrand, 2002); Thomas Le Roux, *Le Laboratoire des Pollutions Industrielles. Paris 1770 – 1830* (Paris, 2011); Jean-Baptiste Fressoz, *L'Apocalypse Joyeuse: Une Histoire du Risque Technologique* (Paris, 2012).

定区域。因为在 19 世纪，英国、欧洲大陆、美国的工业城市消耗了大量的煤，乌云从巨大的烟囱中喷射而出，成为新兴工业城市的象征。[①]

人们对空气污染的感知和表现，以及环保主义的进一步发展都属于环境保护的一部分，经常被视为与现代化难以分割。一些学者认为环保主义产生于启蒙运动时期，因为 18 世纪的人们试图控制和操纵自然，所以不得不面对自然限制所产生的问题。改良主义者大多为政府公职人员，他们试图搞清楚土壤、气候、河流和森林的运行特点，以便最大限度地提高生产效率。[②] 其他专注于现代化时期的历史学家认为环境政治要视发展情况而定，考虑特定的时间、当地的环境以及在历史上如何调动力量去支持环保的具体

① Stephen Mosley, *The Chimney of the World: A History of Smoke Pollution in Victorian and Edwardian Manchester* (Cambridge, 2001); David Stradling, *Smokestacks and Progressives: Environmentalists, Engineers, and Air Quality in America, 1881 - 1951* (Baltimore, 2002); Melanie Dupuis, ed., *Smoke and Mirrors: The Politics and Culture of Air Pollution* (New York, 2004); Angela Gugliotta, "'Hell with the Lid Taken Off': A Cultural History of Pollution-Pittsburgh" (University of Notre Dame, PhD Dissertation, 2004); Frank Uekotter, *The Age of Smoke: Environmental Policy in Germany and the United States, 1880 - 1970* (Pittsburgh, 2009).

② Richard H. Grove, *Green Imperialism: Colonial Expansion, Tropical Island Edens, and the Origins of Environmentalism, 1600 - 1860* (Cambridge, 1995); David Blackbourn, *The Conquest of Nature: Water, Landscape, and the Making of Modern Germany* (New York, 2006); Paul Warde, "The Environmental History of Pre-Industrial Agriculture in Europe," in Paul Warde and Sverker Sörlin, eds., *Nature's End: History and the Environment* (Houndmills, 2009), 70 - 92; Paul Warde, "The Invention of Sustainability," *Modern Intellectual History* 8 (2011), 153 - 70; Fredrik Albritton Jonsson, *Enlightenment's Frontier: The Scottish Highlands and the Origins of Environmentalism* (New Haven, 2013).

方法。① 尽管环保意识、环保忧虑、环保行动的演进方法不断发生变化，现代环境史学界仍然存在着一种往往不言而喻的假设：这些现象只不过是对现代工业资本主义所做出的反应。

因此，通过这个框架对空气污染进行文化史和政治史的研究就会得出工业烟尘排放量是对现代社会的一个挑战的观点。这一挑战引发了各种争议和反响，一系列的辩论导致现代环境污染概念和现代环境政治实践的诞生。彼得·索塞姆（Peter Thorsheim）对现代英国空气污染构成的研究从 19 世纪中叶开始叙事，因为此前人们普遍认为，"煤烟对健康有益"。② 亚当·罗姆（Adam Rome）同样认为，美国人在 19 世纪末以前也不觉得城市的烟雾是个问题。他认为，"空气污染"直到 1930 年代才具有这样的现代意义——"空气污染是燃烧过程和工业过程中的气体、化学和金属副产品"。③ 其他人提出的时间分期则稍有不同，他们认为早在 19 世纪前的几十年人们就已经关注空气污染的问题。④ 罗姆、索塞姆和其他学者都强

---

① Harriet Ritvo, *The Dawn of Green: Manchester, Thirlmere, and Modern Environmentalism* (Chicago, 2009); Robert W. Righter, *The Battle over Hetch Hetchy: America's Most Controversial Dam and the Birth of Modern Environmentalism* (Oxford, 2005); Gregory A. Barton, *Empire Forestry and the Origins of Environmentalism* (Cambridge, 2002).

② Peter Thorsheim, *Inventing Pollution: Coal, Smoke, and Culture in Britain since 1800* (Athens, OH, 2006), 3. 该书第 17 页认为约翰·伊夫林是一个被边缘化且不具代表性的人物。

③ Adam W. Rome, "Coming to Terms with Pollution: The Language of Environmental Reform, 1865 – 1915," *Environmental History* 1 (1996), 6 – 28; Mark Whitehead, *State, Science and the Skies: Governmentalities of the British Atmosphere* (Oxford, 2012). 本书把 1843 年作为分水岭。

④ Lee Jackson, *Dirty Old London: The Victorian Fight Against Filth* (New Haven, 2014), ch. 9; Ayuka Kasuga, "Views of Smoke in England, 1800 – 1830" (University of Nottingham, PhD Thesis, 2013).

调，前现代环境与现代环境的巨大差异显然是一个非常重要的观点，而且毫无疑问，19世纪和20世纪的环境变化和环境意识都和从前大不相同。此外，索塞姆还有个观点很可能是正确的，那就是19世纪初一般的英国人，特别是伦敦人对腐烂生物垃圾的关注远远超过对煤烟污染的担忧。[1] 然而，这是一个新的分水岭，是对18世纪空气和空气与生物过程之间关系研究的成果，而不是一成不变的古典自然哲学的遗产。[2] 《解毒药方》曾描写过1680年代对烟雾入迷的市民，这事实上表明工业革命前的伦敦发生过很多与环境变化和环境忧虑有关的故事。

虽然环境史有时看起来在本质上属于现代领域，但学者们也将其研究范围扩展到工业革命之前的人与自然关系。在现代早期的几个世纪里，大自然对于近来探索欧洲、非洲、美洲和亚洲之间的接触起着至关重要的作用，因为"哥伦布大交换"及后来人类、货物、植物和微生物的流动改变了这个世界。[3]

---

[1] Thorsheim, *Inventing Pollution*, 10.

[2] 参见 Simon Schaffer, "Measuring Virtue: Eudiometry, Enlightenment, and Pneumatic Medicine," in Roger French a Andrew Cunningham, eds., *The Medical Enlightenment of the Eighteenth Century* (Cambridge, 1990), 281 - 318. 对古典环境思维以及这种传统的多样性所带来的持续影响的研究，参见 Clarence J. Glacken, *Traces on the Rhodian Shore: Nature and Culture in Western Thought from Ancient Times to the Eighteenth Century* (Berkeley, 1967)。

[3] Alfred Crosby, *The Columbian Exchange: Biological and Cultural Consequences of 1492* (Westport, CT, 1972). 主要的案例有 William Cronon, *Changes in the Land: Indians, Colonists, and the Ecology of New England* (New York, 1983); Elinor G. K. Melville, *A Plague of Sheep: Environmental Consequences of the Conquest of Mexico* (Cambridge, 1994); J. R. McNeill, *Mosquito Empires: Ecology and War in the Greater Caribbean, 1620 - 1914* (Cambridge, 2010); James C. McCann, *Maize and Grace: Africa's Encounter with a New World Crop, 1500 - 2000* (Cambridge, MA, 2005)。

约翰·理查德兹（John Richards）对现代早期世界进行的里程碑式调查表明，在整个欧亚大陆和其他地方，社会和政治情况虽然存在着很大的差异，却同时在开发自然。① 杰弗里·帕克（Geoffrey Parker）认为世界近代政治史可以通过小冰期加以解

8　释，因为 17 世纪中期恶劣的天气和收成不佳导致欧亚大陆发生暴乱和革命。② 研究现代早期的历史学者发现，从埃及到日本，环境问题对国家建设和帝国扩张至关重要。③ 在欧洲范围内，研究现代早期的学者考察了西班牙和威尼斯环境管理与国家形成之间的关系，而中世纪环境史则成为近年的热门研究主题。④ 有几项研究甚至还展示了前工业时期的污染问题以及针

---

① John F. Richards, *The Unending Frontier*: *An Environmental History of the Early Modern World* (Berkeley, 2005).

② Geoffrey Parker, *Global Crisis*: *War, Climate Change, and Catastrophe in the Seventeenth Century* (New Haven, 2012). 气候变化与政治稳定之间关系更为详细的探讨，参见 Sam White, *The Climate of Rebellion in the Early Modern Ottoman Empire* (Cambridge, 2011)。在欧洲语境下对帕克的质疑，参见 Paul Warde, "Global Crisis of Global Coincidence?" *Past and Present* 228 (2015), 287 – 301。

③ 相关的英语著作有 Alain Mikhail, *Nature and Empire in Ottoman Egypt*: *An Environmental History* (Cambridge, 2011); Peter Perdue, *China Marches West*: *The Qing Conquest of Central Eurasia* (Cambridge, MA, 2005); Mark Elvin, *Retreat of the Elephants*: *An Environmental History of China* (New Haven, 2004); Conrad Totman, *The Green Archipelago*: *Forestry in Pre-Industrial Japan* (Berkeley, 1989)。

④ Karl Appuhn, *A Forest on the Sea*: *Environmental Expertise in Renaissance Venice* (Baltimore, 2009); John T. Wing, *Roots of Empire*: *Forests and State Power in Early Modern Spain, c. 1500 – 1750* (Leiden, 2015); Richard C. Hoffmann, *An Environmental History of Medieval Europe* (Cambridge, 2014). 也可参见 Scott G. Bruce, ed., *Ecologies and Economies in Medieval and Early Modern Europe*: *Studies in Environmental History for Richard C. Hoffmann* (Leiden, 2010)。

对这些问题所实施的法律，尽管这些研究没有试图展示这种关注的程度和范围或这种关注如何随着时代而变迁。①

总的来说，本研究展示了一幅现代早期世界的图景，其中自然环境和人造环境经常变化，人们对这种变化的回应既复杂又有趣。因此，环境史显然不是一个专门的现代学科。虽然现代人对有毒污染物某些方面的关注最近变得具体，但城市垃圾处理和对清洁的感知这样更大的问题则早就有了很多的关注。许多相关研究要么借助医学史，要么融入其中。在这类情况下，前现代的环境史学在很大程度上不同于玛丽·道格拉斯（Mary Douglas）的观点，她采用结构主义方法研究污染，明确否定了"医学唯物主义"的充分条件，而把身体作为社区 9
及其社会秩序的形象加以强调。② 但是，由于马克·詹纳

① 有关中世纪和现代早期英国问题的研究，参见 William H. Te Brake, "Air Pollution and Fuel Crises in Preindustrial London, 1250 – 1650," *Technology and Culture* 16 (1975), 337 – 59; Keith Thomas, *Man and the Natural World: Changing Attitudes in England 1500 – 1800* (New York, 1983), 243 – 54; Emily Cockayne, *Hubbub: Filth, Noise, and Stench in England 1660 – 1770* (New Haven, 2007); Peter Brimblecombe, *The Big Smoke: A History of Air Pollution in London Since Medieval Times* (1987)。还可参见 Michael Stolberg, *Ein Recht auf saubere Luft? Umweltkonflikte am Beginn des Industriezeitalters* (Erlangen, 1994), 18 – 23; Richard W. Unger, "Energy Sources for the Dutch Golden Age: Peat, Wind, and Coal," *Research in Economic History* 9 (1984), 225; Conrad Totman, *Japan: An Environmental History* (2014), 174。

② Mary Douglas, *Purity and Danger: An Analysis of Concepts of Pollution and Taboo* (New York, 2006). 玛丽·道格拉斯有个著名的观点，她认为污染不过是一个"缺位现象"（matter out of place），但这个借用威廉·詹姆斯（William James）的表述并非她分析的结论。她最基本的观点是，污染威胁社会关系和秩序的观念，最终与"身体崩溃"（p. 213）及死亡有关。她在该书第二章中认为，医学唯物主义和秩序观念形成了现代和"原始"文化中的污染概念体系，但是她的讨论却几乎完全限于原始的范

（Mark Jenner）最有力地论证了中世纪和现代早期欧洲人对健康的理解时就借助了医学，否则难以解释。① 詹纳因此率先展示文化分析必须结合医学思想和专业实践，以了解现代早期英国人是如何并且是出于什么样的原因来清洁街道、埋葬死者、清空污水坑、评估自己那座乌烟瘴气的首都。② 在古典医学传统中，类似对前现代肮脏概念的研究通常集中于公共卫生、瘟疫预防以及空气的重要性。他们的研究表明，由于与洗涤、冲

围。她认为，为了能够理解一个精心安排体系中的现代污染现象，人们首先必须"从污物的概念中提取致病力（pathogenicity）及卫生学（hygiene）"（p. 44）。由于现代性只能产生"存在的非连贯、单独的领域"（p. 50），因此把象征性和医学性置于对现代文化的分析之中很难做到。因而，虽然"缺位现象"是一种值得记住的模式，但完全不清楚她的观点是否与关注医学及科学的观点矛盾，而对医学与科学的关注则是现代早期以及现代历史学者在研究环境污染时的知识基础。

① 有关经济决定论，参见 Bas van Bavel and Oscar Gelderblom, "The Economic Origins of Cleanliness in the Dutch Golden Age," *Past and Present* 205 (2009), 41 – 69; Simon Schama, *The Embarrassment of Riches: An Interpretation of Dutch Culture in the Golden Age* (Berkeley, 1988), 375 – 97。

② Mark S. R. Jenner, "Early Modern Conceptions of Cleanliness and Dirt as Reflected in the Environmental Regulation of London, c. 1530 – 1700" (Oxford: D. Phil Thesis, 1992); Mark S. R. Jenner, " 'Another *epocha*'? Hartlib, John Lanyon and the Improvement of London in the 1650s," in Mark Greengrass, Michael Leslie, and Timothy Raylor, eds., *Samuel Hartlib and the Universal Reformation: Studies in Intellectual Communication* (Cambridge, 1994), 343 – 356; "The Politics of London Air: John Evelyn's *Fumifugium* and the Restoration," *The Historical Journal*, 38 (1995), 535 – 51; "Death, Decomposition and Dechristianisation? Public Health and Church Burial in Eighteenth-Century England," *English Historical Review* 120 (2005), 615 – 32; "Follow Your Nose? Smell, Smelling, and Their Histories," *American Historical Review* 116 (2011), 335 – 51; "Polite and Excremental Labour: Selling Sanitary Services in London, 1650 – 1830," paper at the Cambridge Early Medicine Seminar, November 2013.

刷、清洗相关的医学理论影响了个体和集体的行为，大众与精英对健康生活与健康空间的概念在很大程度上是相互重叠的。① 在中世纪晚期，为了有利于公共卫生和美观，英格兰人把木材和煤烟认定为某种妨害，时常在城镇里对其进行监管。②

10

因此，人们可以讲述现代早期欧洲的环境史，但在某些关键点上必须与该领域主流的现代环境史有所区别。在美国或其他地方的文献中，对荒野的关注极为重要，这并不适用于英国。因为英国人口密集，人们在此耕种、狩猎的活动已经持续了上千年。③ 正如玛丽·道格拉斯的研究认为，现代早期人们对大自然的认识天生就带有教化的倾向，以便将个体融入社会。但是这种认识同样基于所学到的医学和自然哲学传统，以寻求对健康与疾病的解释。所以，现代早期人们对清洁和污秽的认识，

① Guy Geltner, "Healthscaping a Medieval City: Lucca's Curia Viarum and the Future of Public Health History," *Urban History* 40: 3 (2013), 395 – 415; Dolly Jørgensen, "'All Good Rule of the Citee': Sanitation and Civic Government in England, 1400 – 1600," *Journal of Urban History* 36. 3 (2010), 300 – 15; Leona Skelton, *Sanitation in Urban Britain, 1560 – 1700* (2015); Keith Thomas, "Cleanliness and Godliness in Early Modern England," in Anthony Fletcher and Peter Roberts, eds., *Religion, Culture, and Society in Early Modern Britain: Essays in Honour of Patrick Collinson* (Cambridge, 1994), 56 – 83; Sandra Cavallo and Tessa Storey, *Healthy Living in Late Renaissance Italy* (Oxford, 2013).

② Carole Rawcliffe, *Urban Bodies: Communal Health in Late Medieval English Towns and Cities* (Woodbridge, 2013), 163 – 9.

③ 参见 Roderick Nash, *Wilderness and the American Mind* (New Haven, 1967)。对这种关注的经典批评，参见 William Cronon, "The Trouble with Wilderness: or, Getting Back to the Wrong Nature," in William Cronon, ed., *Uncommon Ground: Rethinking the Human Place in Nature* (New York, 1996), 69 – 90。

处于一些历史学者定义的现代态度和玛丽·道格拉斯描述的"原始"态度之间。前者以科技语言为特征，后者与"科学"无关，而是聚焦于象征体系和社会秩序。近期的研究显示，城市污物在现代早期不仅违反了道德原则，也违背了医学常识。[①]

最后，也许最重要的一点是，这些观点的表达与其所处的社会、法律、政治以及制度的语境密不可分。所以，对现代早期伦敦人煤烟态度的研究，包含了这种态度何时发声，出于何种目的，且通过何种方式调整。如艾米丽·科凯恩（Emily Cockayne）所言，现代早期英国城市的日常生活需要对无数烦扰和滋扰进行协商，其中的任何一条都会对邻里关系产生重大的威胁。[②] 如果玛丽·道格拉斯所言无误，即污染总是或者至少在某种程度上与社会秩序有关，那么在一座社会关系和社会身份需要进行特别协调和重塑的城市里，对污染的认知复杂多变、存有争议也就可以理解了。如果污染属于某种错位的现象，那么理解城市煤烟的意义就需要密切关注现代早期伦敦那快速变化的空间。

熙熙攘攘之蜂巢：现代早期的伦敦

伦敦并不是研究现代早期城市污染到何种程度的合适案例，恰恰是因为它非常不具有典型性才变得重要。现代早期，

---

① 有关"污染"一词所蕴含的宗教或道德意义与现代早期法国用以评估物质性污物的术语之间的关系，参见 Patrick Fournier, "De la souillure a la pollution, un essai d'interpretation des origines de l'idee de pollution," in Bernhardt and Massard-Guilbaud, eds., *Le Démon Moderne*, 33 – 56。

② Emily Cockayne, *Hubbub*.

伦敦在英国城市景观中所占的地位之重，是其他国家的任何城市都无法比拟的。17、18 世纪的大部分时间，江户都是世界上最大的城市，在日本与大阪和京都共享盛名。其他伟大的首都都居于重要城市网络的顶端：北京与南京、上海形成网络；阿格拉（Agra）与沙贾汉纳巴德（Shajahanabad）/德里（Delhi）、拉合尔（Lahore）、苏拉特（Surat）所构成的网络；伊斯坦布尔与开罗、阿勒坡（Aleppo）所组成的网络。1500 ~ 1800 年，这些城市的人口从 50 万人至 100 万人不等，周边还有人口超过 10 万人的城市作为补充。① 巴黎一直是法国的主要城市，与周边一系列区域中心城市构成城市网络，包括里昂、鲁昂（Rouen）、马赛、波尔多、图卢兹、奥尔良、里尔和雷恩，这些城市的人口在 1700 年为 4 万 ~ 10 万人。② 那不勒斯王国的首都附近没有规模相近、重要性相当的中心城市，即便如此，莱切（Lecce）在 1600 年时人口也已达 3 万人，超过那不勒斯人口的 1/10。③

除了那不勒斯，伦敦与上述城市形成鲜明对比，是英国现代早期唯一的大城市。在 1700 年左右，其规模几乎是英国第二大城市的 20 倍。那时伦敦的人口有 50 多万人，而排在伦敦之后的中心城市诺维奇（Norwich）仅有 3 万人口，布里斯托（Bristol）有

---

① 人口数字来源于 Peter Clark, ed., *The Oxford Handbook of Cities in World History* (Oxford, 2013), 275 – 91, 310 – 45; Tapan Raychaudhuri and Irfan Habib, eds., *The Cambridge Economic History of India. Vol. 1: c. 1200 – c. 1750* (Cambridge, 1982), 171。

② Philip Benedict, *Cities and Social Change in Early Modern France* (1989), 24.

③ Brigitte Marin, "Town and Country in the Kingdom of Naples," in S. R. Epstein, ed., *Town and Country in Europe, 1300 – 1800* (Cambridge, 2004), 319 – 21.

2.1 万人口，纽卡斯尔、埃克塞特（Exeter）和约克的人口为
1 万~2 万人。① 有很多方法来表述这种规模差距，如大都市伦
敦所辖几个乡村教区的规模就已经相当于英格兰的第二大城市；
如果在 1700 年抵达伦敦的移民建立了自己的城市，那么其规模
12 马上会跃居英格兰第十大城市；如果换成在 1700 年受洗的婴儿
的数量（14600），或者年逾八旬的伦敦人的数量，或者天生左
撇子的女生的数量等，这个假设依然成立。② 将英格兰划分为
一个大都市和一系列较大的省份城市就意味着英格兰没有普遍
意义上的城市分类，只有伦敦和其他地方之别。

对于一些历史学者而言，这意味着英格兰从中世纪向现代
社会过渡时，伦敦处于绝对的中心地位。罗伊·波特（Roy
Porter）的许多文章生动地阐释了这一点。他认为，无论是就
其起源还是走向来说，18 世纪伦敦的时尚、礼仪文化以及启
蒙等概念本身就具备了大都市的特质。③ 哈贝马斯（Jürgen
Habermas）在《公共领域的结构转型》中描述了一个"英国
发展的典型案例"，其中 1700 年的主要机构都非常地城市化，

---

① Paul Slack, "Great and Good Towns 1540 – 1700," in Peter Clark, ed., *The Cambridge Urban History of Britain. Volume II 1540 – 1840* (Cambridge, 2000), 352.

② 受洗人口的总数来源于 Thomas Birch, ed., *A Collection of the Yearly Bills of Mortality, from 1657 to 1758 Inclusive* (1759)。埃德蒙·哈雷（Edmund Halley）发现布勒斯劳（Breslau，波兰西南部城市。——译者注）有 4% 的人活到 80 岁，而伦敦在 1700 年只要 1.7% 的人口比例就有超过 1 万人达到 80 岁。Andrea Rusnock, *Vital Accounts: Quantifying Health and Population in Eighteenth-Century England and France* (Cambridge, 2002), 186.

③ 例如 Roy Porter, *Enlightenment: Britain and the Creation of the Modern World* (2000); *English Society in the Eighteenth Century* (1991); *London: A Social History* (Cambridge, MA, 2001), ch. 5 – 7。

特别是咖啡馆和杂志社。① 自从 1989 年哈贝马斯的作品被译成英文以来，对有关 17 世纪和 18 世纪早期社会与政治变革之间关系的历史争论，公众和新闻媒体成为至关重要的元素。② 尽管常有历史学者不愿意仅仅在都市化的框架里来表述，但在这些作品中，伦敦一直是中心话题。举例来说，针对咖啡馆和议会游说的研究不是将重点放在新闻文化和政治参与的全国性传播，而是在其叙述中突出伦敦的重要性。③ 尽管如此，有关新闻传播和公众舆论的研究进一步展示了伦敦在这些过程中的中心地位。其他地方的读者通过阅读首都发行的书籍、报纸、小册子和通讯稿，了解甚至是影响首都的政治。④ 在描述一位

---

① Jürgen Habermas, *The Structural Transformation of the Public Sphere: An Inquiry into a Category of Bourgeois Society*, Thomas Burger trans. (Cambridge, MA, 1989), 57 – 68.

② Steve Pincus, " ' Coffee Politicians Does Create ': Coffeehouses and Restoration Political Culture," *Journal of Modern History* 67: 4 (December 1995), 807 – 34; Brian Cowan, *The Social Life of Coffee: The Emergence of the British Coffeehouse* (New Haven, 2005); Peter Lake and Steven Pincus, eds., *The Politics of the Public Sphere in Early Modern England* (Manchester, 2007); Brian Cowan, "Geoffrey Holmes and the Public Sphere: Augustan Historiography from the Post-Namierite to the Post-Habermasian," *Parliamentary History* 28: 1 (February 2009), 166 – 78. 最后这篇文章指出，英国历史学者对新闻文化的兴趣在哈贝马斯的作品翻译成英语之前就有了。

③ Brian Cowan, *Social Life*, esp. 154 – 84; Steve Pincus, " ' Coffee Politicians Does Create ': Coffeehouses and Restoration Political Culture," *Journal of Modern History* 67: 4 (December 1995), 811.

④ Jason Peacey, *Print and Public Politics in the English Revolution* (Cambridge, 2013); Chris Kyle, *Theater of State: Parliament and Political Culture in Early Stuart Britain* (Stanford, 2012); Alex Barber, " ' It Is Not Easy What to Say of Our Condition, Much Less to Write It ': The Continued Importance of Scribal News in the Early 18th Century," *Parliamentary History* 32: 2 (2013), 293 – 316.

13 　自我意识不断觉醒的公众，一个政治意识形态分裂的国家，或者说一个不断发展、基于财政与军事政府的叙事中，人们发现伦敦集中或者发展了现代早期至关重要的政治革新思想。①

　　学界对社会史和经济史所做的探索也存在同样的情形。E. 里格利（E. A. Wrigley）在 1967 年发表的一篇经典文章中指出，伦敦的吸引力大大推动了英国乡村和城市的转变。市场的巨大需求促使生产者走专业化的道路，进而推动了交通和通信设施的发展，使经济和社会更加一体化。② 他认为，这样的一体化和商业化使得国内消费和生产得以增长，最终催生了工业革命。然而在最近有关经济变革的叙述中，伦敦的地位下降了。基恩·赖特森（Keith Wrightson）虽然没有忽视伦敦的主要地位，却关注 1650 年后的几个世纪里区域工业城市所展现的活力。③ 乔尔·莫基尔（Joel Mokyr）认为，如果 E. 里格利的观点——在 1750 年之前存在一些购买市场——属实的话，

① 关于伦敦对政府金融与官僚体制的重要性，参见 John Brewer, *The Sinews of Power: War, Money and the English State, 1688 – 1783* （Cambridge, 1988）; D. W. Jones, *War and Economy in the Age of William III and Marlborough* （Oxford, 1988）; D'Maris Coffman, *Excise Taxation and the Origins of Public Debt* （Basingstoke, 2013）; Peter Temin and Hans-Joachim Voth, *Prometheus Shackled: Goldsmith Banks and England's Financial Revolution after 1700* （Oxford, 2012）。关于伦敦在政党分歧时代对大众政治的主要作用，参见 Tim Harris, *The Politics of the London Crowd in the Reign of Charles II* （Cambridge, 1987）; Mark Knights 的 *Politics and Opinion in Crisis, 1678 – 81* （Cambridge, 1994）; Gary De Krey, *London and the Restoration, 1659 – 1683* （Cambridge, 2005）; Gary De Krey, *A Fractured Society: The Politics of London in the First Age of Party, 1688 – 1715* （Oxford, 1985）。

② E. A. Wrigley, "A Simple Model of London's Importance in Changing English Society and Economy 1650 – 1750," *Past and Present* 37 （1967）, 44 – 70.

③ Keith Wrightson, *Earthly Necessities: Economic Lives in Early Modern Britain* （New Haven, 2000）, 235 – 26.

那么工业化时期真实的情况应该是，较之于蓬勃发展、具有创新的北部地区，伦敦被边缘化了。① 史蒂文·平卡斯（Steven Pincus）对17世纪晚期城市发展、商业化以及工业生产的描述关注了伦敦的主导地位，但是更关注小型中心城市的发展，其关注的范围包括纽卡斯尔、谢菲尔德（Sheffield）这类不断扩张的城镇和诸如巴克斯顿（Buxton）、哈罗盖特（Harrogate）这种较小的旅游胜地。② 其他历史学者也质疑，地方性中心究竟在多大程度上只是在模仿大都市的潮流，他们反而认为在18世纪"城市复兴"的背后是独特的地方推动力。③ 在这类 14 研究成果中，E. 里格利所谓的"条条大道通伦敦"的经济现代化观点很难让人理解。

近些年对伦敦社会生活的研究已经经常或越来越多地质疑这样的观点，即城市经验具有独特而动态的特征。例如，研究女性经验和性别关系的历史学者发现，伦敦是一个理想的实验室，用于考察当固定网络和乡镇生活限制不存在的条件下可能发生的情况。在现代早期，有70%～80%伦敦年轻女性都是初来乍到，她们不得不在此谋生、组建家庭、结交朋友、捍卫名

---

① Joel Mokyr, *The Enlightened Economy*: *An Economic History of Britain 1700 – 1850*（New Haven, 2009）, 302.

② Steve Pincus, *1688*: *The First Modern Revolution*（New Haven, 2009）, 59 – 68.

③ Peter Borsay, *The English Urban Renaissance*: *Culture and Society in the Provincial Town*, *1660 – 1760*（Oxford, 1989）; Rosemary Sweet, *The Writing of Urban Histories in Eighteenth-Century England*（Oxford, 1997）; Kathleen Wilson, *The Sense of the People*: *Politics*, *Culture*, *and Imperialism in England*, *1715 – 1785*（Cambridge, 1995）; Jon Stobbart, *Sugar and Spice*: *Grocers and Groceries in Provincial England 1650 – 1830*（Oxford, 2012）.

声、与邻居和睦相处，因而从地方女孩转变成都市女性。① 只有在大都市才有地方去欣赏表演、与人畅饮、结交比自己地位更高或者更低的人、紧跟最新潮流、品尝全球或者在地方农场完美生长的食品。② 剧院不仅见于伦敦，其本身就与城市或伦敦西区这样的"小镇"密切相关，这种关联有时外显，但常常内隐。③ 包括自然科学知识和技艺的科学在伦敦得以蓬勃发展，这点在英国其他地方却无从发生，从而逐渐使理论与实践之间建立了共生关系。④ 一系列的展会吸引了遍布城市各个角落的穷人、富人、非法的或者被社会边缘化的群体，如性工作者、同性恋、罪犯，并让他们从中得到乐趣，这在其他地方是难以想象的。⑤ 那时的

① Eleanor Hubbard, *City Women: Money, Sex, and the Social Order in Early Modern London* (Oxford, 2012); Tim Reinke-Williams, *Women, Work and Sociability in Early Modern London* (Basingstoke, 2014).

② John Brewer, *The Pleasures of the Imagination: English Culture in the Eighteenth Century* (New York, 1997), 28 – 55; Hannah Grieg, *The Beau Monde: Fashionable Society in Georgian London* (Oxford, 2013). 有关伦敦郊区蔬菜市场的顶尖园艺，参见 Malcolm Thick, *The Neat House Gardens: Early Market Gardening Around London* (Totnes, 1998)。

③ Jean E. Howard, *Theater of a City: The Spaces of London Comedy, 1598 – 1642* (Philadelphia, 2007); Karen Newman, *Cultural Capitals: Early Modern London and Paris* (Princeton, 2007); Ian Munro, *The Figure of the Crowd in Early Modern London: The City and Its Double* (Basingstoke, 2005); Lawrence Manley, ed., *The Cambridge Companion to the Literature of London* (Cambridge, 2011), ch. 2 – 6.

④ Deborah Harkness, *The Jewel House* (New Haven, 2007); Larry Stewart, *The Rise of Public Science: Rhetoric, Technology, and Natural Philosophy in Newtonian Britain, 1660 – 1750* (Cambridge, 1992).

⑤ Anne Wolhcke, *The "Perpetual Fair": Gender, Disorder, and Urban Amusement in Eighteenth-Century London* (Manchester, 2014); Jerry White, *London in the Eighteenth Century. A Great and Monstrous Thing* (2013), ch. 8 – 10; Faramerz Dabhoiwala, *The Origins of Sex: A History of the First Sexual Revolution* (Oxford, 2012).

伦敦是英国最国际化的城市，是成千上万来自西欧的新教移民
的家园，也是苏格兰人、爱尔兰人、犹太人、土耳其人、非洲
人（无论是奴隶还是自由人）、美洲人、亚洲人的居所。[①] 伦
敦是英国迅速扩张邮政系统的中心，商人对该系统的投资、拥
有的雇员、建立的联系、结交的朋友甚至其亲戚遍布世界各
地，从加勒比海、北美一直到黎凡特（the Levant）[②]、马德拉
斯（Madras）等地。[③] 这些商人产业与中央政府办公地和王宫
相邻，伦敦作为首都的地位消除了地方政治与国家政治之间的
区别。[④] 法院、官僚机构、证券交易所、银行、医院、监狱、
公园、林荫大道，这几个"现代性的典型符号"均在伦敦市
内，并且深刻形塑了现代早期城市的独特体验。[⑤] 在这样的历
史语境中，伦敦当然比英国其他地方或欧洲，抑或是世界的其
他地方统治和监管更为严格，网络布局更为错综复杂，其获得

15

---

① Lien Bich Luu, *Immigrants and the Industries of London*, *1500 - 1700* (Aldershot, 2005); Jacob Selwood, *Diversity and Difference in Early Modern London* (Farnham, 2010); White, *London*, ch. 4.

② 黎凡特是一个历史地名，广义上指地中海东岸地区及岛屿。——译者注

③ Lindsay O'Neill, *The Opened Letter*: *Networking in the Early Modern British World* (Philadelphia, 2014); Nuala Zahedieh, *The Capital and the Colonies*: *London and the Atlantic Colonies* (Cambridge, 2010); David Hancock, *Citizens of the World*: *London Merchants and the Integration of the British Atlantic Community*, *1735 - 1785* (Cambridge, 1995); Miles Ogborn, *Global Lives*: *Britain and the World 1550 - 1800* (Cambridge, 2008).

④ Julia Merritt, *The Social World of Early Modern Westminster*: *Abbey*, *Court and Community*, *1525 - 1640* (Manchester, 2005); *Westminster 1640 - 60*: *A Royal City in a Time of Revolution* (Manchester, 2013).

⑤ "现代性的典型符号"这个说法取自 Robert Batchelor, *London*: *The Selden Map and the Making of a Global City*, *1549 - 1689* (Chicago, 2014), 22。借用自 Miles Ogborn, *Spaces of Modernity*: *London's Geographies*, *1680 - 1780* (1998); Paul Griffiths, *Lost Londons*: *Crime*, *Change*, *and Control in the Capital City 1550 - 1640* (Cambridge, 2008)。

的供给也更为丰富多样。因此，它是一个创造性地破坏规矩与思想、实践与政策的城市，也是一个总能开创出引人注目、与众不同世界的大作坊。

都市污染的社会史

在这种情况下，现代早期的伦敦无可避免地成为一个国家的政治、经济、文化和社会生活中心。这种中心地位为其带来了独一无二的城市体验，完全有理由把这种体验称为现代性。伦敦早熟的现代性，或者客观地说，其作为拥有许多看起来均为新生事物的首都地位都体现在城市环境之中。四处延伸而难以计数的街道、海量的房屋、无与伦比的港口和市场、巨大河流上繁忙的交通运输，以及卫生、下水道和供水方面不断加剧的难题，都标志着这座城市的空间既充满活力但又无序发展。大量燃煤造成空气里弥漫的烟雾则是另外一种体现，都市消费所产生的具体物质使其非同一般又变得朦胧。

环境史学者可能会提出这样的问题：这些烟雾对当时的人来说意味着什么？这与研究现代早期的社会史学者的提问类似：首都的消费和空间意味着什么呢？这些问题的答案就在本书下面的内容里。本书第 2 章认为，虽然伦敦人在现代早期的耗煤量与其时代不符，但烧煤却承载着社会、经济和政治内涵。第 3 章论述伦敦的煤烟对居民健康产生了极大的危害，受到了方方面面的反对。第 4 章和第 5 章说明对王宫视野的特别影响，是如何导致伦敦开始在这个最具政治象征之地限制燃烧重煤。第 6 章探讨这一时期自然科学家和医学专家评定城市空气质量的多种方法。他们将新方法、新理论用于多项课题，英国首都的健康状况就是其中之一。第三部分分析了烧煤是如何成为伦敦生活极为重要的一个侧面，对于当时的人而言是社会稳定、商业发展、国家实力的重要组成部分。伦敦既是首都，也是大都会，其地位非常重要，因此其市场所产生的问题迅速演变成王室成员、官员和国会议员的政治忧虑。尽管越来越多人视为伦敦不能没有煤，但是还是有很多人把煤烟视为丑陋或者/且不健康。第四部分探讨这些相互矛盾的力量是如何引发真正却有限的行为变化。约翰·伊夫林 1661 年出版的《烟尘防控建议书》强烈谴责了伦敦的烟雾，虽然未能推动城市变革，但确实促使国王审视自己暴露在烟雾中的风险。当诗人、剧作家和散文家越来越多地将城市烟雾描绘成城市生活固有的部分时，逃避或逃离城市的方法也越来越多。所以，与其说伦敦人既没有欣然接受烟雾，也没有将其清除，还不如说伦敦人努力使自己适应烟雾。因而本书结语认为，人们通过这种做法提供了一种言语和一套行为模式，用于建构对工业革命时期城市发展的反应。当 19 世纪"黑暗的撒旦磨坊"来临时，伦敦已经可以用超过两个世纪的经验来全力应对依靠化石燃料带来的后果。

2 燃料：伦敦用煤之始
（1575～1775）

煤炭之礼

植物枯死，一代又一代，持续百万年。枯死于沼泽地的植物却没有腐烂，只是沉积于泥炭层，最后被挤压成坚硬干燥的煤层。三亿年后，即距今约 1100 年前，长期埋藏枯死植物的这片土地，其表面的领土为英格兰第一任国王所有。由于地质和历史这两个方面的发展，我们才可以谈论英国的煤炭储藏。纽卡斯尔附近泰恩河（Tyne River）和威尔河（Wear River）沿岸的人们就生活在这片煤炭上。在 13 世纪煤炭南运之前，他们就已经利用煤炭好几百年了。14 世纪黑死病使英格兰的人口数量减半，导致贸易萎靡，直到 16 世纪人口增长之后才有所恢复。在伊丽莎白女王治下，许多英格兰人来到伦敦这个发展迅速的城市，煤炭使用量比其他地区都多。本书要论述的主题就是煤炭的使用及其后果。

伦敦人发现，煤炭是一种重要的资源。在此我们不妨称之为礼物，但是礼物的代价是沉重的。以此为生的人承担了大部分代价，他们把煤炭从土里挖出来并转化成壁炉或锅炉的燃料。开采煤矿为生活在气候寒冷、土壤贫瘠、不处于大城市的人们提供了收入，但这项工作的艰苦程度几乎令人难以承受。采煤工人要爬进黑暗的地下，且随着矿井的逐渐延伸越爬越深，他们蹲伏、躺在地上劈开煤层。而其他人，通常是他们的妻子或孩子把煤装在篮子里运到地面。①

　　即便是条件最好的时候，这项工作仍然是非常艰苦的，工　　18
作条件经常因凹凸不平或潮湿的地面变得糟糕。有时甚至根本无法预知什么时候洞顶坍塌或煤气着火。我们所知道的几次矿难都是矿外或者到过现场的人描述的，多数没有记录。

　　不管是否因为这类事故和工作很少被人观察和报道，还是因为消费者不愿去思考这类工作的艰辛，或是因为这样的苦难在前现代时期几乎习以为常，烧煤的伦敦人对煤矿工人几乎没有关注。是谁开着货车把煤从坑口运到河边，是谁把小船上的煤炭一铲一铲地输送到大船上，又是谁在北海冒着风险，有时是冒着敌舰的枪林弹雨把这些煤运到泰晤士河，伦敦人对这些人的辛苦也不感兴趣。他们忽略了这些工作，也不进行讨论。本书的其余部分，如同现代早期的伦敦人那样，基本上跳过了这些工人，以便能够集中精力讨论大都市的经历，并沿着主要线索，即现代早期人们很少兼顾生产与消费进行讨论，以此为由也合乎情理。但在煤炭消费及其后果的故事中欠缺了某些情

① 采矿以及广义含义，参见 John Hatcher, *The History of the British Coal Industry. Volume 1 Before 1700*：*Toward the Age of Coal*（Oxford, 1993）, ch. 6, 9–11；Michael W. Flinn, *The History of the British Coal Industry. Volume 2 1700–1830*：*The Industrial Revolution*（Oxford, 1984）, ch. 10–12；J. U. Nef, *The Rise of the British Coal Industry*（1932）, I, 411–29；II, 135–97；David Levine and Keith Wrightson, *The Making of an Industrial Society*：*Whickham, 1560–1765*（Oxford, 1991）。

节，即没有生产就没有消费，没有使用就不会有制造，这点应该铭记。

烧煤的另一个巨大代价是释放到空气中的烟雾和污染物。本书所要展示的是，时人并不是没有觉察到，但总是在消费之后才看到后果。16～18 世纪，伦敦人何时烧煤？为什么烧煤？烧到什么程度？如果说烧煤是把双刃剑，那么它究竟会给使用者带来什么好处？

燃料的稀缺与光合作用的局限

英国煤炭工业史最雄心勃勃的著作是约翰·内夫（John Ulric Nef）在 1932 年出版的《英国煤炭工业的崛起》（*The Rise of the British Coal Industry*）。该书的确是英国现代早期资本主义发展史的重要著作之一。对于内夫而言，与煤炭使用增长同时，既有资本主义兴起，也是工业与资源开采的现代节点。这就是他对 1600 年左右的英格兰处于"早期工业革命"观点抱有信心的部分原因，比"传统分期"早了两个世纪。于他而言，这场革命引发了一系列关于财产权、国家政策和城市资本家角色的转变。这些都是由物质问题所引起的，木材普遍短缺的问题，"我们可以形容为一场民族危机，免得让人指控我们夸大其词"。① 对于内夫而言，煤炭是解决国家问题的重大方案，是对资源瓶颈的回应，从而使得社会、政治和经济现代化成为可能，这就是他认为的现代早期英格兰/英国历史的基本事实。

有一代经济史学者从几个方面对约翰·内夫的这本书进行

---

① J. U. Nef, *The Rise of the British Coal Industry*, Ⅰ, 161.

了批判，他难免受到"夸大其词的指控"。例如，批评"早期工业革命"论点的人认为，造船厂是英格兰现代早期最大的工业设施，尚未工厂化的纺织业则是最大的雇主。① "木材危机"的论点相对好些，研究铁制品生产和乡村的学者一致认为，工业更有可能保护木材资源而不是将其摧毁。② 米德尔塞克斯（Middlesex）距伦敦几英里，该地翔实的地方史正好进一步证实了这个观点。与伦敦直接相连的腹地在现代早期仍保有大量的树林。位于威斯敏斯特以北三英里处的圣约翰伍德（St John's Wood），树林在 16 世纪六七十年代才消失。③ 再往西北三英里的威尔斯登（Willesden），该地的树林同样在 17、18 世纪逐步减少直至消失。远不像约翰·内夫描述的是个无树岛，现代早期的英国实际上在煤炭兴起一段时间之后还保留着大量的树林。

于是，批评者并不相信约翰·内夫的论点中过度的部分，

---

① D. C. Coleman, "The Economy of Kent under the Later Stuarts" (Unpublished PhD Dissertation, University of London, 1951), ch. 8; D. C. Coleman, "Naval Dockyards under the Later Stuarts," *Economic History Review* 2nd ser. 6：2 (1953), 134 – 55. 两位学者对元工业化的文献做了大量概述，并通常强调纺织工业及其在农村的重要性，参见 Sheilagh Ogilvie and Merkus German, *European Proto-Industrialization：An Introductory Handbook* (Cambridge, 1996)。

② G. Hammersley, "Crown Woods and Their Exploitation in the Sixteenth and Seventeenth Centuries," *Bulletin of the Institute for Historical Research* 30 (1957), 136 – 61; G. Hammersley, "The Charcoal Iron Industry and Its Fuel, 1540 – 1750," *Economic History Review* 26 (1973), 593 – 613. 有关总结性的评论，参见 D. C. Coleman, *The Economy of England 1450 – 1750* (Oxford, 1977), 84 – 9, 167; Oliver Rackham, *History of the Countryside* (Dent, 1986), 90 – 2。

③ T. F. T. Baker, *A History of Middlesex*, vol. Ⅶ, *Acton, Chiswick, Ealing, and Willesden Parishes* (Oxford, 1982), 221 – 2; *vol. Ⅸ, Hampstead and Paddington Parishes* (Oxford, 1989), 122.

显然他所谓的木材缺乏的观点是不可靠的。然而从另一个方面
来看，减少木材供应与转向使用煤炭之间的联系仍然很有说服
力，其主要原因有三。首先，由于许多参与这场辩论的人没有
充分强调树林的存在并不意味着树林的利用。如果批评者以皇
家森林有腐烂的树木为据，首要的原因是交通不便。[①] 城市居
民没有利用偏远森林的木材是因为运输成本太高。而且在许多
情况下，即使木材唾手可得，将木材运到市场也存在着法律障
碍。阿克顿（Acton）和伊林（Ealing）位于现在的希思罗机
场和伦敦市中心之间，那里的林地一直到 17 世纪还很茂盛。
部分原因是那里的居民一直享有就地取材当作燃料和使用木材
的习惯权利，普通土地上的"燃料采伐权、制作货车用材的
采伐权、清理耕地采伐权以及围篱用材采伐权"常常为穷人
的"权宜经济"（makeshift economy）贡献良多。[②] 无论是地理
或是习惯法的原因，许多树林得以保存是因为市场无法企及。

　　其次，在那些能够供应城市市场的林地中，一些强大的力
量阻挠了继续使用中世纪时的可持续管理方式，该方式似乎满
足了当时城市对木材的需求。[③] 16 世纪晚期，准确来说是伦敦
人口首次超过中世纪后期峰值时，一些贵族地主为了快速获得

---

①　Philip A. J. Pettit, *The Royal Forests of Northamptonshire: A Study in their Economy 1558 – 1714* (Gateshead, 1968), 5, 103, 127.

②　T. F. T. Baker, *A History of Middlesex*, vol. IX, 82. More broadly see Andy Wood, *The Memory of the People: Custom and Popular Senses of the Past in Early Modern England* (Cambridge, 2013), 158, 161, 179, 184, 193; Steve Hindle, *On the Parish? The Micro-Politics of Poor Relief in Rural England c. 1550 – 1750* (Oxford, 2004), 43 – 5.

③　James Galloway, Derek Keene, and Margaret Murphy, "Fuelling the City: Production and Distribution of Firewood in London's Region, 1290 – 1400," *Economic History Review* 49 (1996), 447 – 72.

现金，选择砍伐、销售树木，然后将原先的林地用于农业生产。[1] 这种行为本应该被视为目光短浅，但在 17 世纪后期，像约翰·霍顿（John Houghton）这样的改良主义者却赞成这种一砍而光的做法带来的意外资本。[2] 砍伐树木，尤其是在木材价格上涨时，是土地所有者获得急需现金的少数几个办法之一，而且将砍伐后的林地变为耕地可以继续获得收入。这两者都违背了林业可持续发展的做法。 21

最后，尽管现代早期英格兰确实有许多树木，但许多城市居民还是应该能够觉察到自己的木质燃料供应即将受到威胁。这种担忧在 16 世纪的后 30 年发出了明确的声音。大约在 1576年，威廉·哈里森（William Harrison）哀叹道，"每年大量木材被售卖，这几年大量树林被砍伐"，[3] 这直接导致采用包括海煤在内的新型燃料，这种燃料"即使现在"还在某些伦敦家庭使用。酿酒商分别在 1575、1579 年指出，用煤炭代替木材是为了"整个国家"和"全体国民的利益"。[4] 然而到了1586 年，他们不再把这种做法当作新潮流，而是作为所有制

---

① 例如，埃塞克斯伯爵在 1588 年秋季通过出售树林来筹集急需的现金，而诺森伯兰郡那肆意挥霍的年轻伯爵也这样筹集了约 2 万英镑，以偿还他在 1590 年代积累的债务。London Metropolitan Archives［hereafter LMA］LMA COL/CA/1/1/，Corporation of London，Court of Aldermen Repertories（hereafter "Rep"）Rep 22，f. 7v；G. B. Harrison，ed.，*Advice to his Son: by Henry Percy Ninth Earl of Northumberland*（*1609*）（1930），81 - 2.

② 有关反对砍伐森林人的论述，还可参见 Arthur Standish，*The Commons Complaint*（1612）；R. C. ［Rooke Church］，*An olde thrift nevvly reuiued*（1612）。参见第 8 章中约翰·霍顿对加强燃料市场商业化的赞同观点。

③ Frederick J. Furnivall，ed.，*Harrison's Description of England in Shakespere's Youth*（1877），343.

④ Guildhall Library，London（hereafter GL）MS 5445/5（30 August 1575），5445/6（5 February 1579）.

造商的共同准则。① 可能最有说服力的是，伦敦的管理者担心
因此他们自己的木材供应不足。他们将罪责推给一贯的替罪羊，
即市场上那些"低买高卖""投机倒把的人"，这些人也因粮食
短缺而受到指责。② 此外，他们还对 16 世纪七八十年代的木
材供应情况进行了调查。③ 他们发现了令人不安的短缺现象，
于是为应对这个问题，迅速将注意力转向纽卡斯尔的煤炭。④ 据
说到了 17 世纪初，伦敦已经开始使用煤炭，煤炭变成了"普通
和必需的燃料"，"几乎家家户户都在使用"。⑤ 到了 1601 年，枢
密院给伦敦市长和伦敦市议员写信说，女王高度重视煤炭价格，
因为她认识到伦敦"最重要的燃料救济……是通过海运自纽卡斯
尔和北方其他地方过来的煤"。⑥ 因此，在时人认为木材供应受到
威胁时，煤炭就已经成了伦敦的燃料。1550～1570 年，伦敦开始
以煤炭替代木材，政府对木材供应的关注确实在日益减少。⑦ 约

22

---

① GL MS 5445/7 (17 February 1586).

② 对这种做法的讨论，参见 James Davis, *Medieval Market Morality: Life, Law, and Ethics in the English Marketplace* (Cambridge, 2012); John Bohstedt, *The Politics of Provisions: Food Riots, Moral Economy, and Market Transition in England, c. 1550 – 1850* (Farnham, 2010), 65 – 9。

③ Rep 18, f. 60 – 62v; Rep 20, f. 16v; Rep 21, f. 328; LMA COL/CC/1/1, Corporation of London, Court of Common Council Journal (hereafter Jour.), Jour. 20, f. 130 – 1; LMA COL/AD/1/23 Letter book Z, f. 6v, 40v – 41, 341.

④ Rep 23, f. 388, 481, Rep.

⑤ Elizabeth Read Foster, *Proceedings in Parliament 1610. vol. 2: House of Commons* (New Haven, 1966), 268; The National Archives, London (hereafter TNA), STC 8/13/2.

⑥ *Acts of the Privy Council of England: New Series*, 46 vols. (1890 – 1964), 1601 – 4, 67.

⑦ 有关此过渡期内地方政府的运作与策略问题，还可参见 William Cavert, "Villains of the Fuel Trade" (forthcoming); Simon Healy, "The Tyneside Lobby on the Thames: Politics and Economic Issues, c. 1580 – 1630," in Diana Newton and A. J. Pollard, eds., *Newcastle and Gateshead Before 1700* (Chichester, 2009)。

翰·内夫认为在木材供应方面出现了"民族危机"可能是错误的，但他强调木材稀缺与煤炭兴起之间的关系，尤其是在英格兰唯一的大都市的市场中的这种关系则是正确的。

这种关系的后果是，城市的能源在 1600 年左右大都来自矿产资源。本书的第三部分将论述的是，由于伦敦的重要地位导致了保护和扩大煤炭消费的政策，并在此过程中推动了整个英格兰的煤炭工业。因此，伦敦是英格兰经济长期转型的关键推手，使之越来越依赖于矿物燃料。通过水路便利的地区向内陆运输，英格兰的煤炭使用量稳步增长，这意味着即使在运河或铁路网得到发展之前，18 世纪英格兰大部分的能源需求都是由煤炭解决的。

近年来经济史学者对这种转变的重要性争论激烈，以 E. 里格利为首的学者所持有的观点是煤炭对经济增长起到了至关重要的作用。① 他认为，煤炭节省了大量的土地，可以进行食

---

① 参见 E. A. Wrigley, *Energy and the English Industrial Revolution* (Cambridge, 2010); Paul Warde, *Energy Consumption in England and Wales, 1560 - 2000* (Naples, 2007), 116, 118. E. 里格利认为，英格兰和威尔士分别在 1620 年和 1770 年代以前从煤炭获取的能源比木材多，其比例为 10∶1。彭慕兰（Kenneth Pomeranz）在 E. 里格利研究的基础上推进了一大步，参见 Kenneth Pomeranz, *The Great Divergence: China, Europe, and the Making of the Modern World Economy* (Princeton, 2000); Robert C. Allen, *The British Industrial Revolution in Global Perspective* (Cambridge, 2009); Prasannan Parthasarathi, *Why Europe Grew Rich and Asia Did Not: Global Economic Divergence, 1600 - 1850* (Cambridge, 2011); Astrid Kander, Paolo Malanima and Paul Warde, *Power to the People: Energy in Europe over the Last Five Centuries* (Princeton, 2014)。有关拒绝承认煤炭重要性的论述，参见 Joel Mokyr, *The Enlightened Economy: An Economic History of Britain 1700 - 1850* (New Haven, 2009), esp. 267 - 72; Deirdre McCloskey, *Bourgeois Dignity: Why Economics Can't Explain the Modern World* (Chicago, 2010), ch. 22。

物生产、家畜养殖，甚至可以分解石灰，使扩种的面积更加肥沃。里格利把这种效果表述为"高级有机经济"。之所以"高级"，原因在于使用煤炭可以摆脱像马尔萨斯这样的经典经济学家所预测的自然局限；但之所以是"有机的"而不是"矿物的"，则是因为煤炭尚未推动像 19 世纪那样全面工业化的经济。他这样分析虽然重要，但用"高级有机经济"这个术语来描述一系列变化可能不太精确。严格来说，煤炭并不比木质燃料更有机。更重要的是，矿物燃料比木质燃料更优越，这个特征早在 17 世纪就削弱了 19 世纪"矿物经济"与之前"有机"时期之间的差别。E. 里格利在其著作中使用了另外一个术语，即用"光合作用限制"来表述自然对增长的限制以及煤炭在超越这类限制中的作用。尽管该术语使用得不多，也不显眼，但比较恰当地表述了其重要性。这更加直接地表明，他对能源流动与资本两者之间所做出的关键区别。能源从太阳传递到植物，再到作为消费者的人类。这种能源可以再生，却受到气候的限制，而最要命的是，它还会占用可用于其他生产目的的土地。尽管煤炭也是源于太阳能和生物资源，但煤炭可以积累起来，至少在最终耗尽之前能够提供大得多的能源供给。煤炭不可再生，但在存续期间却可以释放土地而另作他用，从而可以给某个经济体提供更多的经济能源和更大面积的土地。①今天我们依然从化石燃料提供的巨大能源库存中获取福利（也可以说受限），因此依然生活在一个超越光合作用限制的世界。

　　1600 年前后，伦敦的煤炭消费量已经达到史无前例的地

---

　　①　这种土地通常被称为 ghost acres，即隐性土地。——译者注

步，对煤炭的广泛使用起到了关键作用。因此，伦敦在某个过程中位于中心地位。这个过程被约翰·内夫视为资本主义发展的关键因素，而被 E. 里格利看作通过避开光合作用限制来获取经济效益。燃料似乎是普通的商品，但两人的研究表明，使用燃料对于现代早期伦敦是非常重要的。伦敦在英格兰向新经济转型的过程中处于中心位置，丰富的能源创造了新的工作、新的生活和新的城市空间。

烧煤的伦敦

经济史家对税收记录的研究证实，伦敦人在 16 世纪最后几十年开始大量使用煤炭。约翰·内夫认为伦敦煤炭进口在这一时期经历了快速增长，与其木材危机的观点一样，这个观点为后来学者所批评。他们指出其中的错误，或者觉得他的结论证据太单薄。[1] 然而，近期审慎的调查工作已经在很大程度上　　24
证实了内夫的观点，伦敦煤炭进口量在 16 世纪后期的确急剧增长，之后也稳步增长。[2]

衡量煤炭交易量相对容易，因为相较于一些高价值商品，没有理由怀疑会有大量走私。即使在 18 世纪煤炭税很重的时候，每吨的税也只有五先令，从而使走私活动无利可图。泰晤士河沿岸煤炭贸易的税收记录提供了较为可信的总量。这些数

[1]　D. C. Coleman, *Industry in Tudor and Stuart England* (1975), 46 – 7; D. C. Coleman, "The Coal Industry: A Rejoinder," *Economic History Review* 30 (1977), 343 – 5.

[2]　有关史学及史料问题的讨论，参见 John Hatcher, *The History of the British Coal Industry*, *Before 1700*, 483 – 5.

据显示，16 世纪中叶的基准数量为 1.1 万~1.5 万吨，1581 年超过了 2.7 万吨，1580 年代后期则快速增加到近 5 万吨，1591~1592 年则超过了 6.8 万吨。14 年后（1605~1606）煤炭进口量再翻了一番，达到了 14.4 万吨；1637~1638 年又几乎翻了一番，达到了 28.3 万吨。据约翰·哈彻（John Hatcher）的研究，1670 年代煤炭的年进口量大约在 31 万~40.6 万吨，1580 年代后期的几年进口量则超过了 50 万吨。煤炭每年的进口量偶尔会有剧烈的波动，主要是因为海上的不安全因素。比如，1668 年末米迦勒节（Michaelmas）的时候，煤炭进口量超过了 57.7 万吨，但随着与荷兰贸易量的下降，第二年的进口量只是这个数目的 57%。1701 年，伦敦的煤炭进口量再次达到 64 万吨，但 1702 年 5 月对法宣战让贸易几乎崩溃，当月和 6 月的贸易量下降了 78%。[1] 尽管出现了短期波动，但从中长期来看，煤炭贸易有明显而持续的增长。从 1580 年代的扩张开始，伦敦的煤炭进口量在现代早期及之后的时期都在稳步增长。

这个增长轨迹与伦敦的人口增长轨迹非常接近。大约从 1600 年开始，伦敦每人每年约消耗一吨煤。[2] 这个趋势表明以及更加详尽的细节也证实，这是伦敦居民的日常燃烧量，而不是燃煤工业的大火炉拉高了燃煤量。这项发现可能会让许多现代早期的观察家和少数现代史学家感到惊讶，后者认为伦敦的煤炭燃烧和烟雾主要是工业生产所致。[3] 1579 年，伊丽莎白一

---

[1] Coal Duty Accounts 1701–15, Lambeth Palace Library MS 748, f. 1v–2v.

[2] Vanessa Harding, "The Population of London, 1550–1700: A Review of the Published Evidence," *London Journal* 15 (1990), 111–28.

[3] 有关工业用煤较为详细的讨论，参见 William Cavert, "Industrial Coal Consumption in Early Modern London," *Urban History* 44.3 (2017)。

世派官员告知伦敦的酿酒商，她在享用酒饮时，很讨厌他们使 25
用煤炭酿酒。事实上，当时酿酒可能消耗了伦敦近一半的煤
炭。[①] 但是几年的时间，煤炭在家庭得到广泛使用，酿酒商的
份额迅速减少。在现代早期的其余时期，酿酒商的份额可能再
未超过整个伦敦煤炭需求的 10%，其他行业也没有接近这个
数字。1570 年代以后的任何时候，制造业的煤炭份额都不太
可能超过伦敦总需求的 25%。

　　尽管伦敦工业所需的煤炭量小，却不可忽视。为了分摊游
说议会的开支，酿酒商行会（the Brewers Company）在 1593
年调查了其成员的粮食消费。最大的酿酒厂每周消耗 200 夸特
麦芽，另两厂为 150 夸特和 140 个夸特，其余 8 家为 100 夸特
左右。假如这些大型酿酒厂那些年使用煤炭的效率不超过威斯
敏斯特教堂酿造厂的话，那么它们每周就有可能烧掉 11.8 ～
23.5 吨的煤。即使它们提高了效率（这是可能的），它们每年
可能也需要数百吨煤。1628 年，酿酒商兼下议院议员约瑟
夫·布拉德肖（Joseph Bradshaw）抱怨他的麦芽被征税过高，
显示每月消耗 720 夸特麦芽。而威斯敏斯特教堂酿造这么多的
麦芽可能需要 85 吨煤，即使较大的酿酒厂只需要 50 吨煤，每
天燃烧两吨煤也足以让他在威斯特敏斯特的邻居查理一世感到
愤怒。[②] 工业用煤占整个伦敦用煤量虽有限，但在某地却是重
要的，会引起邻居的担忧也是情有可原的。

---

① GL MS 5445/5，n. p.，6 February 1578/9. 伊丽莎白一世 1586 年对 "海煤
的气味和烟味" 的不满往往与这个事件混为一谈，详见本书第 4 章的
讨论。

② 另见本书第 4 章；William Cavert，"The Environmental Policy of Charles I：
Coal Smoke and the English Monarchy，1624 - 40，" *Journal of British Studies*
53：2（2014），310 - 33。

伦敦其余 3/4 的燃料，不是用于工业而是供应给居民，无论是穷人还是富人。事实上，正如詹姆士一世在一起 1607 年星室法院（Star Chamber）审判的案件中所说的那样，海煤已成为伦敦以及英格兰其他许多地区"普通和惯用的燃料……几乎每家每户都在用"。① 煤炭在很大程度上超越了阶级，因为贵族、手工业者和接受救济的人都在购买和使用。然而，贫富之间在使用燃料上有三个根本的区别。最基本和最重要的区别是，富人只是燃烧更多的燃料，在温暖的空间里待的时间更长。作为基本燃料需求的指标，给济贫院居民提供的津贴通常为每人或每对已婚夫妇每年按 0.5～1 查尔特隆（chaldron, 0.7～1.4吨）的标准发放。② 中等家庭的使用量绝对超过了这个数量，但对拥有几口人的家庭来说，人均数量既是隐蔽的也是公开的。当然，热量不像食物，因为它可以为房屋的所有成员或同一空间的所有人同时供暖。然而并不是所有人都享有平等的机会，男女主人、受人尊敬的老人或病人，可能会常常使用供暖效果最好的房间或工作间。贝克斯公司（the Bakers Company）1620 年的资料显示，一个典型家庭需要 4 查尔特隆（6.4 吨）煤，成员有主人、妻子、子女、学徒和仆人。也许人均数量无法充分展现这种家庭成员不同的冷暖经历。③ 中等家庭之上，

① TNA STAC 8/13/2.
② Ian Archer, *The Pursuit of Stability: Social Relations in Elizabethan London* (Cambridge, 1991), 192. 有关商人、裁缝、救济院每人供应 1 查尔特隆煤的论述，参见 GL MS 34, 010/7, f.76v, 79v。但是布鲁尔公司只给每位受救济女性提供 0.6 查尔特隆的煤，参见 GL MS 5491/1。（查尔特隆，旧时英国容量单位，等于 36 蒲式耳或 288 加仑，这里相当于 1.4吨。——译者注）
③ Sylvia Thrupp, *A Short History of the Worshipful Company of Bakers of London* (n. p. info, 1933), 17.

富人的大房子和他们的私人房间用的燃料会比穷人多得多。
1623 年，米德尔塞克斯伯爵冬季每周都购买了半吨煤。① 1530
年代，拉特兰伯爵（the Earl of Rutland）位于伦敦的住房通常
会消耗 30 查尔特隆（42 吨）的煤，还不包括木材和木炭。在
接下来的一个世纪里，其他精英的用煤甚至超过了这个庞大的
数量。② 一位 18 世纪的作家振振有词地说到，对于一个"布
卢姆斯伯里广场（Bloomsbury Square）的高素质人"来说，他
们平时每年的煤消费量是 90 查尔特隆或 132 吨。这个数量比
穷人的 100 倍还要多。③

　　贫富之间使用燃料的第二个重要区别在于，对于穷人来说
煤是唯一的燃料，而对于富人来说只是其中的一种。1630 年
代的拉特兰伯爵家除了使用大量的海煤，6 吨苏格兰煤（一种
较高品位的矿物煤）之外，还需要 26 车肯特式柴火（捆扎
的）和 1.2 万垛普通木柴。④ 米德尔塞克斯伯爵也有类似的开
支，他们家的木质燃料包括普通木柴、捆扎的木柴和木炭，让
他们家那几吨煤的消耗量相形见绌。内战期间，多数伦敦人被
高涨的煤炭价格困扰，上议院每年花费 700 英镑以上购买燃

27

① Kent History and Library Centre（hereafter KHLS）U269/1 AP36.
② Royal Commission on Historical Manuscripts（hereafter HMC），HMC Rutland
I，499－500. 例如理查德德·坦普尔爵士（Sir Richard Temple）在 1670
年代晚期一次就购买了 28 吨煤。Henry E. Huntingon Library（hereafter
HEHL）ST 152，f. 12，46，88v. 蒙塔古公爵（Duke of Montagu）和桑德
兰伯爵（Earl of Sunderland）在 1710 年代、马尔伯勒公爵（Duke of
Marlborough）在 1750 年代的花销，参见 Bedfordshire and Luton Archives
and Record Service（hereafter BLARS），X 800/7－12；BL Add MS 61，
656，f. 121，222；BL Add MS 61，678，f. 19。
③ *Frauds and Abuses of the Coal-Dealers Detected and Exposed：in a Letter to an
Alderman of London*（3rd ed. 1747），25.
④ *HMC Rutland*，I，500.

料，耗费大量的木材和木炭。① 伦敦贵族以下的中等阶层或商人，除了更加昂贵的木材燃料外，在清洁燃料的需求方面也有所差别。② 木炭通常用来为教区和同业公会的会议供暖。木质燃料有多种用途，但价格不菲，伦敦最穷的人烧不起，冬天的温暖对他们而言是一种奢侈。因此，尽管人人都在使用海煤，却特别与穷人联系起来。伦敦富有家庭和中等家庭在不同的空间和场合会燃烧不同种类的燃料，但穷人无法这么讲究。

最后，由于市场体验不同，穷人与富人对伦敦燃料的体验不同。像拉特兰伯爵这样的贵族可以将诸如购买燃料等必需品的琐事完全交给管家去做。即使有些贵族了解市场的情况，比如在 "南海泡沫"（the South Sea Bubble）③ 失去了大量财富后锱铢必较的钱多斯公爵（Duke of Chandos），他们仍然很容易搜集价格信息，然后告诉他们的仆人何时采购一年的燃料。钱多斯公爵在夏天订购了 100~200 吨的海煤和苏格兰煤，然后分发到他坎农斯（Cannons）的豪宅和伦敦联排别墅。他注明了应从哪个批发商购买，自己的哪个仓库可以容纳多少。④ 对于拥有现金或信用以及拥有足够空间容纳这样大量燃料的人来

---

① KHLS U269/1 AP35－36.

② Parliamentary Archives（hereafter PA）HL/PO/JO/10/1/210, f. 13.

③ "南海泡沫" 发生于 17 世纪末到 18 世纪初。长期的经济繁荣使得英国私人资本不断集聚，社会储蓄不断膨胀，投资机会却相应不足，大量暂时闲置的资金迫切寻找出路，而当时股票的发行量极少，拥有股票是一种特权。在这种情形下，一家名为 "南海" 的股份有限公司在 1711 年宣告成立。1720 年底，政府对南海公司的资产进行清理，发现其实际资本已所剩无几，那些高价买进南海股票的投资者遭受巨大损失，许多财主、富商损失惨重，有的甚至竟一贫如洗。——译者注

④ Duke of Chandos, Household Audits and Orders, HEHL ST 24, Vol. 1, 90－3, 105, 215; Vol. 2, 114, 116, 182. HEHL ST 57, Vol. 44, 176; Vol. 53, 17－8.

说，夏季买进这种方式是常有之事。

但是，住在伦敦的穷人既没有钱也没有闲置空间。即使每年1查尔特隆的基本需求量，在16世纪后期只需要不到20先令（1英镑），18世纪涨到30～40先令，对许多贫穷的消费者来说意味着一次性买入是笔不小的开支。① 空间对很多人来说可能几乎与现金或信贷一样稀缺，因为很多工匠的居住空间即使与21世纪拥挤的住房条件相比，也狭小得难以忍受。② 1查尔特隆的煤需要1.5立方米的空间，可能会给这么小的居室带来极大的不便。③ 对那些共享卧室或拥挤的家庭分隔成狭小空间的人来说，这是不可能实现的。在这种情况下，煤炭只会按需少量买入，以蒲式耳甚至更小的单位购买。约翰·霍顿的价格报告显示，燃料在1690年代冬季的价格比夏季平均水平高出25%，在战争或冬季严寒时价格差异会更大。④ 深度冻结，特别是战争通常情况下并非小概率事件，与荷兰、法国或西班牙的冲突在整个17、18世纪反复威胁英格兰的沿海贸易。

在这种情况下，小规模的经销商会根据市场的整体情况提高价格，从而弥补自己从上一年夏季以来的燃料储存开支。当然，很多经销商肯定会利用自己的强势地位，尽可能地提高价

28

---

① 煤炭价格的变动和季节性，参见 William Cavert，"The Politics of Fuel Prices," forthcoming。那一时期信用在日常和小规模交易中的重要性，参见 Craig Muldrew, *The Economy of Obligation*: *The Culture of Credit and Social Relations in Early Modern England*（New York，1998）。

② Peter Guillery, *The Small House in Eighteenth century London* （2004）.

③ 1616年，一个财政部委员会发现，1伦敦查尔特隆煤为396加仑、1.5立方米，平均每吨煤1.07立方米。参见 John Hatcher, *The History of the British Coal Industry. Volume 1 Before 1700*，568。

④ John Houghton, *A Collection for Improvement of Husbandry and Trade* （1692 - 8），passim.

格。即使没有这样的暴利行为，夏天买进 1 查尔特隆燃料比在冬季买进半蒲式耳要划算得多。这些市场状况在很大程度上对富人和中等收购者没有多大影响。他们精打细算，完全可以预测得到夏季的低价并加以利用。许多穷人则不会有这种选择。对他们来说，最需要燃料之日也是燃料最昂贵之时。总之，煤炭是伦敦穷人必不可少的燃料，但同时他们痛苦地发现，他们不是买不起就是买不够。

对比：为现代早期城市添煤

在英国，伦敦对燃料的需求是独一无二的，它是英国唯一的大城市，是迄今为止最大的煤炭消费地（也几乎是所有物品的最大消费地）。因此，与其他大城市进行比较，有助于了解伦敦的独特性。当然，所有主要的大都市都会消耗大量的物资。城市在过去和现在依赖于消费品的供应网络，与伦敦一样的现代早期城市也需要大量的燃料。1735 年，巴黎消耗了 40 万车的木材，相当于 80 万立方米。这些木材虽然只提供了大约 1/4 的能源，但大致相当于伦敦消费海煤的量。① 在现代早期的世界，其他一些城市的燃料消费规模也大致类似，当然还需要更多的研究才能确切地了解能源消费的不同水平。北京、江户和伊斯坦布尔的燃料消耗至少与伦敦的规模相当，显然这

① Daniel Roche, *A History of Everyday Things: The Birth of Consumption in France* (Cambridge, 2000), 131. 以体积为衡量的能源密度数据来源于生物质能中心 (The Biomass Energy Centre) 网页 "事实与数据" (facts and figures) 一栏下的 "燃料卡路里常用值" (Typical calorific values of fuels), www. biomassenergycentre. org. uk，访问日期：2015 年 7 月 11 日。

些城市也需要大量的燃料。

尽管其他城市的燃料市场很活跃，但有充分的理由相信伦敦的燃料消耗超过了现代早期世界的其他地方。亚热带气候肯定会缓解世界上一些最大城市的燃料需求，如阿格拉、德里和开罗。人口增长导致森林砍伐和燃料短缺，使得许多较为寒冷和处于温带的地区也与英国一样具有相同的生态压力。[①] 康拉德·托特曼（Conrad Totman）的研究向英国读者展示了日本是如何通过国家保护政策，成功地解决了江户这个世界上最大的城市以及其他主要中心城市严重的木材短缺问题。[②] 日本人喜爱的节能烹饪法和家庭取暖法就是用各种火盆直接给身体加热，而不是给整个房间供暖。[③] 相比之下，英国人却喜欢效率低下的明火带来的"快乐"。因此可以想象的是，日本的城市所消耗的燃料比伦敦少，大阪的记录表明事实确实如此。1714年，37.5 万大阪居民消费了大约 12.8 万吨薪柴和 3.2 万吨木炭。同时代伦敦的规模不到大阪的两倍，但仅其用煤所提供的能源就约为大阪木材的 9 倍。[④] 其他现代早期的中心城市也可能使用了大量的燃料，但使用量仍远低于伦敦。对诸如伊斯坦

① John F. Richards, *The Unending Frontier: An Environmental History of the Early Modern World* (Berkeley, 2005), 53 – 5 (on the Netherlands), 144 – 7 (on China), 183 – 7 (on Japan), 409 (on Brazil), 421 – 2, 431 – 2 (on the Caribbean).

② Conrad Totman, *The Green Archipelago: Forestry in Pre-Industrial Japan* (Berkeley, 1989); Conrad Totman, *Early Modern Japan* (Berkeley, 1993), 225 – 9, 271.

③ Louis G. Perez, *Daily Life in Early Modern Japan* (Westport, CT, 2002), 114 – 5; Richards, *Unending Frontier*, 179.

④ 伦敦在 1714 年消耗了大约 55 万吨煤炭，其能量是木材的两倍。Vaclav Smil, *General Energetics: Energy in the Biosphere and Civilization* (New York, 1991), 323.

布尔，尤其是北京那样城市的燃料和能源消耗还需要加强研究，这些城市在现代早期至少有消耗煤炭。① 除非这些研究发现北京使用煤炭的数量超出我们的预期，否则没有一座现代早期的城市能够接近伦敦用煤的规模，及其对不可再生燃料资源的依赖。

在欧洲，只有以阿姆斯特丹为首的荷兰城市大量使用了主要是泥煤的不可再生资源作为燃料。虽然其数量很精确、数字也很大，却引起了经济史家的争议。如果接受伊伍（J. W. De Zeeuw）高估的数字的话，那么伦敦在 17 世纪所使用的能源几乎与整个荷兰一样多；如果采用理查德·昂格（Richard Unger）修正后下调了的数字的话，伦敦也远远超过这个数字。② 荷兰是仅次于英国之后欧洲第二大煤炭消费国，但在 18 世纪初期其进口的煤炭仅为伦敦的 10%。③ 荷兰人与英国人一样，通过燃料储备来摆脱现代早期普遍存在的由于燃料短缺受到的经济制约，但他们并没有达到英国人的水平，伦敦 17、18 世纪储备燃料的绝对值和人均值比阿姆斯特丹或任何其他城市都多。因此，从荷兰到日本，毁林的事实和对燃料稀缺的担心

---

① 北京在现代早期确实消耗了一些煤炭，欧洲人在 19 世纪中期观察到中国存在规模很大的矿业，但是很少有二手文献涉及现代早期中国城市的燃料消耗。参见 Susan Naquin, *Peking Temples and City Life*, *1400 – 1900* (Berkeley, 2000), p. 433; Parthasarathi, *Why Europe*, 158 – 9, 170 – 5。彭慕兰认为北京的燃料消耗量在 19 世纪前还很小。参见 Pomeranz, *Great Divergence*, 63 – 4。

② Richard W. Unger, "Energy Sources for the Dutch Golden Age: Peat, Wind, and Coal," *Research in Economic History* 9 (1984), 221 – 53. David Ormrod, *The Rise of Commercial Empires*: *England and the Netherlands in the Age of Mercantilism 1650 – 1770* (Cambridge, 2003), 247.

③ Ormrod, *Commercial Empires*, 252 – 4。

在现代早期司空见惯。① 面对这种生态压力都会有一系列的反应，但伦敦对矿物燃料的倚重则是无可比拟。全世界大城市都面临能源稀缺且价格昂贵的问题，但煤炭却使伦敦成为例外。

一件有意义的事

本章介绍了伦敦现代早期煤炭使用的规模和性质，作为以下章节讨论的基础。煤是一种礼物、天然优势和资源，可以使伦敦像英国其他地区那样超越光合作用的限制。虽然同时代人不会使用这个术语，但是他们很清楚煤炭在经济中的重要性。正如我们即将看到的那样，这点在整个时期一系列的政策辩论中反复出现。伦敦的经济就是依靠化石燃料的经济，但燃料的使用以家居为主而不是以工业为主，与此有关的讨论表明这个社会在某种意义上来说也是一个化石燃料的社会。在伦敦人的家里、教堂、酒馆、咖啡馆和作坊，社会关系部分是通过火和温暖来实现的，这就意味着与煤有关。煤不仅对工作和生产至关重要，对健康、舒适、社交和家庭管理也举足轻重。因此，那些思考过伦敦煤炭供给的人从不会将其仅仅当作商品，而是更关注这种平凡之物所可能产生的社会关系和社会意义。② 因

31

---

① 美洲缺少非常大的城市，但不缺砍光森林的工业。Daviken Studnicki-Gizbert and David Schecter, "The Environmental Dynamics of a Colonial Fuel-Rush: Silver Mining and Deforestation in New Spain, 1522 – 1810," *Environmental History* 15：1 (2010), 94 –119.

② 关于物体社会重要性的著作，参见 Arjun Appadurai, ed., *The Social Life of Things: Commodities in Cultural Perspeective* (Cambridge, 1986); Paula Findlen, ed., *Early Modern Things: Objects and Their Histories* (New York, 2012)。

此，本书与其说把煤当作经济生产的一个因素，还不如说是将其当作促使某种社会、某种政体形成的众多基本因素之一。像煤这样的东西之所以很重要，是因为它有助于组织日常生活、维持社会关系和巩固政治权力。经济史家在试图理解英国工业发展的过程中，将这些因素置于他们的探索之中，但对于那些想要理解甚至抗议伦敦城市环境退化的同时代人来说，这些因素难以回避。

3　空气：烟雾与污染
（1600～1775）

"极好的空气"：现代早期伦敦的环境

　　文艺复兴作家对都市赞美的言辞中，新鲜健康的空气是城市的福音。莱昂纳多·布鲁尼（Leonardo Bruni）在 1403 年所写的《佛罗伦萨赞》（*Laudatio Florenitae Urbis*）把佛罗伦萨优越的自然地理位置誉为："气候未曾恶劣，空气未曾恶臭，湿度不会恼人，秋季不致燥热，……此种仙境，何处可寻。"①英国人紧随着布鲁尼，将其对佛罗伦萨的赞誉引介到伦敦。米歇尔·德雷顿（Michael Drayton）在《多福之国》（*Poly-Olbion*）中写道，这座城市受到了"最快乐空气"的青睐。威廉·卡姆登（William Camden）在其《不列颠》（*Britain*）一书中写道："此乃福地，大海、陆地和空气，一切的一切均为

---

　　① Benjamin G. Kohl and Ronald G. Witt，*The Earthly Republic*：*Italian Humanists on Government and Society*（Manchester，1978），148.

上帝恩惠赐予。"① 17 世纪的自然历史编纂者继承了这种风格。如托马斯·德洛纳（Thomas Delaune）在 1681 年声称："一国有益生之气，和风环绕，则此国必良风。"他还写道："所见所闻中，已知世界里，（伦敦）乃为健康之城（考虑到该城广阔、市民众多、每年燃烧大量烟煤）。"② 根据盖伊·米耶格（Guy Miège）的观点，18 世纪早期伦敦的优势在于，来自泰晤士河的一侧和郊区田野另一侧的"新鲜空气"使这座都市拥有温仁之风。③

33 　　不幸的是，对于伦敦居民来说，对伦敦天气的赞誉是一种误解。无论大自然给予这座城市何种优势，现代早期的城市环境既不纯净也不健康。盖伊·米耶格的赞誉基于如下认识：城市受制于自身的经济成效和自然环境，对伦敦而言，这在很大程度上意味着倚重煤炭经济。后面的章节将详细讨论处于现代早期的伦敦人是如何以种种方式看待不健康的烟雾空气的。在讨论那些感受之前，本章将考察 21 世纪的科学和医学是如何发现煤烟、空气污染及其对人体的影响的。这对于接下来要探讨的内容很重要，因为对烟雾空气的认识不仅是某种文化建构，也是对物质世界的回应和理解。有些认识浅显易懂，有些只有通过科学研究才可以在最近得以清楚解释。但是，无论当

---

① Michael Drayton, *The Second Part*, *or a Continuance of Poly-Olbion* (1622), 252; William Camden, *Britain*, *or A chorographicall description of the most flourishing kingdomes*, *England*, *Scotland*, *and Ireland*, *and the ilands adjoyning*, *out of the depth of antiquitie* (1637 ed.), 436 - 7; Peter Heylyn, *Eroologia Anglorum. Or*, *An Help to English History* (1641), 321.

② Thomas Delaune, *The Present State of London* (1681), 4. 另见 Thomas Delaune, *England's Remarques* (1682), 99, 105; Edward Chamberlayne, *Angliae Notitia*: *or the Present State of England* (1702 ed.), 336。

③ Guy Miège, *The Present State of Great Britain and Ireland*, (1723 ed.), 104.

时的伦敦居民意识到与否，燃煤确实改变了他们的空气，而且对他们的身体产生了实际影响。

煤烟与人类健康

几乎任何种类的烟雾，只要达到一定的浓度，持续一段时间，都对健康有害。考古学家在一系列中世纪和现代早期遗址中发现，室内外空气污染导致上颌窦炎的高发病率（鼻窦感染会给骨骼留下可测的损伤）。[①] 室内空气污染虽然以前几乎从未受到关注，本书或其他现代环境政治学研究才有所论及，但仍然是一个主要问题。世界卫生组织将室内空气污染确定为全球公共卫生的主要威胁之一，每年造成约 430 万人过早死亡，其中的死亡案例多发生在用生物燃料取暖的穷国家庭。因此，室内空气污染的受害者是那些在家长时间取暖的人，绝大多数是做饭的女性和陪伴她们的孩子。接触这种烟雾容易导致呼吸系统疾病、肺癌、心脏病、中风、白内障及其他疾病。[②]　34
如今这种情况几乎全部发生在欠发达国家，而在整个前现代社会却非常普遍。因此，现代早期的伦敦，妻子、仆人和其他长时间在室内取暖的人极有可能会患上这些疾病。但是文献记录

[①]　Charlotte Roberts and Keith Manchester, The Archaeology of Disease (Ithaca, NY, 2007), 174 - 6. 但有学者认为污染是否对窦道和肺部感染造成影响需要谨慎对待，参见 Karen Bernofsky, "Respiratory health in the past: a bioarchaeological study of chronic maxillary sinusitis and rib periostitis from the Iron Age to the Post Medieval Period in Southern England", PhD Thesis, Durham University, 2010。

[②]　http://www.who.int/indoorair/en; www.who.int/indoorair/en; www.epa.gov/iaq/cookstoves.

显示，时人根本没有意识到这一点。

对于那些接触烟雾的人来说，无论烟雾是由于烧柴、烧粪便还是矿物煤引起，造成上述病情最重要的原因则是非常细微的颗粒。[①] 虽然常识表明，浓烟充满了灰尘，是最不健康的，但最近的医学研究主要专注于这些非常细微颗粒的危害。PM_{10} 是直径小于 10 微米的物体，约为人类头发宽度的 1/5，美国环境保护署将其定义为"可吸入的粗颗粒"。"细颗粒"是直径小于 2.5 微米的颗粒，"超微颗粒"则是直径小于 0.1 微米的颗粒。微颗粒类别复杂，由其尺寸而不是化学成分来定义，因此它们与疾病之间的微妙关系非常复杂，属于正在研究的课题。然而总的来说，最近的研究结果表明颗粒越小威胁越大，因为这些颗粒最容易进入肺部，甚至流入血液。有研究显示，这些颗粒导致心肺疾病的风险极大。这些颗粒可以形成阴霾，是很多污染区域的特征。燃烧化石燃料会产生微粒（$PM_{2.5}$），因此大量燃烧煤炭的地区会面临微粒污染程度加剧的局面，产生各种健康风险。

另一个与大量烧煤有关的主要问题是二氧化硫。即使短时间接触它也会引起或加剧呼吸系统或心脏疾病，加重城市雾霾。[②] 这种雾霾会过滤阳光，减少用于照耀植物和人类的太阳能，且二氧化硫的酸度会严重破坏植被。二氧化硫在潮湿条件下（这种情况在伦敦经常出现）转化为硫酸，在干燥条件下

---

① 相关讨论基于马奎塔·希尔（Marquita K. Hil）的著作和美国环保组织（the USA's Environmental Protection Agency）的网页。Marquita K. Hill, *Understanding Environmental Pollution*（Cambridge，2010），130 – 4；www. epa. gov/airquality/particlepollution.

② Marquita K. Hill, *Understanding Environmental Pollution*，125 – 7；www. epa. gov/airquality/sulfurdioxide/ index. html.

转化成硫酸盐。这些颗粒属于上述微颗粒，可引起肺部炎症和形成酸雨。二氧化硫对体弱的哮喘患者、儿童和老人的健康影响最为严重。烧煤产生的二氧化氮也会造成相似的影响。[①] 二氧化氮引起呼吸道炎症，使哮喘恶化，加剧对体弱群体健康的威胁。此外，二氧化氮可以形成微粒，损害肺部和心脏。

现代早期伦敦的污染程度

35

要详细描述几个世纪前伦敦空气的实际情况及其影响、污染物具有什么样的有害特征并非易事，因为在现代之前并没有测量污染程度的方法。现代早期伦敦的污染有多严重虽无定论，但用相对简单的模型所获取的数据，可以了解当时的大致状况以及随着时间的推移而发生的改变。

大气化学家彼得·布林布尔科姆（Peter Brimblecombe）和卡洛塔·格罗希（Carlotta Grossi）对 1125～2090 年伦敦大气中的二氧化硫、二氧化氮和 PM_{10} 等污染物浓度进行了估算和预测。[②] 他们的研究表明，三种污染物的浓度都高到了危险的地步，尤其是二氧化硫浓度的上升最为惊人。以中世纪的每立方米 5～7 微克为基数，二氧化硫浓度增加到 1575 年的 20 微克/米³，1625 年的 40 微克/米³，1675 年的 120 微克/米³，1725 年的 260 微克/米³，1775 年的 280 微克/米³。英国

---

①　Marquita K. Hill, *Understanding Environmental Pollution*, 128－9；www. epa. gov/airquality/nitrogenoxides/health. html.

②　Peter Brimblecombe and Carlotta M. Grossi, "Millennium-long damage to building materials in London," *Science of The Total Environment* 407（February 2009），1354－61；Peter Brimblecombe, "London Air Pollution, 1500－1900," *Atmospheric Environment* 11（1977），1157－62.

现行标准设定二氧化硫年平均浓度为 20 微克/米³，每年 125 微克/米³ 以上的天数不超过 3 天。① 美国环保局以前的标准为 78 微克/米³，后来的标准则以每小时而非年平均值的办法进行计算。② 中国目前的年度平均标准为城市地区 60 微克/米³。③ 2002～2011 年伦敦市内的年平均浓度仅为 2～5 微克/米³。④ 按照布林布尔科姆和格罗希的模型，伦敦在 17 世纪中期几十年间，二氧化硫含量早就超出现代空气质量标准；在 18 世纪，其二氧化硫含量更高。现代早期伦敦空气中的二氧化硫浓度是目前水平的 70 倍，甚至远远超过了像目前北京这样污染严重的城市（图 3 - 1）。⑤

36

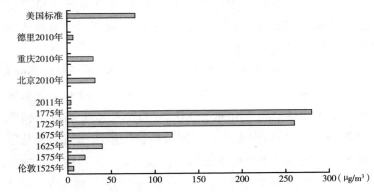

图 3 - 1　二氧化硫年平均值：过去、现在及标准

① http：//uk - air. defra. gov. uk/assets/documents/National _ air _ quality _ objectives. pdf.
② www. epa. gov/ttn/naaqs/standards/so2/s_ so2_ history. html.
③ http：//cleanairinitiative. org/portal/node/8163.
④ City of London, *2013 Air Quality Progress Report*, 28, www. cityoflondon. gov. uk/business/environmental - health/environmental - protection/air - quality/Pages/air - quality - reports. aspx.
⑤ http：//citiesact. org/data/search/aq - data.

其他污染物也很高，但在现代早期与当代发达城市之间，二氧化硫水平并不存在相似之处。烟煤含硫量高而现代早期的燃烧通常效率低下，不能与现代的燃烧技术相提并论。二氧化硫不同于其他污染物，在现代早期的伦敦和今天的城市含量都不是很高，现在由于汽车尾气反而比以前高。在中世纪，伦敦的空气中几乎没有二氧化氮。后来由于采用了矿物煤，其水平在 1625 年上升到了 7 微克/米^3，而到 18 世纪中期则增至 40 微克/米^3。[1] 后面这个数字与现在英国的年度标准平均浓度相同，并与 2011 年伦敦市中心的基本水平非常接近，略低于北京、重庆和德里（图 3-2）。[2]

37

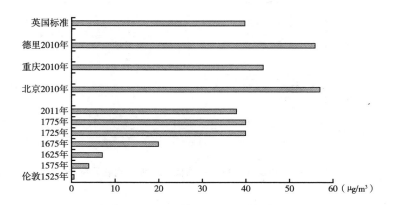

图 3-2　二氧化氮年平均值：过去、现在及标准

微粒污染程度也可能很高。中世纪城市的 PM$_{10}$ 平均水平低于 20 微克/米^3，但在 1625 年达到 40 微克/米^3，1675 年为 60 微

① Brimblecombe and Grossi, "Millennium-long damage," 1356.

② http：//uk - air. defra. gov. uk/assets/documents/ National _ air _ quality _ objectives. pdf.

克/米³，而 1725 年则为 130 微克/米³。① 现在英国的标准是 40
微克/米³，根据布林布尔科姆的数据，② 伦敦的微粒污染物水
平从 17 世纪中叶就远远超过这个标准了。这些现代早期的数
据远超目前的基本水平（2011 年的记录是 28 微克/米³），但
被现在最脏的城市接近甚至超过，最极端的例子是德里（图
3 - 3）。③ 布林布尔科姆的研究并没有估计 PM₂.₅的含量，但由
于这些更细微的颗粒因煤的燃烧而产生，所以这个含量一定非
常高。

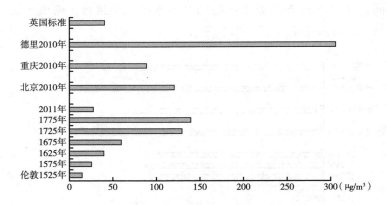

图 3 - 3　颗粒污染物年平均值：过去、现在及标准

除非布林布尔科姆和格罗希提供的数据非常不准确，否则
现代早期伦敦的空气很明显充满了污染物，导致空气浑浊并危

---

① Brimblecombe and Grossi, "Millennium-long damage," 1356.
② 英国的标准参见 http：//uk - air. defra. gov. uk/assets/documents/National_
　air_ quality_ objectives. pdf。
③ http：//uk - air. defra. gov. uk/assets/documents/National_ air_ quality_ objectives.
　pdf.

害居民的健康。这些图表明，现代早期英国首都的空气污染程度大致与当今世界最肮脏的城市一样严重。

身临其境与局部差异

以上这些年度平均数据既有高度的启发性，又有严重的局限性。它们反映了现代早期空气污染确实存在，因为这是由污染物浓度导致的，与现在每天成千上万人所能测量到的、看到的和品尝到的相似。但作为平均值，这些数据隐藏着某些差异，按照目前的监管标准来说是难以接受的。即便短时的高度污染，其有害程度也难以被相对干净的时间抵消，短时期污染也会造成很大的伤害。1952 年 12 月，伦敦著名的烟雾事件就是一个极端的例子。当时的二氧化硫浓度从大约 150 微克/米^{3}的基本值猛增至大约 1500 微克/米^3，烟雾计所记录的浓度比正常值高 54 倍。[1] 这个情形持续时间虽不到一周，却导致7000 多人死亡，充分说明了短期差异的威力可以被年度平均值遮蔽。[2] 不太极端的差异现象在当今城市比比皆是，如路边二氧化氮的读数通常远高于城市基本级别，这意味着驾驶员、骑行者和行人在车辆间行走移动时都暴露在有害环境中。[3]

本章所用的现代早期伦敦空气数据还掩盖了某些临时的、

---

[1] Brimblecombe and Grossi, "Millennium-long damage," 1356; Brimblecombe, *Big Smoke*, 168 - 9.

[2] 有著作讨论了常常引用的 4000 人死亡数据太低的原因，参见 Thorsheim, *Inventing*, 168 - 70。

[3] 有资料表明，伦敦二氧化碳年平均基本水平值为 37 微克/米^3，但是街边某些地方的水平值却比这得多，而且某个小时所经历的平均水平值超过 200 微克/米^3。*2013 Air*, 20 - 1.

38

地理的差异。由于缺乏准确的数据，布林布尔科姆的"简单模型"不得不将伦敦视为一座圆形城市，全年都在以同样的水平燃烧同一种煤。[①] 显然，这些假设都不真实。例如，就地理差异而言，伦敦西区 17 世纪末和 18 世纪空气中的燃烟浓度就更低。历史学者早就注意到了这点，如威廉·佩蒂（William Petty）在 1662 年观察到，西风使城市的这一区域清洁得多。[②] 西区许多居民在夏季和秋季的大部分时间都不在伦敦，他们喜欢住到自己的乡间别墅，这一点较少有人注意到。留下来的人更有可能使用高等级燃料，因为富人宁愿多出钱，也不愿意使用有臭味和浓烟的燃料。许多底层市民夏季也会离开伦敦，到船上、军舰或者农场去工作。因此，现代早期的伦敦到了夏末居民较少，而留下来的居民用火的机会也不多。在此期间，尤其是西风微拂时，西区的空气可能很洁净。

39　　相比之下，煤炭消耗和产生的烟雾在冬季要比布林布尔科姆的图表显示得更严重。此时社交季节来临，精英返城、水手上岸，农村能够提供的工作也比城里少了，这座城市变得拥挤起来。人们感到阵阵寒意，用火的机会也就增加了。因此，伦敦冬季空气质量肯定比年平均水平差得多。类似 1952 年大雾产生的逆温会阻止微风驱散污染物，短时间内进一步加剧污染程度。

也许对下文讨论最重要的是，现代早期空气污染具有巨大

---

① Brimblecombe, "London Air," 1159.

② William Petty, "A Treatise of Taxes and Contributions," in Charles Henry Hull, ed., *The Economic Writings of Sir William Petty*, *Together with the Observations Upon the Bills of Mortality*, *More Probably by Captain John Graunt* (Cambridge, 1899), 41.

的地理差异。虽然整个城市的大气环境是一样的，许多低矮烟囱排出的烟对城市的整体空气质量影响不大，却让附近的居民不堪其扰。在这种情况下，燃料质量可能很重要，因为工厂焚烧劣质煤（无论是为了节俭还是因为供应商的行为不诚实）会把更多的硫黄和烟尘释放到邻居家里。如果工厂所属的行业需要在短时内燃烧大量的煤，如制糖业、玻璃制造业或酿酒业，邻居会把煤烟当作本地的、临时个别的、特定的问题，而不会将其视为城市生活的一般问题。正如下面的章节所描述的，在现代早期的伦敦，这样的邻居往往都是位高权重的人。

4 皇家空间：宫殿与酒厂 （1575～1640）

"国王的居所"

早在 1628 年，寒冬和海战把伦敦的煤价推至新高，王座法庭（the court of King's Bench）的法官就何地、何时的煤烟如何可视为非法的问题进行了辩论。[①] 居住在格洛斯特（Gloucester）名为琼斯的男子起诉了自己的邻居鲍威尔，因为鲍威尔在他家附近建了一座酿酒厂，排放的大量烟雾进入他的屋内，毁了他的教会文件。法官在鲍威尔辩护时指出，无论是酿酒厂还是煤都合法，酿酒业是生活必需的行业，而煤也属于该领域的燃料。但原告遭受财产损失，所以关键的问题是如何平衡两个人的利益冲突，进而如何协调清洁空气与经济生产之

---

① 关于天气寒冷和敦刻尔克海盗袭击英国运输船导致燃煤成本高昂的问题，参见 Thomas Brook to Countess Rivers, 18 January 1628, Lyn Boothman and Sir Richard Hyde Park, eds. *Savage Fortune*：*An Aristocratic Family in the Early Seventeenth Century*（Woodbridge, 2006）, 52－3；John Edwards to Sir Thomas Myddelton, 8 April 1628, Mary Frear Keeler, Maija Jansson Cole, and William B. Bidwell, eds., *Proceedings in Parliament 1628*, *Volume 6*：*Appendixes and Indexes*（New Haven, 1983）, 206。

间的公共需求。一位法官认为，合法的生意因为非法的方式而变得非法。为了解释这个观点，他借助了伦敦社会地理学中相对清晰的原则。他说，成为一名屠夫显然是合法的，但在奇普赛德街（Cheapside）当屠夫就不行，因为本国最富有的银行家都在那儿。他还举例说，制帽厂禁止出现在圣保罗大教堂前，但出现在流浪者的监狱附近是可以的，因为"众所周知，布里德维尔（Bridewell）的后街此类交易甚多"。因此，邻近地区属于什么性质这点至关重要。另一位法官认为，在酿酒厂旁边购买房屋就必须忍受烟雾，但是在已有的居住区内新建酿酒厂是另一回事。这点在当时最近的一项控诉中得到充分体现，该指控针对的是在白厅周围新建酿酒厂的情况，那里离"国王的居所"只有半英里远。因此，在讨论琼斯的案件时，法官通过考察不同居民区的性质特点，由从属于制帽业的布里德维尔街到没有酿酒厂的白厅，审视了城市煤烟的合法性。①

这个案件成为现代时期处理妨害问题的重要先例。该案讨论中的一个明显特征是，法官是基于伦敦的地理区位而不是所争议的事实本身来判断是否属于妨害。现存的记录没有论及酿酒厂的确切位置、格洛斯特周边环境的性质，也没有提及涉案人员的地位，尽管他们都是格洛斯特的精英。原告约翰·琼斯

---

① 有关两份手稿报告的翻译和核对的论述，参见 J. H. Baker and S. F. C. Milsom, *Sources of English Legal History*: *Private Law to 1750* (1986), 601 – 6; 有关白厅的讨论，参见 *Les Reports de Sir Gefrey Palmer*, *Chevalier & Baronet*; *Attorney General a Son Tres Excellent Majesty le Roy Charles Le Second* (1678), 536 – 9; 有关提交意见的日期，参见 *The Reports of that Reverend and Learned Judge*, *Sir Richard Hutton Knight*; *Sometimes on of the Judges of the Common Pleas* (1656), 135 – 6。没有文献提供正确的最高法庭手稿参考，参见 TNA KB27/1560 (3 Chas I Hil 2), r. 1115。

半个世纪的时间都在担任公共事务中心的公证人和行政长官。
自 1580 年起他就是格洛斯特的荣誉市民，1587 年担任警长，
1594 年为市议员，1597 年首次担任市长，1604 年成为下院议
员。从 1581 年起到 1630 年去世，他担任主教的书记官。去世后，
教堂的内墙竖立了一块他的碑，因此今人依然能够看见琼斯的形
象，周围雕刻着象征其担任教职和政职的器具：书籍、文书、钢
笔和墨水。1625 年 8 月，琼斯声称这种妨害存在时，距离他参选
第三任市长只有几周的时间。而 1628 年这个案子在王座法庭讨论
时，他正协助查理一世的政府在格洛斯特实施戒严法。① 不过，
他的对手也是一位领袖公民。詹姆斯·鲍威尔（James Powell）是
该市为数不多持有牌照的酿酒商之一，在朗斯密街（Longsmith
Street）有一家酿酒厂，离琼斯家只有 16 英尺。据说鲍威尔开始
酿酒的那年夏天，他和琼斯在同一个委员会里讨论过民用地问题。
后来他担任警长，并于 1639～1640 年担任市长。② 两人都是重要

① Alan Davidson, "John Jones," in Andrew Thrush and John P. Ferris, eds.,
The House of Commons 1604 - 1629 (Cambridge, 2010), Vol. Ⅳ, 918 - 9;
HMC Beaufort (1891), 482; APC 1627 - 8, 335. 有关琼斯在国内政治分
歧的作用，参见 Peter Clark, " 'The Ramoth-Gilead of the Good' Urban
Change and Political Radicalism at Gloucester 1540 - 1640," in P. Clarke,
A. Smith, and N. Tyacke, eds., *The English Commonwealth* 1547 - 1640:
Essays in Politics and Society Presented to Joel Hurstfield (Leicester, 1979),
167 - 87; "The Civic Leaders of Gloucester 1580 - 1800," in *The Transformation of
English Provincial Towns*, *1600 - 1800* (1984), 311 - 45。如今琼斯纪念碑
可以俯视教堂正厅西南角礼品店的顾客。

② Suzanne Eward, ed. *Gloucester Cathedral Chapter Act Book 1616 - 1687*
(Bristol, 2007), 23; HMC *Beaufort*, 493; Gloucestershire Record Office
[hereafter GRO], GBR/B3/1 Borough Minutes 1565 - 632, 506 - v. 提到距
离只有 16 英尺的是 *Palmer*, 536。琼斯房屋的地点，参见 the will of
Elizabeth Jones, (1637), TNA PROB/11/182/119。鲍威尔的酿酒厂 1625
年的传奇故事，参见 TNA E 134/10Chas1/Mich55。

45 人物、市政府的同事，一位是地方行政长官，一位是商人，两人都有能力解释法律站在自己这边。然而相关案卷并没有显示，法官考虑过煤是否为格洛斯特居民生活的必需品，或者朗斯密街的布局是否导致了鲍威尔的烟雾损坏琼斯的教会文书。相反，他们讨论了伦敦产生污染的行业在一些地方是明显违法的，如奇普赛德、圣保罗、白厅等。

对琼斯案件的讨论指向了查理一世时期妨害法（nuisance law）具有高度的政治性，特别是针对王室宫殿周围黑烟的法律。在那些年，原本模糊的合理原则（一些行业因为在不合适的地点而变得非法）通过查理一世不那么咄咄逼人的观念得以厘清。这些观念明确了什么样的空间具有政治意义，而政治意义在地面上意味着什么。换句话说，法院允许法律服从政治。在英格兰，烟雾弥漫的空气在查理一世个人统治时期①变得政治化，这种情况出现在琼斯案件之后几年。正如本章下文将描述的那样，正是从 1640 年后，反对在具有政治重要性的空间出现工业烟雾的倡议以崭新的、不可逆转的方式得到了强化。下一章将探讨 17、18 世纪妨害法如何在各类居民中实施，并为他们所适应。尽管公民和地方行政官员探讨了什么是合法性及合理性，但伦敦对妨害的规范还是通过对皇家空间明确的政治定义得以清晰确立。英国君主决定在他们周围或房屋周围杜绝烟雾弥漫的空气。虽然此举无法真正改善城市的空气，但在现代早期的伦敦，王室对煤烟的谴责表明污染被认为与良政和政治有序格格不入。

---

① 被称为 11 年专制，指 1629～1640 年查理一世不经过议会的统治。——译者注

"烟的味道"：伊丽莎白一世与酿酒商

1579 年 1 月，伊丽莎白一世认为海煤的烟雾已成问题，她的解决办法是监禁十几名伦敦和威斯敏斯特的主要污染人。这标志着王室开始关注伦敦和威斯敏斯特排放大量煤烟的问题。尽管这种关注遭到了不同程度的对抗，但贯穿整个 17 世纪。伊丽莎白一世的担忧并不完全是异想天开，因为约在三个世纪以前，爱德华一世就发布了一系列禁止用煤的规定。现代早期这些规定已为人所知，历史学者和古物学者多次重印，但似乎从没有人暗示过其曾经生效。① 伊丽莎白一世对工业用煤施压是新的分水岭，也是对新形势的回应。此举尤其是对当时酿酒行业发展的回应，因为此时酿酒厂成为伦敦最大的工业制造商以及最大的海煤消费者。

由于城市市场的扩大和技术移民劳动力的涌入，啤酒酿造业在 16 世纪的伦敦开始兴起。来自今天德国、比利时以及荷兰的低地国家移民，为伦敦啤酒制造业的扩张带来了许多专业人才和发展雄心。1550 年之前，英国人的传统饮料是麦芽酒，没有天然防腐剂，因此最宜小批量生产。但是啤酒所含的酒花持续时间更长，因而使得生产商能够扩大产能。这种扩张主要出现在伦敦的荷兰酿酒厂。到了 1560、1570 年代，燃料价格的上涨对大型酿酒厂来说是一笔巨大的成本。于是，它们开始

46

---

① Edmond Howes, *The Annales, or a Generall Chronicle of England, Begun First by Maister Iohn Stow, and after him Continued and Augmented* (1615), 209 – 10; Richard Baker, *A Chronicle of the Kings of England, From the Time of the Romans Goverment* [sic] *unto the Raigne of Our Soveraigne Lord, King Charles* (1643), 137.

转向价格更为便宜的海煤。海煤与大产能的结合使得伦敦的酿酒厂成为 1570 年代的主要烟气排放源。[1] 到 17 世纪，酿酒厂一直是伦敦的煤炭消费大户，这些厂家的烟囱因排出浓浓烟雾而臭名昭著。正如 1613 年托马斯·德克尔（Thomas Dekker）所描述的那样，这个社会满是烟雾，"比酿酒厂烟囱排出的海煤烟更黑"。这种说法得到了其他人的同意，酿酒厂尤其烟雾弥漫，甚至是烟雾的唯一排放源。[2]

因此找出伦敦的主要污染源并非难事，而且通过酿酒商行会也很容易找到它们。1579 年 1 月 17 日，"市长和宫务大臣以女王陛下的名义，将所有的麦芽酒酿造商和啤酒酿造商传唤到了（行会）大厅"。宫务大臣苏塞克斯（Sussex）通知他们："女王陛下驻跸威斯敏斯特宫期间不许烧海煤。"几天后，酿酒商行会的官员接到命令，指认违反该禁令的酿酒商。酿酒商向宫务大臣请愿说，鉴于酿酒厂没有木材燃料，也没有真正的煤炭替代品，请求重新考虑此事，但苏塞克斯拒绝任何人在女王驻跸威斯敏斯特宫期间烧煤。因此，15 名酿酒商和一名染印商被关进伦敦监狱。[3] 2 月初，酿酒商行会向枢密院递交了一份请愿书，声称他们是为了保存木材、降低价格才烧煤，

47

---

[1] Lien Bich Luu, *Immigrants and the Industries of London, 1500 – 1700* (Aldershot, 2005); Judith M. Bennett, *Ale, Beer, and Brewsters in England: Women's Work in a Changing World, 1300 – 1600* (New York, 1996); William Cavert, "Industrial Coal Consumption in Early Modern London," *Urban History* 44. 3 (2017).

[2] Thomas Dekker, *A Strange Horse-Race at the End of Which, Comes in the Catch-poles Masque* (1613), sig. D3; William Cavert, "Industrial Coal Consumption in Early Modern London," *Urban History* 44. 3 (2017).

[3] GL MS 5445/6 under 28 January 1578/9 and 19 January 1578/9; Rep 19, f. 412v; Letter Book Y, f. 288v.

是在"保护国家利益"，走回头路是不可能的，而且在隆冬找
不到木材。他们要求撤销针对用煤酿酒的"禁令"，或者至少
限制在某些"特定日子里，如此可事先警告"。当天晚些时
候，枢密院通知酿酒商可以烧完"已售之煤"，接着又在一周
内通知他们请愿已获批准。其中几个人进了监狱，但经过近一
个月的折腾后，伦敦的酿酒商事实上不再受到约束，可以继续
开业和使用他们最喜欢的燃料了。①

　　然而几年后，酿酒商不得不再次将他们的案件提交给充满
敌意的枢密院。1586 年 2 月，"所有居住在岸边、烧海煤的酿
酒商因燃烧海煤问题被召集到行会大厅"。② 他们向枢密院递
交了一封恳求信，送到了"弗朗西斯·沃尔辛厄姆（Francis
Walsingham）爵士手中"，再次为燃煤的必要性辩护。酿酒商
在 1579 年只是声称找不到木材，而到了 1586 年，他们认为伦
敦的大部分制造商都使用海煤，而向伦敦所有酿酒商供应木柴
将耗尽该城市的木质燃料库存。他们承认伊丽莎白一世"抛
弃"伦敦是因为她对海煤"气味感到非常痛苦和烦恼"，作为
爱她的臣民，这种抛弃也让他们充满了悲伤和痛苦。③ 酿酒商　48

---

① GL MS 5445/6, 5 February, 12 February, 1578/9.

② GL MS 5445/7（22 February 1586）. 在 GL MS 5445/6（24 July 1582）中，
还有一条资料涉及使用燃煤酿酒而针对王室审计官的"诉讼"，但是并没
有发现更多的案件信息，且此次诉讼的性质也不甚清楚。

③ GL MS 5445/7（22 February 1586）and TNA SP 12/127/68. 这封恳求信包
含了伊丽莎白一世对煤烟的不赞成，被登记在 1578 年。参见 Calendar of
State Papers Domestic〔hereafter CSPD〕for 1547 - 80, 612。编者显然将此恳
求信与 1579 年 1 月截然不同的请愿书混淆了，后来的学术研究和很多流
行的污染史著重复了这个编年错误，如 Nef, Rise I, 157；Hatcher,
History, Before 1700, 438 - 9；Thomas, Man and the Natural World, 244；
Te Brake, "Air Pollution and Fuel Crises," 341。

向女王提出妥协方案：距离威斯敏斯特宫最近的"两三家"酿酒厂恢复使用木质燃料。这一让步是否被接受或通过，现在尚无定论，但伊丽莎白一世或枢密院在她治下剩余的 17 年间再也没有采取进一步的行动。

伊丽莎白一世限制酿酒业产生烟雾的短暂尝试说明了早期对烟雾空气的反抗程度及其局限。宫务大臣苏塞克斯决定监禁 16 个酿酒商，其中包括伦敦那些最大的啤酒生产商，象征着统治集团对此事的严肃性，酿酒商在 1586 年也做出了让步。[①]然而也可以清楚地看到，伦敦抑制工业烟雾的尝试并非全方位的。相反，1579 年事件表明统治集团的忧虑只是一时的，到了 1586 年对烟雾的抑制才变得具有空间性。1579 年，除了拥有岸边酿酒厂的商人被捕，其余被捕的酿酒商并不属于伦敦任何特定区域。此外，请愿书提议在"特定日子里"停止酿造活动，表明统治集团的担忧是阶段性的，而非永久性的。[②] 相比之下，1586 年酿酒商提出的让步具有空间的特点，而非临时或具体时间。威斯敏斯特宫附近"两三家"酿造厂恢复使用木质燃料，让其他地方的厂家不受影响。在这两个情节中，

---

① 1574 年一项对伦敦酿酒商的调查列出了每周酿酒超过 60 蒲式耳的 4 位商人，其中的 3 人在 1579 年被捕。BL Cotton Faustina C. II. , f. 175 – 88.

② 造成 1579 年 1 月烟雾问题的可能原因至少有两个，而且这两个原因不是相互排斥的。第一，整个事件与卡西米尔王子（Prince Casimir）、帕拉蒂尼伯爵（Count Palatine）和欧洲大陆某位新教领袖的来访密切相关。在这位新教领袖访问期间，女王显示了对德国新教徒的支持态度，但没有提供太多真正的援助。让伦敦看上去光鲜亮丽可能有利于这样的外交戏剧。在这种情况下，苏塞克斯伯爵不仅是宫务大臣，负责与王室有关的一切事宜，也是枢密院德国事务的主要专家之一。第二，1578 年、1579 年人们担心会有瘟疫，导致更加关注环境清洁。*Calendar of State Papers, Foreign Series, of the Reign of Elizabeth, 1578 – 9,* 408. 感谢大卫·格林（David Scott Gehring）讨论卡西米尔王子的访问。

伊丽莎白政府确立了一条限制煤烟产业的原则，在 17 世纪仍然是尝试限制煤烟工业的核心。这条原则是，只要影响到了君主的家和那些被认为对君主制展演至关重要的空间，煤烟就是一个问题。

"那个破败、穷困和被烟熏的案子"：煤烟和詹姆士一世治下的圣保罗大教堂

比起伊丽莎白一世，詹姆士一世对王宫周围煤烟的限制不怎么关心，对伦敦市政府的问题则比较关心。他比前任更加担心伦敦的野蛮生长及其对政府和秩序的影响，他将此称为"对整个王国的普遍妨害"。詹姆士一世担心，一个过度发展的城市，其本身将无法管理，并将把土生土长的管理者赶出国外。他担心"长此以往，英格兰将属于伦敦"，"其余地方成为废墟"。① 虽然现在已经很清楚，城市发展也导致了燃煤的增加，但詹姆士一世并不把烟雾看作一个普遍的城市问题。相反，他和伊丽莎白一世相同，认为只是在特殊的情况下才成为问题。伊丽莎白一世寻求从自己所处的环境消烟除雾，而詹姆士一世统治行将结束时才意识到要减少伦敦最重要教堂的煤烟。②

通过詹姆士一世同意重建圣保罗大教堂计划，烟雾成为王室教会政策的一部分。重建计划流产后，圣保罗教堂在 1561 年发生了一场大火灾，1608 年再次考虑重建，但是直到詹姆

49

---

① 　选自 1616 年詹姆士一世在星室法院的演说，参见 Charles Howard McIlwain, ed., *Political works of James I* (Cambridge, MA, 1918)，343。

② 　Henry Farley, *The Complaint of Paules to All* (1616)，34.

士一世统治末期政府才推动了一项整修计划。刺激政府的关键人物是一个名叫亨利·法利（Henry Farley）的虔诚信徒。他出版的诗歌和散文作品告诫伦敦的公民和官员，要纠正英国的这座"高贵的教堂"受到的侮辱甚至非宗教方面的忽视。法利放大了该教堂的尊严和重要性与其惨淡的物质条件之间的差异。教堂已退化成一个普通的公共空间，小摊环绕，被污物、粪便、喧嚣、劳工和商业污染。他在一首诗中质问道："虔诚献祭物，为何遭虐待？圣洁与肮脏，俗家与圣屋；民间多少事，上下有别无？"①

亨利·法利的观点在 1620 年获得了王室的认可，由伦敦主教在圣保罗教堂北院的保罗十字架讲坛布道，发起筹款活动。布道文本是由詹姆士一世钦定的，明确表示主教要在给予圣洁建筑适当关注与神的恩典之间建立关系："上帝将现，怜悯天国之城，时光偏爱此地，规定时辰已至。您的奴仆喜其石头，爱其尘土。"金主教（Bishop King）出现在这个场合，通过提高公民尊严来讨好伦敦人。

> 如若英格兰为欧洲的戒指，此城即是那颗宝石；如若英格兰为躯体，此城即其眼睛；如若英格兰为眼珠，此城即为掌上明珠。此地已然是整个王国浓缩之精华、大英帝国之卧榻、外国货品之商场集市、国之粮仓、吾国土防御力量之所在、良刊美店之所依、上帝福音之仓储。②

50

---

① Henry Farley, *Portland-stone in Paules-Church-yard Their Birth, Their Mirth, Their Thankefulnesse, Their Aduertisement* (1622), 14.

② John King, *A Sermon at Paules Crosse, on Behalfe of Paules Church* (1620).

圣保罗大教堂是这个无与伦比帝国的殿堂，是一座象征着英国与上帝关系的独特建筑，使伦敦鹤立于外国城市和国家，因此应对其美观给予特别关注。然而，詹姆斯一世像法利一样，发现污物随处可见，于是金主教竭尽全力、慷慨激昂地呼吁成千上万的听众慷慨解囊。[1]

金主教对圣保罗的毁灭和腐朽进行了一般性描述，只是偶尔暗示烟斑是教堂正面肮脏的"贡献者"。[2] 不过其他人则明确表达了其中的关联。古董商威廉·杜格代尔（William Dugdale）在他的圣保罗大教堂演变史著作中写道，法利的"杂乱请愿"打动了詹姆士一世那"高贵的心……使其对腐烂织物毁灭教堂之事动了恻隐之心（煤烟具有腐蚀性，特别是长期的潮湿天气）"。[3] 彼得·海林（Peter Heylyn）替劳德大主教的道歉紧随杜格代尔的说法，包括强调法利观点的重要性，以及"海煤全面腐蚀着（圣保罗教堂的石材）"。[4] 这两个说法都非常接近，声称煤烟是造成教堂衰败乃至结构弱化的罪魁祸首，但这个说法在法利的文本和国王的布道中都没有提到。因此可以认为，两人对烟雾的关注反映了他们在 1630 年

---

[1] John King, *A Sermon at Paules Crosse, on Behalfe of Paules Church*, 56.

[2] 国王强调石头的外表，以此为据来证明体内的腐烂与死亡，将其比喻为约瑟夫和恺撒的血衣。他还把时间比喻为火，消耗了"现世之一切"，火在（保罗的）脸上留下了"许多不雅之痕"。若将此引为被烟雾熏黑的石头，那么国王的解读就可作为一个普世腐败、物无常态的隐喻。John King, *A Sermon at Paules Crosse, on Behalfe of Paules Church*, 39 – 40.

[3] William Dugdale, *The History of St Pauls Cathedral in London, from its Foundation* (1658), 134.

[4] Peter Heylyn, *Cypria nus anglicus, or, The History of the Life and Death of the Most Reverend and Renowned Prelate William, by Divine Providence Lord Archbishop of Canterbury* (1668), 218 – 9.

代与查理一世政府的主要人物有着密切联系，在此期间更加明确地把煤烟政治化了。查理一世统治期间，杜格代尔（生于1605年）和海林（生于1599年）都已成年，他们都认识许多当时反烟雾运动（the Caroline campaign）的主角并合作过。[①]

51 因此，法利、金主教和詹姆士一世更关心的很有可能是结构的衰落和神圣空间的使用被亵渎，而不是外来烟雾造成的破坏，杜格代尔和海林只是在后来1620年访问王室时才明白当权者对烟雾的高度关注。

这是可能的，但一系列意在描绘修复教堂过程及其意义的绘画强调了当时烟雾是詹姆士一世时期修复教堂的主要原因。如今在伦敦古董协会收藏着三幅约翰·吉普金（John Gipkyn）的画作，试图表现亨利·法利1616年前后经历的所谓"梦想或想象"。[②] 第一幅是双联画，表现了皇家列队向伦敦进发的场景；第二幅画展现的是法利的想象：国王和王室成员在圣保罗大教堂的十字讲坛聆听布道。环绕教堂的是难以计数的低矮房屋，这些房屋烟囱排出的黑烟喷在教堂已经熏黑的石墙上。这就是法利所描绘的"那个破败、穷困与被烟熏的案子"。烟雾对建筑的损害以一种"悲伤的语气让国王看见和

---

① 杜格代尔享受了阿伦德尔伯爵（Earl of Arundel）的资助，后者试图减缓白厅和自己河岸街（the Strand）府邸附近的烟雾；而海林的资助者劳德（Laud，下文将讨论此人）却与卡罗琳的反烟雾政策密切相关。类似的作家还有爱德华·张伯伦（Edward Chamberlayne），他在1671年发表的文章《英格兰之现状》（Present State of England）谴责了"大量海煤烟雾"对圣保罗大教堂的腐蚀，但他把恢复原状的功劳完全给了劳德，而不是詹姆士一世或法利。Edward Chamberlayne, The Second Part of the Present State of England Together With Divers Reflections upon the Antient State Thereof, (1671), 201.

② Henry Farley, St. Paules-Church her Bill for the Parliament (1621), sig. C4.

听到……用大写字母写道：看吧国王，爬山虎是如何让我清扫烟囱的（VIEW, O KING, HOW MY WALL-CREEPERS, HAVE MADE ME WORK FOR CHIMNEY-SWEEPERS）"。[①] 最后一幅画展示的是一栋新建筑，拥有白净的石头和闪光的饰物，法利描写教堂是"突然更新，修复精美，一切罪疾烟消云散"。[②] 因此，法利声称对吉普金画作的创作、构图和文饰工作负责。

然而可疑的是，约翰·吉普金的角色是否真的如此被动。因为他曾在1613年为市长当选游行[③]工作，主要担心的是烟雾和黑暗可能存在的隐喻，尤其是类似圣保罗大教堂这样的城市要地。托马斯·米德尔顿（Thomas Middleton）的《真理的胜利》描绘了一座"胜利山……满是浓浓硫黄烟，谬误产生雾"。[④] 这样一座胜利山也是法利想象的核心，所以很可能他的灵感或来源于米德尔顿的文本和吉普金的绘画背景，或法利与吉普金以某种合作方式再现"法利的梦"。

显然，对亨利·法利而言，可能还包括约翰·吉普金，煤烟导致了圣保罗大教堂具象意义和抽象意义的腐蚀。虽然金主教在布道时没有把烟雾明确为一个特定的问题，但有些证据表明他常常欣赏吉普金的画作。因为这次募捐是为了詹姆士一世本人，所以帕米拉·克雷格－都铎（Pamela Craig-Tudor）建议将其交给圣保罗大教堂的主任牧师，约翰·多恩（John

52

---

① Henry Farley, *St. Paules-Church her Bill for the Parliament* (1621), sig C4v.
② Henry Farley, *St. Paules-Church her Bill for the Parliament* (1621), sig. D2.
③ 市长当选游行（mayoral pageant），指的是伦敦新市长为当选而举办的游行庆典，通常有戏剧表演。——译者注
④ Thomas Middleton, *The Triumphs of Truth* (1613), sig. C2.

Donne）1631 年的遗嘱似乎也提及此事。① 如果克雷格 – 都铎是对的，那么金主教在 1621 年去世前可能有时间评估吉普金对自己的描绘，因为画就挂在主任牧师的办公室里。金主教的继任者蒙太古和劳德也可能有机会想到法利的想象——肮脏的大教堂换了新颜。②

　　亨利·法利是一个古怪的人，他通过文学倡导修复圣保罗大教堂的做法独一无二。但对于詹姆士一世支持大教堂修缮，大家都没有什么激进或特别的分歧。加尔文的主流信徒以及"虔诚的人"尽管反对偶像崇拜，但在詹姆士一世统治期间积极地投入建设、维护和改善教堂。③ 此外，主教布道中的神学内容完完全全是加尔文教的，因为他强调上帝权力的至高无上并对虔诚功课的缺乏表示宽容。尽管如此，王室亲临圣保罗大教堂应该与直到詹姆士一世统治末期仍在支持"圣洁之美"的教会政策联系起来。这种转变从某个方面来说是教堂的织物和装饰的美与教会作为一种制度的尊严之间的联系。为了避免分离的危险，赞成王室资助的神职人员越来越强调教会作为民族共同体的统一作用。到了 1630 年代，这种倡议被一些人看作对宿命论进而是新教正统，以及过分仪式化甚至危险的天主

---

① 约翰·多恩 1621 年被詹姆士一世任命为圣保罗大教堂的主任牧师。——译者注

② Pamela Tudor-Craig, *Old St Paul's The Society of Antiquaries Diptych*, *1616* (2004), 4. 约翰·多恩 1631 年去世时，把一幅"巨大的古代教会画"传给了他的继承人托马斯·温尼菲（Thomas Winniffe），帕米拉·克雷格 – 都铎推测这幅画是约翰·吉普金的作品。托马斯·温尼菲曾是格洛斯特教会的主任牧师，1642 年在主教书记员、煤烟受害者约翰·琼斯（John Jones）面前称为圣保罗大教堂的主任牧师。

③ Julia Merritt, "Puritans, Laudians, and the Phenomenon of Church-Building in Jacobean London," *Historical Journal* 41 (1998), 935 – 60.

教的一种攻击。① 1620 年代早期是一个转折点，此后英格兰国王采取了通过美化来维持基督教秩序和统一的政策。在圣保罗大教堂针对"那个破败、穷困与被烟熏的案子"进行布道是这个转折点的关键时刻，因为一系列的投诉在一天的政治表演中达到了顶峰，在这个体现政府目标的空间再现了伊丽莎白一世反对煤烟的情景。

"冒犯陛下或宫廷"：烟雾与君主制（1624～1640）

在詹姆士一世的儿子及继任者查理一世的治下，烟雾的排放量增长达到前所未有的程度，当时改革权力空间及权力展演空间已经成为统治集团日程的核心。经过一段时间的停滞，圣保罗大教堂的翻新工作得以恢复，并且还得到扩展，在教堂西边的前部修建了依尼高·琼斯（Inigo Jones）② 设计的帕拉第奥风格（Palladian）的巨大古典门廊。但是，对于烟雾空气的关注并不像在詹姆士一世治下那样集中在圣保罗大教堂，而是像伊丽莎白一世治下那样集中在王宫。作为政策的制定者，查理一世一开始就与其父不同。他对烟雾表现出高度敏感，认为会破坏白厅和圣詹姆士宫的健全、有序、美丽的空间。

---

① Kenneth Fincham and Peter Lake, "The Ecclesiastical Policies of James I and Charles I," in Kenneth Fincham, ed., *The Early Stuart Church 1603 – 1642* (Basingstoke, 1993), 23 – 50; Peter Lake, "The Laudian Style: Order, Uniformity, and the Pursuit of the Beauty of Holiness in the 1630s," in Kenneth Fincham, ed., *The Early Stuart Church 1603 – 1642*, 161 – 85; Nicholas Tyacke, *Anti-Calvinists: The Rise of English Arminianism* (Oxford, 1987).

② 查理一世时期的建筑设计家。——译者注

查理一世在其父任上的最后一年开始推动威斯敏斯特煤烟空气的治理。查理一世是 1624 年议会的关键人物，一度是新教公共观念的捍卫者（他那段时间高调转向反对西班牙的外交政策）、一个拥有广泛个人赞助网络的领主和成熟的王位继承人。当时还是王子的他第一次感觉到可以通过自己的影响力推动立法，于是便开始尝试改善伦敦的空气。① 《上院日志》（*the Lord's Journal*）和一封下院议员的信均记录了他特别希望通过《关于伦敦和威斯敏斯特及其周边酿酒厂法案》（An Act concerning brewhouse in and about London and Westminster，下文简称"酒厂法案"）。如果成功通过的话，威斯敏斯特和伦敦大部分地区将成为非工业区。

与伊丽莎白一世在 1579 年和 1586 年的抱怨一样，该法案将普通酿酒厂看成是：

> 由燃烧海煤而成的大火产生了如此多有害的和令人讨厌的烟和臭味，不仅大大减少了人们的愉悦和快乐，而且大大地损害了这些城市的健康和卫生，国王陛下、王子、贵族和这个王国的其他显赫人物都常来此地，在这座王国的首要城市，这件事情应该得到纠正。②

54　　作为伦敦最大的产业之一，酿酒业造成的烟雾被视为一个

① Thomas Cogswell, *The Blessed Revolution: English Politics and the Coming of War, 1621–1624* (Cambridge, 1989); Chris Kyle, "Prince Charles in the Parliaments of 1621 and 1624," *Historical Journal* 41∶3 (September 1998), 603–24.

② PA HL/PO/JO/10/4/1.

问题，部分原因是它总体上减少了"所及城市"的乐趣、欢愉和健康，更具体的原因是国王、王子、贵族和英国精英（该法案称为"其他高阶和高质人士"）"常来此地"。

该法案的条款所要进一步强调的不是去改变整个英格兰的污浊空气，甚至不是整个伦敦的空气，而是只限于那些"最高贵、最显赫人士"常去的地方。禁止在威斯敏斯特宫一英里内、伦敦桥以西的城区以及格雷丝切奇街（Gracechurch Street）和主教门（Bishopsgate）燃煤酿酒。伦敦塔被排除在王室宫殿之外，意味着市区东部、北部、南部和东郊是"海煤造成之厌恶与恶劣影响较少"的地区，可以容忍。由是，该法案将在干净、通风的西区与工业、脏乱的东区及城市周边地区之间建立法定的分区。这种区分的真正形成是几十年以后的事，也是一个渐进的过程。

《酒厂法案》在上院无人反对，顺利通过，但之后就陷入僵局。一位议员在信中指出，"下院犹豫着是否要通过该法案"，因为"它会损害许多人的地产"。[①] 与此同时，在那些地产将被损害的人中，有些人就是下院议员，完全可以让该法案无法通过。法案提及的委员会成员是来自威斯敏斯特、伦敦和南华克（Southwark）的议员，这些地区有大量的酿酒厂将受到威胁。此外，伦敦酿酒商行会还以支付预备金的方式把另一位议员的兄弟聘为顾问，甚至可能充当议会说客。该法案的承

---

① Francis Nethersole to Dudley Carleton, 24 May 1624, TNA SP 14/165/34. 此信的写信人和收信人都是当时有名的政治活动家。内瑟索尔曾效劳于国王之女伊丽莎白及其夫婿弗雷德里克，后者是德国帕拉丁（Palatine）地区的选帝侯，卡尔顿是驻荷兰大使。有关这项法案在议会的进程，参见 *Journal of the House of Lords*（hereafter JHL），*volume* 3：1620 - 1628（1802），269，342；*Journals of the House of Commons*（hereafter JHC）（1802），I，790。

诺很容易被酿酒商打败，他们小心地观察着议案的进展，但是没有在贿赂上花大钱。如果他们真的感到有危险的话，就会花大钱进行贿赂。议会突然中止了该法案。[①]《酒厂法案》的失败既是某种开始，也是一个转折点，表明下一任国王将把宫廷的美丽、健康置于优先考虑位置，因为宫廷是贵族和精英的"主要活动场所"。这既是查理王子的第一次也是最后一次通过立法进行类似的尝试。

查理一世登基后，迅速把宫廷和伦敦的体统、秩序、美观、整洁确立为其统治的中心支柱。这表达了他个人对艺术的兴趣与其父相比更正式的个人风格，甚至是一种意识形态的承诺。这种秩序的设想需要对人仔细加以区分。王室条例规定谁可以参加王室宴会，严禁"乞讨、闲散人员和流浪人员"进入宫殿区域；对进入王室礼拜堂的人应加以审查，以便能够很容易"区分和辨别"其等级。[②] 在执政的头几年，查理一世政府采取了多项措施来改革和改善宫廷的组织和外观，防止伦敦城内及其周边的非法扩张，确保城内国王经常出现的地区保持整洁。官方声明直接把建筑环境的美观、规范、有力和整洁与王室政府的高贵联系起来。查理一世刚登基几周就宣布伦敦是

---

① 比较一下，此法案的相关花费只是几先令，而该协会特许执照 1637 年在法庭受到威胁时的花费则为 275 英镑。GL MS 5442/6（extraordinary payments 1623 – 4 and 1636 – 7）.

② 有关《王室规定》，参见 TNA LC 5/180, f. 16, 1, et pas – sim 中 Charles I 目录一栏。有关查理一世比之于詹姆士一世更加重视宫廷秩序的论述，还可参见 Sir Philip Warwick, *Memoires of the reign of King Charles I*（*1701*），65 – 6；John Chamberlain to Dudley Carleton, 9 April 1625, Thomas Birch and Robert Folkestone Williams, eds., *The Court and Times of Charles the First*（*1848*），vol. I, 8.

"帝国厅堂及宝座，（所以）应使其极为壮丽与有序"。[1] 对烟雾空气的关注是早期清理白厅尝试的一部分，尽管不太确定，却很有可能。在琼斯诉鲍威尔一案中，法官援引了针对国王住地白厅附近开办酒厂的起诉书。斯图亚特王朝早期并没有其他类似的案例记录，但与詹姆士一世治下的政府相比，这些措施更加符合查理一世政府的偏好。如果这些先例始于查理一世治下的前三年，那就表明整个国家几乎立即就把注意力转向烟雾了。[2] 若非如此，那么对城市空气的治理完全是他的个人行为。

1629 年春天（议会刚被解散几周），枢密院的第一个行动就是在具有政治意义的地方严控排放烟雾的产业。第二任埃克塞特伯爵（the 2nd Earl of Exeter）、枢密院大臣威廉·塞西尔（William Cecil）的家宅在克拉肯威尔（Clerkenwell）郊区，当他想方设法抑制附近酿酒厂和一家铁匠铺排放烟雾时，就提出国王和王后到过他的家。枢密院逮捕了冒犯者并明确表示，不能容忍给贵族和皇家的空间带来这种"烦恼"。[3] 根据 1632 年查理一世给枢密院下达的指令，其他给王室房屋造成类似"烦恼和侵害"的酿酒厂也需要引起关注。[4] 从 1625 年到 1632年，烟雾空气只是偶尔威胁到查理一世时期标准（Caroline

56

---

① 引自 J. Robertson，"Stuart London and the Idea of Royal Capital City,"*Renaissance Studies* 15：1（March 2001），39。有关查理一世时期及更早的反对新建房屋和城市扩张的论述，参见 T. G. Barnes，"The Prerogative and Environmental Control of London Building in the Early Seventeenth Century," *California Law Review*，LVIII（1970），1332 – 63。

② *Palmer*，538。

③ TNA Privy Council Registers（hereafter PC），2/39，181 – 2，210，241，248，276。

④ TNA PC 2/42，220。

standards）的城市清洁和宫廷体统，但直到 1633 年秋天查理政府才开始对威斯敏斯特宫附近的啤酒厂持续施压。

1633 年 9 月，枢密院传唤了四名男子，并指控说国王"已经注意到，威斯敏斯特图特希尔街（Tothill Street）几家酒厂的海煤烟造成了严重妨害和冒犯"。① 相关经营者被告知他们的生意让国王不悦，违反王法，甚至对斯图亚特王朝构成了威胁。国王对"妨害"（nuisance）一词的使用含有一般和具体的意义。在一般情况下，任何令人不快的东西都与今天一样属于妨害，与埃克塞特 1629 年使用的"烦扰"（annoyance）同义。令国王不悦几乎没有好下场，但并不明显违法。但是，妨害是一种法律犯罪，包括任何阻止使用私人财产或公共空间的行为。正如下一章将讨论的那样，这些妨害可以指普遍和公共的行为，地方官可以酌情减轻处罚；也可以是私下行为，受害者在这种情况下可以通过王室法院的民事侵权诉讼程序寻求帮助。对于习惯法来说，这些差异至关重要，但枢密院使用非特定的语言巧妙地跨越了这两个范畴，这些均表明在整个 1630 年代，威斯敏斯特的烟雾没有损害集体的利益，而是损害了国王的利益，但使用该词也可让地方官减轻处罚。因此，采用私下妨害的语调，却寻求公共妨害加以补救，而不去明确采用任何一种界定。这种方法可能缘于国王本人的模棱两可，既不是完全公共的也不是私下的，总是二者兼有。在处理普通臣民的法庭案件中，法官对此心知肚明，将烟雾对王室的妨害视为限制性案件，这些案件显然是妨害性的，而且可能与更模

---

① TNA PC 2/43，239. 对 1630 年代威斯敏斯特与伦敦酿酒商冲突的重现，参见 Cavert，"Environmental Policy"。

糊的案件形成对比。在此意义上，妨害法给查理一世的行为提供了基础，甚至在涉及皇家空间特性时，法律本身也受到国王主张的形塑。

枢密院指控的关键部分是强调了浓浓的煤烟对健康造成威 57
胁。《酒厂法案》的条文并没有说煤烟给公共卫生造成威胁，只是专门提出了对王室的危害。枢密院的指控说，违法排放的烟雾"让王后及其子女感到非常讨厌和不悦，并威胁陛下、王子及其子女之健康，诚如王室成员依据其经验所见"。① 当时的医学观念可以支持这种说法，查理一世的私人医生威廉·哈维（William Harvey）在两年后强调了伦敦烟雾对健康的影响。② 但枢密院并未引用医生的专业知识，而是国王和王后自己的身体和感官"体验"。1633 年 9 月，国王及其即将分娩的妻子的担心是有道理的，因为她和查理王子当时都生病了。③ 这些考虑可能会加剧对王后周围环境状况的担忧，从而将威斯敏斯特宫附近的煤烟由妨害升级为威胁。

1633 年 9 月这种短期的考虑可能有助于提醒国王及枢密院，但是他们的担忧持续了七年。从 1634 年到 1638 年，好几位发明家和工程师收到皇家专利授权，或者向政府申请专利，为了制造无烟炉或烘干处理器。相关文献将烟雾描写成一种严重的妨害，有时很具体地称伦敦为其受害者，甚至有时也将国王列为受害者。如在一份 1634 年的王室公告中，提到对桑讷福·弗兰克（Thorneffe Franck）授予专利，因为其改进的炉子

---

① TNA PC 2/43，239.

② 有关"老帕尔"（Old Parr），相传活了 152 岁，而哈维发现他是被城市污染害死的，参见本书第 6 章。

③ 详见 *Cavert*，"Environmental Policy"。

"减轻了令伦敦市民极度厌恶之烟雾"。① 公告提到授予弗兰克
专利的信件是在上一年的 11 月，而此前几周，威斯敏斯特
酿酒商被传唤到枢密院。两名威斯敏斯特治安官劳伦斯·惠
特克（Lawrence Whitaker）和亨利·斯皮勒爵士（Sir Henry
Spiller）受到指派前去调查那些未经许可就使用弗兰克发明
的人。1633 年，惠特克负责执行枢密院针对威斯敏斯特酿酒
商的决议，而类似弗兰克的发明是统治集团试图消除威斯敏
斯特浓烟的主要努力。其他发明家和工程师清醒地意识到了
其中的联系，也相应地在自己的专利申请书中加以引用。如
有个人在 1636 年说，"备受海煤烟雾之扰"的伦敦，"市容
已变得不堪"，承诺一款火炉"对酿酒商，尤其是那些困扰
法庭的酿酒商"特别有效。② 设计者的这类言辞描绘了统治集
团非常渴望减少"困扰法庭"的烟雾，这种愿望被视为一项长
期持续的政策，同时也能为聪明、有关系的专利申请人带来
好处。

　　查理一世时代的反烟雾排放运动在 1630 年代的最后几年
达到了顶峰，枢密院再次下定决心处理威斯敏斯特的几大酿酒
商。自 1637 年始，酿酒商一次又一次地被传唤到枢密院，限
制他们使用海煤，使用者被起诉至法院、罚款、拘留等。有个

① John F. Larkin, ed., *Stuart Royal Proclamations*; *vol. II Royal Proclamations of King Charles I 1625 – 1646* (Oxford, 1983), 426.

② Oxford University, Bodleian Library (hereafter Bod) Bankes MS 11/30，有关约翰·武尔芬（John Gaspar Wulffen）的请愿书，在 SP 16/377/61 和 16/392/19 档案中再次强调了他对国王和酿酒商双方都有好处的观点。其余类似的请愿书还有 Nicholas Halse, "Great Britain's Treasure", BL Egerton MS 1140, f.44; Lindsay and Hobart petitions, *CSPD 1635 – 6*, 417 and Bankes MS 11/58。

人说他差点被抓，是从后门翻越花园的围墙溜走的，官方只好假定其妻子负责业务而逮捕之。① 无论酿酒商选择与之抗争、无视还是对其屈服，这种关注烟雾的方式对酿酒商会造成潜在的损失。酿酒商常常抱怨，统治集团直接或间接的诉讼使他们遭受了巨大损失。除了那些被枢密院传唤的威斯敏斯特酿酒商，其他酿酒商还被枢密院议员施压停止酿酒排烟。作为皇家枢密院的一员，他们这样做可能是出于自身利益以及对繁华地段豪宅住房的优先考虑，而不是履行自己的公共职责。例如，阿伦德尔伯爵是枢密院主要成员及各种城市政策及发展委员会的委员，但当他想方设法去限制河岸街自家宅院附近的酿酒厂排烟时，他的努力似乎既源于公权力，也与私人利益相关。考虑到有些酿酒商遭到迫害在某种意义上具有政治色彩，而有些酿酒商被指控的确是因为他们排放的烟雾滋扰了白厅和圣詹姆士宫，很有可能可以在威斯敏斯特和河岸街找出 12 位酿酒商，他们的经营行为遭到了查理一世及其枢密院官员的抵制。并非他们所有的经营活动都被叫停了，事实上许多人的恢复能力极强，他们成功地违抗或逃避了枢密院的限产企图。② 因此，查理一世时代围绕王室宫殿反烟雾排放的运动从来没有完全成功过，这不足为奇，因为空间礼仪政治不是它的一部分。

　　阻止酿酒商将黑烟排放到威斯敏斯特宫殿和花园的努力与　59

---

① Michael and Mary Arnold, TNA PC 2/50, 343－4. 详见 Cavert, "Environmental Policy"。

② 例如迈克尔·阿诺德（Michael Arnold）把一家经营很成功的酿酒厂传给了儿子，另外他还曾经为皇家酿过酒，并在查理二世和詹姆士二世治下当选为托利党议员。

1630 年代后期的其他行动是一致的，甚至应该理解成是次要行动，都是为了把宫廷改造成政府意识形态和实体的中心。据报道，查理一世计划重建白厅，"使之更加统一" 和 "美观而又壮丽"。① 这项计划从未付诸实施，但是这个王朝的确有宏伟的意图，如果谦虚地说，确实提升了物质的水准。皇家假面舞会是斯图亚特王朝早期的戏剧形式，在此类戏剧中，宫廷同时是演员、布景、观众和主题，将王权与美、秩序联系在一起。在一出戏中，大不列颠国王（King Britanocles）戴着面具从 "一座华丽的宫殿" 出场，祛除 "邪恶迷雾"，这种象征性语言的使用与亨利·法利和约翰·吉普金非常相似。② 除了王室尊严的艺术表达外，瘟疫的再次暴发也促使查理政权着手净化公共空间，被公共卫生官员称为 "推动清理伦敦的公共妨害，使之成为配得上绝对王权的首都"。③

---

① Richard Daye to Ralph Weckherlin, secretary to the Secretary of State John Coke, 23 June 1638. *HMC Cowper*, Ⅱ, 186；TNA C115/108〔letter 8606〕John Burghe to John Scudamore, 24 Feburary, 1635/6. 凯文·夏普（Kevin Sharpe）把这封信的日期误写成查理一世统治早期，参见 "The Image of Virtue：The Court and Household of Charles I, 1625 – 1642," in *Politics and Ideas in Early Stuart England：Essays and Studies*（1989），150；*Image Wars：Promoting Kings and Commonwealths in England, 1603 – 1660*（New Haven, 2010），223。

② Inigo Jones and William Davenant, *Britannia Triumphans a Masque*（1638），20. 奥古斯丁在《上帝之城》反民粹主义段落中使用了 "云" 或 "雾" 来表示谬误，是一个有名的隐喻，他对比了一个人良知中的纯粹光芒与 "庸俗观念之喜爱" 和 "俗人的琐碎小事在一般情况下被无知和谬误之烟雾笼罩"。Saint Augustine, *Of the Citie of God With the Learned Comments of Io. Lodouicus Viues*（1620），31.

③ Paul Slack, *The Impact of Plague in Tudor and Stuart England*（Oxford, 1990），217.

小　结

　　反制威斯敏斯特酿酒商的运动，试图使首都适于绝对王权，显示了更加广阔的空间政治和王权象征。这项王室和保皇党的政策由查理一世亲自推动，旨在提升象征王室政府空间的美观、健康和象征权力。[①] 因此，它既不是早期环境保护主义思潮的爆发，也不是一般意义上对污染的回应。显然，枢密院建议威斯敏斯特的酿酒商可以"在较远、保持一定距离的地方（酿酒），只要国王或王室居住于圣詹姆士宫时，不冒犯他们即可"。[②] 此外，1624 年的《酒厂法案》确切地标明了这些地方的位置所在。对于居住在东区或南郊等"偏远"地区的人们的健康和审美爱好没有论及，可能根本就没有考虑过。因此，查理一世是整个现代早期最积极和最咄咄逼人的反对者，这是因为他发现烟雾破坏了他的政治和空间秩序图景。这点很重要，在采用个人规则几周后，查理一世的枢密院就采取了反对城市烟雾的首次行动，一直持续到他去世才结束。对查理一世而言，煤烟挑战了美观、健康和具有政治意义的空间，这点对詹姆士一世和伊丽莎白一世也是一样的，只不过没有达到他

60

---

① 彼得·布林布尔科姆验证了劳德主教的审判只具有表面价值，并认为劳德是 1630 年代反对烟雾措施的发起人。这是一种误导，因为劳德不过是几个协助执行某项政策的枢密院成员之一，显而易见，这项政策最初是由国王本人推动的。参见 Peter Brimblecombe，*The Big Smoke：A History of Air Pollution in London Since Medieval Times*（1987），40 - 2；Ken Hiltner，*What Else is Pastord? Renaissance Literature and the Environment*（Ithaca，2011），117 - 8。

② TNA PC 2/43，239.

的程度，但重要性是一样的。这就是王室反烟雾运动与其臣民对同一问题的反应有着本质区别的原因。虽然无论是统治者还是被统治者都将煤烟看作妨害，但是君主能够影响妨害法规，这一点即便是臣民中最富有和最有权势的人也不可能做到。

5 妨害与邻居

61

布里奇沃特的邻居

1666 年 5 月，布里奇沃特伯爵（Earl of Bridgewater）遇到了新问题，而如何偿还巨额债务，爱妻去世后家庭事务怎么办，在瘟疫和战争时期如何卸下官职的旧烦忧尚在。那个夏天，新麻烦让他十分沮丧。他在伦敦的家，也即布里奇沃特住宅有一位邻居，以煮皂为业，他新装的烟囱排放的烟雾弥漫在他的前院，甚至飘入屋里。他在信中写道，花了好几周的时间想了很多办法来处理"煮皂炉之妨害，实在让他难以忍受"。①

在某些方面，可把布里奇沃特的肥皂制造商与 17 世纪二三十年代困扰查理一世的威斯敏斯特酿酒商进行比较。两者都使用大量海煤来烧锅炉；两者所排放的烟雾均飘入花园和房屋；两者的经营都是合法的，但都与英国的统治精英产生了冲突。除了这些相似之处外，更主要是差异。布里奇沃特伯爵身

① Hertfordshire Archive and Records Service（Hereafter HALS）AH 1102, Bridgewater to John Halsey, 17 June, 1666. 另见 AH 1101 - 5, 27 May - 2 July, 1666。

为领主显贵，但不是国王；布里奇沃特住宅是一处私人住所，不是王宫宝地。因此，他不能确信争端出现时，法律会站在他那边。虽然他有权有势，但他不可能像查理一世那样命令治安法官以权压制妨害。此外，他的邻居明显不会支持他。他的这处住所位于伦敦墙以北，在巴比肯（Barbican）地区圣吉尔斯·克里普尔盖特（St Giles Cripplegate）教堂附近，比较繁华，如今耸立着巴比肯居民区具有现代主义风格的水泥塔。当时这一带是贫民区，住着成千上万人，拥有大量的工厂。① 布里奇沃特伯爵本人和他的父亲对处理邻里关系有着长期的经验，防止侵占自己的花园，禁止租户从事有害的行业。② 约翰·伊夫林曾经说过，布里奇沃特住宅花园"位于伦敦的中心地"，只有在战争切断煤炭贸易，从而使得伦敦的烟雾减少时才会真正繁荣起来。③ 因此，布里奇沃特住宅根本不是1630年代查理一世想象的那种通风、洁净、美观的宫殿，而是一栋处于闹市区的花园大宅。改造这样的周边环境是不可能的，而且布里奇沃特知道，即使要驱逐"我那令人不快的制皂邻居"也是一件复杂的事。

62

---

① Thomas R. Forbes，"Weaver and Cordwainer: Occupations in the Parish of St Giles without Cripplegate, London, in 1654 – 1693 and 1729 – 1743," *Guildhall Studies in London History* 4 （1980），119 – 32；petition from the brewers of St Giles without Cripplegate, 5 September 1661, Rep. 67, f. 297 – 8.

② HEHL EL 6560，1st Earl to Richard Harrison, 17 August 1640；HALS AH 1122. 在最高法院大法官法庭答询中涉及一份1655年的租契，其中禁止从事的行业包括"制腊、制铜、制铁、制皂、食品烘烤"。还可参见 lease of George March, 1666/7, Northamptonshire Record Office （hereafter RO）E（B）704。

③ Guy De la Bédoyère, ed., *The Writings of John Evelyn* （Woodbridge, 1995），139.

尽管如此，布里奇沃特伯爵决心逃避这种妨害，他在1666 年夏天比较了所有可能的选项。他似乎开始与邻居的地主、圣保罗大教堂主任牧师联系。可能他希望他们能够一起对房客施加压力，因为他们都是英格兰圣公会的重要成员。不过他们没有这样做，而是向内殿法律学院的弗朗西斯·菲利普斯（Francis Phelips）寻求法律建议。根据菲利普斯的建议，布里奇沃特伯爵有两种选择。第一种选择，他"可以采取法律行动，要求赔偿损失"；第二种选择，他可以向居民调查委员会（wardmote）投诉，通过其年度会议来"审查与证实"此事，市政官员或伦敦市长就会"下令整改"。① 按照菲利普斯的说法，布里奇沃特伯爵要么向法院提起诉讼，要么通过伦敦市政当局减少损失。

不过，布里奇沃特伯爵试着开发了第三种方式：协商和非正式压力。只要价格合理，他就考虑买断那位煮皂者的租约，"只要妨害可以被消除，我愿意达成交易，只要条件不过于苛刻"。在处于法律上的弱势时，他不禁感叹："实际上，法律与其说是所有人的敌人，不如说是我个人的敌人。"但他在下一封信中表现得比较乐观，准备在与圣保罗大教堂谈判中用典型法律案例来施压。这一定奏效了，经过至少六个星期的投诉和担忧，事情在 7 月初有了转机，"我感觉圣保罗大教堂院长说了好话，但愿他也能做得很好，这样我可以摆脱妨害"。② 这位院长就是后来的大主教威廉·桑克罗夫特（William Sancroft），他具体如何让其邻居满意目前尚不清楚。尽管如此，这个案例还是　63

---

① St Paul's Cathedral Dean and Chapter Estates GL MS 25，240.

② AH 1101，1103，1105.

展示了妨害是如何在现代早期伦敦被处理的。它们首先体现的是邻里关系，然后在解决时涉及协商、契约、诉讼及治理。①

布里奇沃特伯爵与"我那让人不舒服的煮皂邻居"交涉的文献保存得异常完好，然而还有很多其他人的想法没有记录下来，他们的住地也受到烟雾的困扰。② 最近有人提出这样的观点，滋扰或担忧可能是现代早期都市生活普遍存在的问题。③ 但可能这样看更好：妨害是出现了偏差的情形，这向来是有限的、局部的和/或暂时的。让妨害永远地存续，至少在法律上就不是妨害了。这样的说法可能会引发一场冲突，或许是一场辩论。习惯法有助于描述什么是妨害并应该对其采取何种措施。但在实践中，英格兰众多的地方法院和中央法院几乎都在变着法地应用这种指导原则。因此，尽管弗朗西斯·菲利普斯对教堂说过度排放煤烟为法律所不容是正确的，但是像布里奇沃特伯爵这样的受害方并不能得到直接补偿。伦敦人可能不太会寻求中央法院的帮助（即菲利普斯所谓的"采取法律行动"），他们更可能寻求其他形式的处理，如报警、协商和采取预防措施。④ 大都市居民铸就了无数的武器来对付煤烟，这个强大的武库足以证明现代早期的人们和组织绝不会对空气污染无动于衷，只是这个武库有缺陷和局限，阻碍了对环境进行系统或长远的改善。

---

① 关于好邻居与坏邻居的经典讨论，参见 Keith Wrightson, *English Society 1580 – 1680* (New Brunswick, NJ, 2000), 51 – 7。

② AH 1103.

③ Cockayne, *Hubbub*.

④ 有关此后私下协商和诉讼的详细案例研究，参见 Ayuka Kasuga, "The Introduction of the Steam Press: A Court Case on Smoke and Noise Nuisances in a London Mansion, 1824," *Urban History* 42 : 3 (August 2015), 405 – 23。

"采取法律行动"：煤烟与习惯妨害法

根据 18 世纪法律权威威廉·布莱克斯通（William Blackstone）的观点，"任何可能造成伤害，带来不便或损失的"都是妨害，而在现代早期英格兰，习惯法禁止妨害。[①] 法律史学者普遍认为，这个范畴在 17 世纪包括免于空气污染的 保护，而这种保护是英格兰法律的既定原则，只是后来由于工业化社会发展的需要而被弱化了。[②] 已出版法律报告中关于被确立为成例案件的讨论吸引了法律史学者的大部分关注，这些案件的确证实，烟雾空气会对财产和健康构成不合理与非法损害，因此可以依据习惯法采取行动。但是显而易见，由于所谓的保护措施存在非常严重的局限，这样做还需要一些重要的条件。这里可以延伸的一点是，英格兰中央法院所有针对煤烟过度排放提供的保护措施都基于这样的假设：这种烟雾是有害、

64

---

① William Blackstone, *Commentaries on the Laws of England* (Oxford, 1765 – 1769), 3, 216.

② 但是工业革命时期对此具体何时开始收费及如何收费众说纷纭，参见 J. F. Brenner, "Nuisance Law and the Industrial Revolution," *Journal of Legal Studies* 3 (1974), 403 – 33; D. M. Provine, "Balancing Pollution and Property Rights: A Comparison of the Development of English and American Nuisance Law," *Anglo-American Law Review* 7 (1978), 31 – 56; J. P. S. McLaren, "Nuisance Law and the Industrial Revolution-Some Lessons from Social History," *Oxford Journal of Legal Studies* 3 : 2 (1973), 155 – 221; Noga Morag-Levine, *Chasing the Wind: Regulating Air Pollution in the Common Law State* (Princeton, 2003), ch. 3; Christopher Hamlin, "Public Sphere to Public Health: The Transformation of 'Nuisance'," in Steve Sturdy, ed., *Medicine, Health, and the Public Sphere in Britain 1600 – 2000* (2002), 189 – 204。

危险的并具有破坏性。但把信念转化为行动并非易事。

对烟雾空气的考虑被理解为涉及财产所有者权利这个重要问题。大约在 1600 年，有人认为一项财产的受保护地役权包括"健康的空气"。这是妨害法产生的渊源之一，后来考虑的范围扩大到滥用土地对财产的潜在损害。这种考虑所基于的事实是妨害在法律上是非法侵入的一种，属于侵犯财产的行为。① 妨害法产生于中世纪，是对财产可能受到损害和被占有的回应，以便通过妨害程序减轻受害方的损失和提供赔偿。1569 年的黑尔斯案（Hales' Case）判定，房屋"不能没有灯光和空气"，因此任何被剥夺这种基本生活条件的人都可以要求赔偿。② 在 1587 年的另一起关键案子中，后来成为大法官的爱德华·柯克（Edward Coke）成功地论证了"清新甜美的空气与纯净健康的水均为人之必需"。③ 尽管有人认为法律不能确保"精致完美"，让人呼吸到愉悦的空气，但 1610 年的奥尔德雷德案（Aldred's Case）强调了健康空气的重要性。④上一章开头讨论的琼斯与鲍威尔案件，明确把海煤的烟雾列入

65

---

① Janet Loengard, "The Assize of Nuisance: Origins of an Action at Common Law," *The Cambridge Law Journal* 47 (1978), 144 – 66; Daniel R. Coquillette, "Mosses from an Olde Manse: Another Look at Some Historic Property Cases about the Environment," *Cornell Law Review* 74 (1979), 765 – 72.

② Justice Monson, *A Brief Declaration for what Manner of Speciall Nusance Concerning Private Dwelling Houses* (1639), 5; J. H. Baker and S. F. C. Milsom, *Sources of English Legal History: Private Law to 1750* (1986), 592 – 7.

③ *Bland v. Moseley* in Baker and Milsom, *Sources*, 598 – 9. 首席大法官赖依（Wray）认同空气的重要性，为此他引用了古罗马诗人维吉尔的《埃涅阿斯纪》。

④ *Bland v. Moseley* in Baker and Milsom, *Sources*, 599 – 601.

损害情形而加以保护，并认可援引黑尔斯案中的格言：各人自用，无害于人。[1] 迟至 1620 年代，英格兰王座法庭的法官基于相互联系的理念，认为过量的煤烟排放是非法的，烟煤对健康构成严重威胁，导致家庭财产的损失。只要煤烟排放量达到鲍威尔案件中酒厂排放量的规模，煤烟就会对身体和财产造成损害，于是英格兰妨害法开始针对烟煤采取措施，之前是保护土地免于暴力占有。

法官帕尔默 1678 年的报告一经印制，19 世纪人们讨论妨害法时就常引用琼斯案，以此论证财产持有人反对排烟工业的权利。[2] 一本 1709 年针对非专业读者的法律汇编通过引用琼斯的话解释说，烟囱、酒厂或其他类似的有害行业都属常见的妨害行业。琼斯的原话是："倘若在居屋之内呼吸的空气严重威胁健康，或者威胁园中之树木，或烟雾吸入体内威胁健康，我可能会采取法律行动以减轻我的痛苦。"[3] 贾尔斯·雅各布（Giles Jacob）详尽的《新法律词典》在对妨害法的较长解说中包括了琼斯案，其中解释说当时很多人认为"既然酒厂有存在的必要，烧煤便必不可少"，但被告在琼斯家"这么近的距离烧煤，烟煤气味使其无法在健康不受威胁的情况下居住"。[4] 到了 18 世纪中后期，大法官曼斯菲尔德勋爵（Lord Mansfield）审查了几个案件，其中大部分是烟雾造成损害而索赔或减少损失的案件。1781 年，一名男子对邻居提起诉讼，

---

[1] *Bland v. Moseley* in Baker and Milsom, *Sources*, 595. "sic utere tuo, ut alienum non laedas."

[2] *Les Reports de Sir Geoffrey Palmer*, *Chevalier & Baronet* (1678), 536–9.

[3] *The Gentleman's Assistant*, *Tradesman's Lawyer*, *and Country-Man's Friend* (1709), 165–6.

[4] Giles Jacob, *A New Law-Dictionary* (1756), sub. "Nusance".

因为邻居的铁匠铺噪音巨大，"大量烟尘飘入原告房屋"，此属于妨害。两位目击者证实，烟雾"有害"，损坏了家具，但大法官指示陪审员说烟雾有害的投诉"无法证实"，并将其与噪音投诉区分开来。① 虽然曼斯菲尔德勋爵认为有害行业显然不适合他们的邻居，弱化了对妨害行为的处理，但此处的关键在于他本人及该案所记载的许多目击者的确都接受了这样的观点：烟雾有威胁、不健康和/或有害。② 甚至 1754 年一个案子的辩方律师都承认，尽管有理由认为他的客户没有犯妨害罪，但"烟囱冒出之烟味是难闻的"。③

因此，起诉煤烟造成损害的权利很明显得到出版机构和主要法官的认可。但在多大程度上转化成了实际诉讼，并有多少损失得以弥补则远不清楚。现存当时出版的法律报告记录了理论或实践中的创新，但都不一定是诉讼当事人在法庭的那种起诉方式，因而并不是英格兰中央法院实际发生的情况。虽然把这一点解释清楚需要详细检视当时的法庭记录，但威斯敏斯特法院的档案是整个现代早期档案中最棘手和最不为人知的文件之一。矛盾的是，此中的原因竟然是这些档案在现代早期英格兰生活中占有重要地位：经济增长和法律程序变化意味着英格兰在 1600 年前后几十年产生了大量的法院案件，仅 1606 ~

① James Oldham, *The Mansfield Manuscripts and the Growth of the English Law in the Eighteenth Century* (Chapel Hill, 1992), I, 921 – 2; *Lloyd's Evening Post*, Issue 3760 (26 July 1781).

② 曼斯菲尔德勋爵的观点很矛盾，既接受人们拥有清洁空气权利的合理解释，又认为"空气不良的说法没有必要，尽管财产受损，只要生活快乐足矣"。因此他只限于坚持这样的观点，即无论其对周边住户的影响如何，每个行业的活动应在恰当的地点开展，而现实中伦敦的大部分地区都是恰当的地点。Oldham, *Mansfield*, 887 and ch. 15 *passim*.

③ Oldham, *Mansfield*, 888.

1607 年就有 5 万 ~ 11 万件案子。① 由于这些数以百万计的现代早期案件未经编目且主要是用拉丁文古体字书写，因此大部分一直处于"未知领域"。从中查找妨害案件的记录无异于大海捞针。

尽管如此，笔者还是发现了这样一份档案，表明琼斯案确立的法律原则实际上已经转化成真正的诉讼。1653 年，罗兰·斯普拉特（Rowland Spratt）通过王座法庭起诉约翰·查沃思（John Chaworth），缘由是后者把位于奥德门（Aldgate）郊外的一所房子改建成了玻璃工厂，离伦敦塔东怀特教堂（Whitechapel）很近。斯普拉特在起诉书中说道，查沃思的装置

> 　　使用大量的海煤……所产生之硫黄烟雾及其他腐物……飘入上述罗兰家的古宅、果园和花园……使其满是难闻污秽之气；物品、器具…… 由此被玷污、腐烂、衰败……果园、花园以前开花结果之百余果树，如今正因此枯萎与死亡……药草、花草之类……曾经茂盛也因此枯死，已毫无价值。

斯普拉特案陪审团认定 40 英镑的赔偿，而不是其要求的

67

---

① 克里斯托弗·布鲁克斯（Christopher Brooks）估计 1606 年有 5.4 万件，但罗伯特·帕默（Robert Palmer）认为应该有 11.2 万件。C. W. Brooks, *Pettyfoggers and Vipers of the Commonwealth*：The "*Lower Branch*" *of the Legal Profession in Early Modern England*（Cambridge, 1986），78；Robert Palmer, "The level of litigation in 1607：Exchequer, King's Bench, Common Pleas," http：// aalt. law. uh. edu/Litigiousness/Litigation. html. 笔者还考察了王座法庭大约 1 万件案子。

500 英镑损失。① 斯普拉特案表明，对在伦敦过量排放烟雾的人，不仅可以通过妨害罪起诉，也可以按照早期案例所确定的界限和范围进行判定。② 斯普拉特的起诉强调了"难闻污秽之气"导致其住房内的空气已经受到损害，而且明确了财产损失的具体数额，使得此案因具体伤害而不是一般的妨害而得以确立。通过这些方式，房主或许可以成功获得赔偿。

习惯法所能够提供的只是赔偿，在现代早期的大部分时间里，英格兰的中央法院无法提出减轻损失的要求。这种局面到了 18 世纪发生了改变，当时大法官法庭（Chancery）已经可以要求中止妨害，甚至预防妨害，而不仅仅是对损失补偿了事。③ 1736 年，住在西区的贵族以原告身份要求大法官法庭对制砖厂发布禁令，因为对他们的房屋造成"极大的危害与困扰"并且会损坏家具。④ 其中，切恩勋爵（Lord Cheyne）不要求补偿，而是希望大法官法庭帮他驱逐切尔西地产上排烟工厂的租户，这些工厂建于 17 世纪七八十年代。⑤ 与习惯法法院相比，房主以这些方式实际使用大法官法庭的程度更加不明显，但大法官法庭的确为那些要从烟雾腾腾的居住环境寻求解脱的伦敦人提供了另一种选择。大法官法庭的补偿程序只是在

---

① TNA KB27/1754，r. 282 – v.

② 1729 年，报刊报道了王座法庭的另外一个类似案件，原告抱怨自己在海格特（Highgate）郊区的住所附件是"冒着浓浓烟雾"的酿酒厂。*Weekly Journal or British Gazetteer*，Saturday，6 December 1729，Issue 236.

③ Oldham，*Mansfield*，885 – 6；P. H. Winfield，"Nuisance as a Tort，"*Cambridge Law Journal* 4（July，1931），189 – 206；J. R. Spencer，"Public Nuisance-A Critical Examination，"*Cambridge Law Journal* 48（1989），55 – 84.

④ *Grafton v. Hilliard*，TNA C 11/2289/87.

⑤ TNA C 8/249/81；C 8/410/12.

现代初期结束时才发展起来，所以想要防止或减少烟雾的伦敦人不太可能去大法官法庭寻求帮助，而是向对首都情况比较熟悉的地方官员寻求帮助。

"审查与投诉"：环境治安

中央法院在确定和界定妨害的含义并解释烟雾空气如何符合这些含义时发挥了至关重要的作用，在缺乏相关成文法的情况下尤其如此。不过，更有条件审查和惩罚妨害行为的是地方官和地方法院，这些规模更小、具备执行潜力的机构对于那些受过度排放烟雾困扰的人来说不失为最佳选择。可以确定的一点是，每个地方法院的执行效力因存在严重的局限和缺陷而被削弱了，但在此之前，首先需要确定地方官是如何理解和解决煤烟问题的。

圣保罗大教堂主任牧师的法律顾问建议说，如果布里奇沃特伯爵不选择在法律上寻求补偿，他还有另一种选择。"在圣诞节期间向区市民会议提出申诉，他们会把案件看作一个邻居对另一个邻居的私下妨害，于是所在选区市议员或由市长和市议员组成的法院会依据伦敦惯例判令纠正此等妨害。"[1] 弗朗西斯·菲利普斯把区市民会议的法庭描述为适于解决"一位邻居对另一位邻居私下妨害"的场所，尽管习惯法法官坚持类似的私人起诉适于通过皇家法院来解决，一般常见的妨害则让地方行政部门来解决。对一方的具体妨害与对整个社区的普遍妨害之间的区别，对习惯法法官判定谁具有正当性至关重

---

①　LMA CLC／313／L／I／002／MS25240.

要。但按菲利普斯的说法，这个区别对于地方法院和地方官来说毫不相干，他们似乎对妨害是对一人或多人造成伤害并不感兴趣。[1] 因此，地方法院可受理有关私下妨害的投诉，这种案件王座法庭也可以同样追究；同时也受理习惯法法院拒绝立案的公共妨害投诉。不同的是，中央法院可以裁定对损害予以赔偿，而地方法院则可能只判定减少损害甚至预防妨害。

地方法院对妨害行为具有管辖权，但布里奇沃特伯爵是否能够在"圣诞节期间向区市民会议"证实邻居的烟雾排放，从而使自己的问题得到很好解决，这点还不甚清楚。市民会议是 26 个选区自由民的年度会议，这个场合还会举办一场盛大的娱乐活动、选举地方官员、提交妨害案件。[2] 1657 年，詹姆斯·豪威尔（James Howell）在对伦敦"严格守约之政府"的颂词中说道："此城并无不雅之行为或不周到之处，处处有官员监督巡查，区市民会议尤为如是。"他认为区市民会议的职责包括处理各种犯罪与妨害，不干预烟雾过度排放或不良空气。[3] 尽管如此，伦敦的区市民会议至少在少数案件中对超量烟雾排放进行了处罚。16 世纪八九十年代，有人控诉西区的圣邓斯坦（St Dunstan）居民在没有烟囱的情况下燃烧海煤，这种做法既危险又可能产生烟雾，使烟雾飘荡在附近的小巷和庭院。1607 年，这个选区的一位居民安装"有害"烟囱被发现后，有缺陷或排放烟雾的壁炉也被检查了。[4] 1679 年，城墙

---

① 对特殊妨害与普通妨害区别的总结，参见 Blackstone, *Commentaries* III, ch. 13。

② 有关区市民会议的总体论述，参见 *Archer*, *Pursuit of Stability*, 83。

③ James Howell, *Londinopolis* (1657), 392.

④ 还讨论了"屏风"，参见 GL MS 3018, ff. 33－69 *passim*, esp. 45v, 62v, 77。

北面的一个寡妇的商店安装了个壁炉，"其烟雾及燃烧之危险对邻居影响非常大"。①

烟雾的妨扰，加上用火的危险在当时很常见。在某些情况下，这种说法可能仅仅是为了放大投诉中的利害关系；在其他情况下，则可能反映了某种互相强化、无法消除的恐惧。因此，"无烟囱烧煤"导致的"不安、恐惧及忧虑"至少在某种程度上反映了烟雾排放引发的冲突。② 同样，许多蒸煮行业需要大量使用煤炭并产生有毒烟雾，因此对融化油脂或蒸馏化学品的投诉可能是针对其气体和烟雾二者，而不只是其中之一。③ 有人确实在三个方面都构成侵扰：用火、气体和烟雾排放。④ 因此，有些伦敦人的确向区市民会议反映了煤烟问题。由于1680年前后的记录并不完整，笔者难以清晰地描绘当时的情形，但在多数情况下，区市民会议未能纠正这些妨害案件。⑤ 例如，酿酒商刘易斯·杨（Lewis Young）和托马斯·马修斯（Thomas Mathews）因为烟雾排放而被有权势的邻居投诉，但区市民会议并未处理。⑥ 也许是因为区市民会议每年只开会一次，对于许多要求赔偿损失或预防妨害行为的人来说，他们更愿意通过反应更快的机构来解决问题。

伦敦的市政委员会（Court of Aldermen）由参议会和执委

---

① Cripplegate Ward presentments, 1680, LMA COL/AD/4/2.

② St Dunstan's in the West presentments, 1618, GL MS 3018, f. 100.

③ Bishopsgate presentments 1702, LMA COL/AD/4/11；Farringdon Within presentments, 1705, COL/AD/4/13.

④ 例如，"托马斯·菲尔德建了一个制蜡厂，却没有烟囱，对住户形成滋扰，用火亦很危险"。Cornhill presentments, 1708 LMA COL/AD/4/16.

⑤ 区市民会议1650年前的投诉文献现存只有两个系列，17世纪最后几十年留存下来的投诉文献更多，但该组织的总体影响看起来严重下降。

⑥ 详见 Cavert，"Environmental Policy"。

会组成，成员主要是一些年长和富有的市民，监督城市内部治理，处理与国王和议会的关系。虽然它的地位威严，但并不处理包括妨害在内的日常生活中的具体问题。该委员会之所以对几家新建的锻造厂、一家制皂厂展开调查并禁止两家新的酿酒厂生产，都是为了回应非特定居民的投诉。① 虽然有些市议员有时会亲自调查投诉，但也会委托人员处理伴随着妨害的房屋和地界问题。这些"审查官"的职权范围包括解决由烟雾过度排放和不良烟雾排放引起的争端，他们的裁决依据似乎是大致的公平标准和常识，而非习惯法中已有的先例。在一些案子中，他们对妨害行为不依不饶。如在寡妇安妮·坦纳（Anne Tanner）对其地窖里金匠的"炉灶和锻造"产生的"烟雾和蒸汽"进行投诉一案中，城市调查员罗伯特·胡克（Robert Hooke）当着市议员的面，指证那位可怜的金匠不仅犯了妨害罪，被判令补偿损失，而且还被告上伦敦的治安法庭（sessions of the peace）。② 但在处理一些案件时，审查官会寻求妥协。譬如一家卷烟厂的烟囱"如果升高 30 英尺，则认定不会打扰邻居"，升高烟囱的做法在其他一些案件中也有使用。③

　　基于常识的妥协与依习惯法解释把严重烟雾排放视为完全违法的行为之间有着很大的鸿沟，律师托马斯·詹纳（Thomas Jenner）与制皂商约翰·皮尔斯（John Peirce）之间

---

① 2 October 1621, Rep 35, f. 275v; 29 June 1632, Rep 46, f. 279 – 279v; 1 September 1629, Rep 43, f. 275v; May-June 1674, Rep 79, f. 215v – 216, 239 – 239v, 349v – 350; 27 – 29 January 1679/80, Rep 85, f. 62 – 62v, 66.

② 14 October 1673, Rep 78, f. 306v; January 1674, LMA CLA/47/LJ/04/44; Rep 79, f. 111.

③ Viewers' Reports 1674 – 84, LMA COL/SJ/27/467, 58.

的争端加深了人们对这个鸿沟的认识。为回应詹纳 1677 年的投诉，审查官发现：若皮尔斯把烟囱升高到与詹纳的烟囱同样高度，那么他的锅炉可以运行。詹纳对此显然不满意，当他几年后成功被任命为记录法官（Recorder，伦敦高级法律官员）后，首席检察官以国王的名义在王座法庭对皮尔斯提起诉讼，此案将詹纳称为即将到来的"前起诉人"。首席大法官杰弗里斯（Jeffreys，他和詹纳一样也是通过政治手段刚刚被任命）认为皮尔斯"对邻居构成滋扰"，判定这样的行业"应在郊区，而非主城区"。① 但是审查官却只能看到小节，对于市中心的排烟行业，不是准许就是拒绝。

　　当然，托马斯·詹纳并非寻常人，因为多数伦敦人不是重要的公职律师，无法让首席检察官受理自己的案子。不过对妨害的刑事诉讼并不罕见，中央法院就接过这样的诉讼，如一起 1678 年的刑事案件就起诉南华克玻璃工厂涉嫌燃烧"可怕大火"，并散发"腐臭烟雾……以致空气有碍健康"。② 在国王起诉科尔（King v. Cole）一案中也使用了同样的措辞，科尔的制皂厂就在秣市广场（Haymarket）和圣詹姆士公园附近。③ 国王起诉皮尔斯（King v. Peirce）的报告引用了两个当时刚刚发生的案例，其中包括国王起诉乔丹（King v. Jordan）酿酒厂

71

---

① Viewers' Reports 1674 – 84, LMA COL/SJ/27/467, 82; Bartholomew Shower, *The Second Part of the Reports of Cases and Special Arguments* (1720), 327. 詹纳继续担任议会议员和财政大臣。1688 年，他因企图与詹姆士二世一同逃跑而被捕。

② *King v. Brooks*, 30 Charles Ⅱ (1678), Sir John Tremaine, John Rice, and Thomas Vickers, *Pleas of the Crown in Matters Criminal and Civil* (Dublin, 1793), n. p., sub. "Indictments and Informations for Nuisances".

③ Sir John Tremaine, John Rice, and Thomas Vickers, *Pleas of the Crown in Matters Criminal and Civil*.

的案例，该厂位于路德盖特山（Ludgate Hill）靠近圣保罗大教堂的地方。① 不过也许更为常见的是，地方官将诉讼提交到治安法庭。米德尔塞克斯的治安法庭受理了妨害"专任委员"起诉的案件，包括一起 1611 年针对城墙北面格鲁布街（Grub）"恶臭烟雾"以及"铁厂和锻造厂"的投诉案件。② 米德尔塞克斯治安法庭的法官还起诉了一座"使用恶臭的海煤烘砖"的砖窑。③ 伦敦法院可以如法炮制，就如对金匠案的审理那样；此人在遭到城市审查官谴责之后，将其"蒸汽和烟雾"在治安法庭当面排放。④ 琼斯案的一位法官声明，在城区附近建酒厂应"在此处"起诉，但不清楚此处是指伦敦还是威斯敏斯特。⑤ 1680 年代，兰贝斯（Lambeth）的一家玻璃厂被起诉，其所有人"被定罪和罚款"。⑥ 现代早期将尽时，72 首席大法官曼斯菲尔德的文书包括了几个王座法庭审理的案件，这些案件发生在伦敦附近。1776 年，怀特教堂附近的氨水厂被起诉，长长的起诉书提及"燃烧海煤之熊熊烈火……

---

① Shower, *Second Part*, 327.

② 有关起诉芬斯伯里郡亚伯拉罕·沙克马普尔（Abraham Shakemaple）的论述，参见 LMA MJ/SBR 1, f. 420。德鲁里巷（Drury Lane）和圣马丁附近的锻造厂分别在 1614 年和 1642 年也被处罚。William Le Hardy, ed., *County of Middlesex. Calendar to the Session Records*（1936）Ⅱ, 124; LMA WJ/SP/1642/7/2.

③ John Cordy Jeaffreson, ed., *Middlesex County Records Volume Ⅱ. 3 Edward Ⅵ to 22 James Ⅰ*（1887）, 304.

④ Rep 79, f. 111; LMA CLA/47/LJ/04/44; Jenner, *Early Modern Conceptions*, 187.

⑤ *Palmer*, 538.

⑥ *Rex & Regina v. Wilcox*, William Salkeld, ed., *Reports of Cases Adjudg'd in the Court of King's Bench; with Some Special Cases in the Court of Chancery, Common Pleas and Exchequer*（1717）, Ⅱ, 458.

（导致了）大量恶臭烟雾、气味及有碍健康之污物"。[1] 在另一个方向的特肯汉姆（Twickenham），"燃烧海煤之大火"同样排放出"有碍健康、让人讨厌的恶臭烟雾"。[2] 有人认为法律应该适用于该地，曼斯菲尔德法官曾对陪审员说：怀特教堂已经非常肮脏了，却不得不容忍那里的气味和腐臭，即使在特肯汉姆也属非法。他问道："如若不在这些公司，哪里还有赚钱的生意可做？"起诉证据必定出自传闻，犹如对 17 世纪末之前伦敦的治安和环境知道得出奇的少。[3] 因此，这些案件可能是，也可能不是冰山一角，但至少表明当时伦敦的地方官员认为纠正煤烟过度排放的做法是值得的。但是，曼斯菲尔德法官援引早期成例的说法表明，涉及的法律原则存在矛盾，应既不直接禁止烟雾又不容忍其大量排放。

　　枢密院是英国首都地方治理的最后一个层级，亦对烟雾问题感到担忧。枢密院在很多方面在一个完全独立的政治空间运作，与商人组成的区市民会议或法庭陪审团不同。尽管这群英格兰的领导贵族和官员主要考虑国家大事，但是他们也对伦敦的情况很关心。他们关注伦敦的地方治安，特别是考虑到伦敦是君主和贵族自身的家园，居住着外交官和商人，同时还是本国的商业与金融中心。因此，枢密院响应了居民或地方政府的请愿，他们抱怨斯皮塔佛尔兹（Spitalfields）新砖窑散发的 "恶

---

[1] TNA KB28/298，Trin 1776，rot. 24，cited in Oldham，*Manuscripts*，913. 其中，他对珍妮特·洛根德（Janet Loengard）所做的注释和誊写工作提出了表扬。

[2] *Rex v. White*（1757）in James Burrow，*Reports of Cases Argued and Adjudged in the Court of King's Bench*（4th ed. 1790），Ⅰ，333.

[3] Oldham，*Manuscripts*，889 – 90.

心浓烟"或者皮卡迪利（Piccadilly）附近某个酒厂的"巨大妨害"。[①] 这并不意味着枢密院在任何意义上都持中立态度。当有人投诉兰贝斯玻璃厂时，因该厂的主人是白金汉公爵，枢密院就悄悄地略过了，而对圣詹姆士宫和白厅附近的大规模污染却给予特别关注。[②] 在这一点上，枢密院与伦敦级别很低的官员之间有着共同之处。对于地方官来说，对烟雾过度排放问题的关注既要考虑到常识和习惯法，也要计算私人利益与公众利益，还要想想自身作为统治者的职责以及作为受害邻居的优先权。

从区市民会议到市政长官最后到枢密院，对这些层级进行梳理就会发现英国各个层面的机构是如何给受煤烟妨害的伦敦人提供各种选择。本书第4章阐述的一系列主要举措把烟雾当作政治问题。这是一项自上而下的政策，当然是通过官员与相关人的协作达成的。然而，巡查烟雾妨害的工作不完全是自上而下的，虽然也说不上是自下而上。有人认为，对环境的担忧具有深刻的社会背景，查理一世、寡妇坦纳以及兰贝斯的匿名请愿人都想要消除或减少浓烟。并且，这种愿望与对妨害法的各种解读相一致，从习惯法法官和地方治安官的判决就能看得出来。烟雾可能损害身体健康、使财产贬值，还可能妨害大众，甚至这些可能性都存在。

于是，伦敦人可以动用各种政府资源对抗周边的烟雾。但是，这并不是说伦敦有了有效的环境治理制度。相反，市民和官员都把烟雾的过量排放看作必须考虑的问题，同时环境保护在实践中会受到明显制约和削弱。我们知道，习惯法承诺补偿那些因"含硫烟雾"而遭受财产损失的人，但它既没有为健

---

① TNA PC 2/61, 225, 239-40; PC 2/63, 166.
② TNA PC 2/58, 44-5, 59, 70. 参见本书第4章针对白厅的讨论。

康受损提供补救和赔偿，也没有提供任何集体诉讼的程序。对于有些财产持有人来说，它可能是一个有吸引力的工具，却把大部分人排斥在外。① 此外，我们对中央法院实际如何运用这项法律或伦敦人如何使用这一法律知之甚少。关于伦敦地方法院还需要进行更多的研究，不过有确凿的证据表明，烟雾妨害案件非常罕见。1738 年 10 月至 1740 年 9 月，数百个案件被提交到伦敦治安法庭，其中没有与烟雾妨害有关的案件；詹姆士一世统治时，杰斐逊审查的数百个米德尔塞克斯案件中，只有一起与"发臭的海煤"有关。② 庄园民事法庭（Manorial courts leet）对伦敦的某些郊区拥有管辖权，但南华克和芬斯伯里都没有过量排放烟雾妨害案件的记录。③ 1700 年左右，区市民会议的记录既乏味又程序化，预示着一个濒临死亡的机构不太可能寻求解决烟雾妨害案，而是让这类案件消失，就像 1707 年某个区市民会议员所说的那样，"皆大欢喜"。④ 所有这一切表明，虽然政府各个机构竭尽可能为伦敦人提供解决烟雾妨害的手段，但这些手段只是偶尔使用而非惯常使用。

"我愿意达成妥协"：私下协商

布里奇沃特伯爵对付他那讨厌邻居的最后一招是私下谈

① 之前的习惯法对于产生不良空气的行为是否违法存在矛盾，且医学上的健康标准是完全不确定的。奥尔德姆的有力讨论表明曼斯菲尔德大法官自己对此的观点前后不一致。参见 Oldham, *Manuscripts*, 887 – 93。

② London Sessions files, LMA CLA/47/LJ/1/758 – 73; Jeaffreson, *Middlesex Records*, 287 – 314, quote on 304.

③ Southwark, LMA CLA 43/1/9; CLA/43/1/13 – 16; P92/SAV/1323. Finsbury, 1746 – 70, LMA CLA/43/4.

④ St Sepulcre's, LMA COL/AD/4/15.

判。他写道："妨害可能可以消除，若条件不苛刻，我愿意达成妥协。"当然，多数伦敦人没有爵位，无法收买那些妨害自己的商人。即便如此，伦敦居民和相关机构还是就烟雾排放和烟雾管理的问题达成了很多私下协议和安排。多数情况下，在冲突尚未发展到正式起诉和诉讼阶段，私下的安排比起前面所说的告上法庭更受欢迎。法律文书和行政记录常常对此给予认可，冲突只有在非正式仲裁失败之后才会进入公共层面。例如，审查员在报告的开头就会说明冲突双方无法"调和分歧"。① 曼斯菲尔德大法官的记录显示，在进入诉讼之前，案件当事人试图私下解决矛盾，正如在某个案子里有人告诉他："邻居发现了一个妨害，妨害制造者彬彬有礼，表示会小心从事，不冒犯邻居、不违背法律。后来受害者提起诉讼，我找到被告调解，但他说让法庭裁决。"这个案子和其他许多案子一样，采取法律行动都是在个人协商失败而没有达成协议之后才会发生。②

　　直接协商是可以接受的一种方式。在大多数情况下，很难收买产生妨害的邻居，但有证据表明这种做法仍然常常发生。布里奇沃特伯爵想与制皂商妥协，唯一的希望是这些条款"不太苛刻"（not too hard）。这其中的难点是"苛刻"这个词的确切含义究竟是什么，因为布里奇沃特伯爵承认他的朋友兼代理人哈尔西（Halsey）对这类"有价之物"更有判断力。③

75

---

① Viewers' Reports 1674 – 84, LMA COL/SJ/27/467, 10.

② *John Hooper v. John Lambe*, London, 25 July 1781, in Oldham, *Manuscripts*, I, 922; *The King v. John Oliver and James Allen*, Middlesex, 13 February 1779, in Oldham, *Manuscripts*, I, 915 – 6.

③ HALS AH 1101. Bridgewater to Halsey, 27 May 1666.

1621 年，一位曾经的酿酒商愤愤不平地抱怨说，他的厂房给阿伦德尔伯爵带来了妨害，后者"试图处理此事，并以较低的价格购买其祖产"。① 对于布里奇沃特伯爵和阿伦德尔伯爵来说，买卖显然可以作为诉讼的替代方案，但也可能是诉讼的先声。1674 年，派科纳（Pye Corner）教区，即现在的圣巴托洛缪医院（St Bartholomew's Hospital）西边，其居民对一家新建酒厂持反对意见。市议政厅认定该建筑因离城墙太近而违法，但指示请愿者与建筑商交涉，"购买上述出租屋产之利，以便适于双方居住，求得各方满意"。② 甚至国王有时也采取同样措施。1664 年，酿酒商罗伯特·布雷登（Robert Breedon）因为妨害了白厅而被传唤至枢密院。这就是约翰·伊夫林在其《烟尘防控建议书》开头提到的酒厂，他说该厂的烟雾"塞满和侵扰"宫廷，"到了很难看见对面人之程度"。③ 尽管如此，国王感到布雷登谦卑有礼，遂决定给予他补偿而非提起诉讼。于是他命令布雷登停止酿酒，并要求财政大臣"纠正其可能遭受的偏见和补偿其损失"。④ 收买是协调各方利益的有效途径，因此即便是对那些占据各种理由而期待在法庭获胜的人来说，考虑到诉讼成本和法律的不确定性，有时该途径看起来更受欢迎。

多数与邻居的私下协商并没有进入法律程序，也没有寻求地方官解决，主要依靠政府档案开展研究的历史学者几乎不可

---

① Petition of John Taylor, 1621, PA HL/PO/JO/10/13/7.

② Rep 79, f. 239 – 239v, and earlier petition at Rep 79, f. 215v – 216.

③ *Writings of Evelyn*, 129.

④ TNA PC 2/57, 188, 196, 214. 这项法令没有得到执行，布雷登的酿酒厂继续存在了几十年。

能发现。不过我们偶尔可以通过各个机构以私人或非官方身份的处理方式窥见消除妨害的可能策略。一种惯用的策略是向房东投诉，通过房东给租户施加压力以减轻妨害。此类投诉的文献保存在机构式房东的档案中，当房东是个人时，投诉的方法肯定是一样的。因此，有个叫巴恩斯（Barnes）的先生抱怨说，他从菲谢孟格斯公司（Fishmonger's Company）租来的房子受到该公司另一租户酿酒厂"烟雾"的侵扰。酿酒商租客抗议说，他与巴恩斯已经私下做了安排，因此该公司并未受到任何损失。① 1611 年，市议政厅在接到投诉或经他们高级市政官自己观察后认定，他们的工匠使用的燃料"污损"了格雷夫莱尔斯（Greyfriars）的基督教堂，决定将来使用清洁燃烧的木炭。② 好的烟囱应该能够排除烟雾，而不是把烟排放回屋内。③ 建筑商和房屋持有人认为泥瓦匠和建设者应对这种缺陷负责。然而，租户一般选择向房东投诉，正如泰勒商务公司（the Merchant Taylors）救济院案那样，住在那里的寡妇们投诉居住的房屋受到"浓烟的严重妨害"。④

在这种情况下，法人团体，甚至包括作为伦敦法人的行政长官在内的机构都主要通过私下力量采取行动，因为土地所有人要对资产修缮负责，因此就会随时对来自邻居或租户的妨害

---

① Fishmongers Company Court Book，GL MS 5570/2，f. 29 - 30，45 - 6.

② 1 October 1611，Rep 30，f. 186v.

③ 例如，一份 1669 年的建筑商合同规定烟囱"应排放烟雾而无滋扰"，参见 GL MS17，182；建筑商未能遵守类似合同的案子，参见 KB27/1757（Trinity term 1653），r. 1853 - v；砖瓦匠和盖瓦公司（The Bricklayers and Tilers Company）对员工使用有缺陷的工艺导致烟囱排放"过量"烟雾进行罚款，参见 22 April 1613 GL CLC/LTG3047/1。

④ Merchant Taylors' Company Court of Assistants，5 November 1595，GL MS 34，010/3；Brewers Court Minute book，23 May 1581，Guildhall MSS 5445/6。

抱有警惕。不过这种机构的私下角色与公共角色之间的界限可能会因此变得非常模糊，类似伦敦四大律师公会（the Inns of Court）这样的自治机构便是如此。相比于其他私人房东拒绝为被认为有可能产生妨害的匠人提供租约，林肯律师公会（Lincoln's Inn）的老资格会基于安装玻璃工人产生的烟雾冒犯考虑他们的选择。① 作为自治机构，这四大律师公会也可监督成员的妨害行为。他们可就烟囱带来的侵扰问题提意见，内殿律师公会和中殿律师公会②都禁止成员在其房子里燃烧海煤。③ 这些规则掩盖了公会内部的协商过程（可能是很不平等的协商）。作为法人团体，四大律师公会的内部决定与家庭内部的决定一样私密，只是一般家庭的家长无须皇家特许授权。在这种情况下，由于消除烟雾空气采取了公共权威和私下处理这种典型方式，对烟雾妨害的规定就成为通过皇家命令进行自治的另一个实例。

　　也许，私下协商、公共权威和社会力量构建的城市烟雾处理方式最主要体现在私下协议，这些私下协议清除了大部分伦敦城区的排烟行业。17世纪中期以降，西区得到发展，新建的街道、宽阔的广场使得越来越多的乡绅和贵族在此购置房

77

① W. Paley Baildon, ed., *The Records of the Honorable Society of Lincoln's Inn. The Black Books Vol. III From A. D. 1660 to A. D. 1775* (1899), 70, 99, 101, 150, 264, 268.

② 殿堂区（the Temple），属于伦敦市中心靠近坦普尔教堂的区域，是伦敦法律机构最集中的地方，也是英国法律的中心。殿堂区分为内殿（the Inner Temple）和中殿（the Middle Temple）。——译者注

③ F. A. Inderwick, ed., *A Calendar of the Inner Temple Records Vol. II, James I. (1603) – Restoration (1660)* (1898), 126; Charles Henry Hopwood, ed., *Middle Temple Records: Minutes of Parliament Vol. III 1650 – 1703* (1905), 1059, 1355, 1361, 1362, 1364, 1393, 1395, 1406.

产，人们把此地与清新的空气联系起来。1660 年代，威廉·佩蒂说，通透的西风说明了"西区住房免于像整个东区那样弥漫着烟尘、雾气与恶臭，东区的罪魁祸首是燃烧海煤"。① 从那时起，西区相对通风，佩蒂的这种说法成为大家的常识而被接受。② 风的确起了作用，但当时人们并不相信仅仅靠风就能驱散空气中的烟雾。

因此，房产所有人常常通过租约或者建筑规约来阻止或处罚产生妨害或有害的买卖。这种限制当然不限于产生烟的制造业，恶臭、烟雾、噪音甚至交通拥挤都属城市妨害，均为开发者要尽量避免的问题。但诸如酿酒业、制铁业、蒸馏业以及肥皂厂、玻璃厂、蜡烛厂和烟斗厂，都与滚滚煤烟有着广泛的联系，通常在被禁行业名单中占据突出位置。布里奇沃特伯爵本人就在与巴比肯租户签订的租约中包括了限制这些行业的条款，甚至驱逐了一位建造铁匠铺的二级承租人，这是个特别禁止的行业。③ 除了烟斗制造业，历任荷兰伯爵（the Earls of Holland）禁止圣巴托洛缪大区附近的房产用于任何交易。④ 对古城墙内及其附近的禁止情况，我们所知不多，但显然人们认为这些禁令对构建并维持西区新建住宅空气清新的名声至关重要。因此，复辟时期之后罗素家族在考文特花园（Covent Garden）周

---

① Hull, ed. , *Economic Writings*, 41.

② Lawrence Stone, "The Residential Development of the West End of London in the Seventeenth Century," in Barbara Malament, ed. , *After the Reformation: Essays in Honor of J. H. Hexter* (Manchester, 1980), 190; Clive Ponting, *A New Green History of the World: The Environment and the Collapse of Great Civilisations* (2011), 352.

③ HALS AH 1122; Northamptonshire RO E (B) 704.

④ Holland leases, TNA E 214/40; E 214/57.

围的开发就禁止租户从事任何相关行业或建造房屋，以免其他租户受到"烟雾或臭味之烦恼"。这一条款末尾通常会列出禁止开设店铺的清单，工匠铺、制造蜡烛、制皂和酿酒均被列为有害或不受欢迎的行业。[1] 伯灵顿伯爵（the Earl of Burlington）在相当于今天皮卡迪利大街皇家艺术学院附近有块地产，他对租户也有相似的约束。莱斯特伯爵（the Sidney Earls of Leicestor）对莱斯特广场、普尔特尼家族（the Pulteneys）对位于今天皮卡迪利圆形广场北边的地产、切尼勋爵对切尔西的地产也都有同样的规定。[2]

格罗夫纳家族（the Grosvenor family）用一种略微不同的策略开发位于梅费尔（Mayfair）的地产。他们的租约没有完全禁止租户从事有害或会产生妨害的行业，而是通过提高租金惩罚造成妨害的租户，对允许任何上述不良行业的租户处以每年 30 英镑的罚金。格罗夫纳家族的租约与拉塞尔家族的有所不同，其主要禁止的内容包括"肉铺、屠宰场、蜡烛制造厂、炼脂厂、制皂厂、烟斗制造铺、酿酒厂、粮食加工厂、咖啡馆、蒸馏房、蹄铁打造铺、制锡铺、器皿加工铺、铁匠铺"。[3]与 10～30 英镑的租金相比，30 英镑的罚款还是相当高的。因此，生意异常好的店铺虽然能负担得起，但格罗夫纳家族的目的似乎与拉塞尔家族、西德尼家族、普尔特尼家族和切尼相同，即他们的地产没有烟尘、肮脏、喧嚣和忙碌的行业。

---

① LMA E/BER/CG/L22/1 - 27.

② *Survey of London：volumes 31 and 32：St James Westminster*，*Part 2*（1963），9，458；*Survey of London：volumes 33 and 34：St Anne Soho*（1966），428；TNA C 8/410/12.

③ Grosvenor Papers，Mayfair Building Agreements. 1720s – 30s，City of Westminster Archive Centre（hereafter WAC）1049/3/3/1.

通过这些限制，即私下协商和具有法律约束力的合同，富有家族试图创建适于富人的住宅区和城市文明居民活动的空间。创建一个既完全富裕又没有工业的区域不切实际，1670年代皮卡迪利的一些居民认识到了这一点，因为他们向枢密院请愿反对建造会最终占据布鲁尔街（Brewer street）的酿酒厂，但他们失败了。[①] 相比于伦敦的其他区域，甚至是英国的其他城市，伦敦西区是最规整的居住区，住着精英，没有工业。再者，它的创建完全是贵族资本家有意而为，他们通过各种方式利用私下合同排除会产生烟雾的行业，而更为理想习惯法的保护举措从来没有做到这一点。

局限与不足

私下协商，无论是以合同的形式还是通过口头交流，再加上法律的规定和地方政府的管理，给希望改善或阻止煤烟过度排放的伦敦人提供了诸多可行的途径。各法律机构和行政机构均认识到浓重的烟雾是一种公害，或者对人们的财产构成了一种威胁，这表明现代早期远远不是许多历史学者认为的环境冷漠时代。事实上，以上讨论说明针对煤烟问题，人们所采取的措施形式多样、计划各异：煤烟被写入与建筑商和租户签订的合同之中，煤烟引起了邻里冲突，煤烟迫使地方政府采取行动，煤烟表明了习惯法对竞争性土地使用的态度。于是，受烟雾困扰的居民就有了多种选择，无论是私下的还是公开的，通过机构的或是依靠个人的，采用法律手段的或是依赖非正式途

①　St James Westminster, 118－9；PC 2/63, 166, 171.

径的。再者，他们对上述措施的利用表明，国王、朝臣和知识分子意识到并反对烟雾日益浓重的城市环境。

尽管如此，上述讨论还强调，虽然因烟雾排放而引发的地方性冲突表明现代早期环境态度的一些重要面向，但也揭示了现代早期环境保护的缺陷与局限。伦敦人可以并且的确把邻居告上了法庭，但这样做既费时又费钱，且只能获得对已经发生损害的赔偿。对那些身体健康受损的人、无法负担法庭费用的人或生活在被认为适合工业生产区域的人来说，法律途径作用有限。伦敦的很多地方法院可以并且确实起诉了那些制造烟雾的人，但法官疲于惩罚城市中的盗窃、邪恶、暴力及玩忽职守行为。在这种情况下，烟雾问题常常是次要的。首都居民可以并且确实就烟雾排放问题达成私下协议，但其效果却千差万别，富人自然能够为在人口密度低、没有工业的住宅区居住支付高昂费用。但也许最重要的是，上述讨论的所有策略都是局部的、有限的，只是针对当地和具体的妨害做出的具体反应。这些策略无法应对造成整个城市烟雾污染的真正原因。伦敦人有很多办法来对付排放浓烟的邻居，却没有办法扑灭数千炉灶的火焰，那才是造成整个城市雾霾的罪魁祸首。现代早期的城市居民早在现代工业城市崛起之前的几个世纪就对自己的城市环境表现出忧虑，但没能获得任何系统改善环境的方法。

6　科学革命时期的烟雾

耆老之死

阿伦德尔伯爵是 1630 年代英格兰最有名的收藏家，仅次于国王。他与依尼高·琼斯一起到欧洲大陆旅行，两人都喜欢上了古典主义。尽管阿伦德尔伯爵没能成功获得如今装点罗马纳沃纳广场的方尖碑，但他河岸街的房子里满是古代雕塑，被称为"阿伦德尔的大理石"（Arundel Marbles），同时收藏了很多有名的现代艺术品。阿伦德尔伯爵以奠定英格兰品位的重要人物而闻名，但少有人知道他在促进伦敦地面的美观、秩序和整洁方面贡献良多。作为建筑专员，他巡查非法的城市扩张；作为御马监（Earl Marshal），他强化了骑士的品质；作为一家之主，他到法院对排放烟雾的酿酒厂提起诉讼；作为上院议员，他在 1624 年提出《酒厂法案》；作为枢密院成员，他是反对威斯敏斯特酿酒厂释放烟雾最积极的一个。①

---

① PC 2/43, 239 – 40; 2/47, 122; 2/52, 454; Malcolm Smuts, "Howard, Thomas," *The Oxford Dictionary of National Biography* (hereafter *ODNB*); Linda Levy Peck, *Consuming Splendor: Society and Culture in Seventeenth Century England* (Cambridge, 2005), 126 – 7, 168 – 71, 203 – 12; Chapter 4.

　　考虑到阿伦德尔伯爵对城市环境的兴趣，他或许认真考虑过把人和物带到肮脏的伦敦。他在国外旅行时认识了著名雕像师温斯拉斯·霍拉（Wenceslas Hollar），在英格兰旅行时又认识了一位普通的工匠托马斯·帕尔（Thomas Parr），据说此人已经152 岁。他将这个活人古董从其故乡什罗普郡（Shropshire）搬到了伦敦，并在 1635 年秋天带到宫廷献给国王。然而没过几周，"老帕尔"就死了，一个由御医组成的队伍被召集探究他的死因。据小组中最著名的威廉·哈维说，他们认为导致帕尔死亡的不是年纪太大，而是"非自然"因素的变化，尤其是伦敦的烟雾。

　　在威廉·哈维的描述中，托马斯·帕尔非常健壮。他一生都在工作，只是 130 岁之后才稍得清闲。传言帕尔在百岁以后仍保持活跃的性生活，根据哈维的鉴定，这在生理上完全可能。尽管帕尔行走时要人协助、记忆力变差、双目失明，但他能清楚地回答问题，身体也很健康。总之，他"本可以活得更长"，但伦敦之行却"干扰了这位老者的生活习性"。所谓"习性"，即指"非自然之因素"，在现代早期的医学理论中扮演着重要的角色。油腻的食物、浓烈的饮品，尤其是空气的变化扰乱了帕尔的身体。他的故乡"视野开阔、阳光和煦、空气清新"，"伦敦却缺乏这些生命珍贵之物"。哈维接着说，伦敦这座城市的"显著特征是汇集了大量的人和动物，沟渠横陈、污秽满地，更不必说硫黄烟煤的普遍使用产生了大量烟雾，导致空气太阴沉，秋季尤甚"。① 因

81

----

① Robert Willis, ed., *The Works of William Harvey*, *M. D. Physician to the King*, *Professor of Anatomy and Surgery to the College of Physicians* (1847), 590 – 1; a translation of "Anatomia Thomæ Parri annum Centesimum quinquagesimum secundum & novem menses agentis. Cum Cl. Viri Guiliullmi Harvæi aliorumque adstantium medicorum regiorum observationi-bus" in John Betts, *De Ortu et Natura Sanguinis* (1669), 317 –25, esp. 323 –4.

此，哈维"判断其因无法呼吸死于窒息，在场的医生都同意此看法，并上报国王"。可能出于帕尔不该被带到伦敦的内疚，他被葬于威斯敏斯特修道院的南向甬道，与这里的诗人和学者为邻。

著名水手诗人约翰·泰勒（John Taylor）的流行小册子《耆老》描述了帕尔的生平故事和致命的伦敦之行，对"老帕尔"的记忆也从 17 世纪流传至今。① 然而，帕尔的传奇故事似乎阻碍了医学史家和环境思想史家对其给予严肃的关注。这是很悲哀的一件事，因为帕尔死亡之日正是查理一世在伦敦和威斯敏斯特开展反烟雾过度排放运动之时，甚至很有可能对这场运动起到了促进作用。帕尔是被有毒的烟雾害死的，而查理一世也认为这些烟雾威胁到他的宫廷之美和家人健康，此观点得到了御医小组的支持。威廉·哈维认为，伦敦烟雾太重，肺部无法向心脏供氧，导致帕尔的身体很快衰竭。也许最令人担忧的是，哈维的评价是基于帕尔对城市烟雾难以适应，而不是其年事太高。如果伦敦烟雾可以这样损害帕尔的身体，那么其他初到那里的人可能也有类似的危险。查理一世的王后生于法

① John Taylor, *The Old, Old, Very Old Man* (1635). 劳德的日记记录了其在宫廷时候的外貌，但没有记录其死亡，参见 *The Works of the Most Reverend Father in God, William Laud, D. D.* (Oxford, 1847 – 60)，Ⅲ，225。一本 1722 年法语书的英译本提道："老帕尔之事，妇孺皆知。"法文原著说是詹姆士二世在流亡期间讲述了帕尔的故事，参见 Harcouet de Longeville, *Long Livers: A Curious History of Such Persons of Both Sexes Who have liv'd Several Ages, and Grown Young Again*, trans. Robert Samber (1722), 89。一份 18 世纪的古董册子说帕尔的儿子、孙子及重孙分别活到了 113 岁、109 岁和 124 岁，参见 *Additional Collections Towards the History and Antiquities of the Town and County of Leicester* (1790)，978。维基百科在 2015 年有了帕尔的页面，列举了 19 ~ 21 世纪媒体和文化方面的大量相关资料。

国，这个说法可能让他不安。因此，哈维的诊断可能助推了王室 1630 年代减少威斯敏斯特附近烟雾排放的运动。

帕尔之死及其尸体解剖结果表明，1630 年代医学水平最高的人认为城市烟雾非常危险。然而只有少数几位历史学者接受这个观点，大部分人则认为现代早期医学发现烟雾在所有的城市妨害中是危害最小的。环境史学者发现现代早期有很多关于烟雾的投诉，最重要的是约翰·伊夫林的《烟尘防控建议书》，但这份建议书更多是修辞性的，并非基于严谨的科学研究。一位现代环保主义学者驳斥了伊夫林的观点，他认为时人觉得烟雾"对健康无害"；另一位学者认为伊夫林没有产生什么影响，因为他不能用"医治科学"来支持他的说法。[①] 现代早期文化、医学和自然科学方面的专家都强调了环境因素是如何被认为对健康至关重要，但他们认为，源自古代《希波克拉底全集》"空气、水源和地域"的传统着重于气候和本地地理状况，而不是城市环境的特殊性。此外，他们还强调腐烂的有机物质和有毒化学气体才是让现代早期城市居民感到非常恶心的罪魁祸首，而不是烟雾。因此可以认为，现代早期医学和自然科学的学者都没有重视煤烟的影响。[②] 然而，文学评论家 83

---

① Thorsheim, *Inventing Pollution*, 17; Joachim Radkau, *Nature and Power*: *a Global History of the Environment* (Cambridge, 2008), 143.

② Cockayne, *Hubbub*, 229, 241; Jan Golinski, *British Weather and the Climate of Enlightenment* (Chicago, 2007), 60 – 1 *et passim*, especially chapter 5, "Sensibility and Climatic Pathology"; Glacken, *Traces on the Rhodian Shore*; Alain Corbin, *The Foul and the Fragrant*: *Odor and the French Social Imaginary* (Cambridge, MA, 1986), 66; Jo Wheeler, "Stench in Sixteenth-century Venice," in Alexander Cowan and Jill Steward, eds., *The City and the Senses*: *Urban Culture since 1500* (Aldershot, 2007), 28; Cavallo and Storey, *Healthy Living*.

却持相反的立场。他们不仅认为城市烟雾应该引起关注，而且当时自然科学的发展也说明了这一点。① 肯·希尔特纳（Ken Hiltner）已经在他的文艺复兴时期田园文学研究中明确阐述了这一点。他认为，现代早期人们清楚地"知道"烟雾有害健康，只是他们在解决烟雾问题上失败了，跟我们的类似失败有趣地雷同。②

这是两种对空气污染严重性完全矛盾的叙事。一方认为，烟雾的危害在1660年代就已成为广泛传播的知识；另一方则认为，当时的科学不怎么担心烟雾。本章的论述将与上述两者均有所不同，认为现代早期科学和医学都能够支持烟雾有害健康这一说法，只是没有确切地表明烟雾危害的程度与性质。事实上，希波克拉底派对于空气、水源和地域的关注可用于解决城市的新问题，包括空气中的烟雾。由于不良空气源自多重原因、具有多种性质、导致不同的反应，因此广义希波克拉底派的环境医学疗法是有很大差异的。最重要的是，空气本身的性质和功能在科学革命时期是一个至关重要的问题，在某种意义上甚至是唯一关键的问题，所以认为希波克拉底思想的重要性无法持续的想法是非常错误的。因此，十七八世纪煤烟常被认为是不良空气。不过这种认识随着对身体与环境的更多认识而发生改变。人们普遍发现烟雾具有医学上的危险，但似乎不是从确切论证和适用于所有人的角度来认识。

---

① Todd Borlik, *Ecocriticism and Early Modern English Literature*: *Green Pastures* (New York, 2011), 158 – 64; Diane Kelsey McColley, *Poetry and Ecology in the Age of Milton and Marvell* (Aldershot, 2007), 80 – 5.

② Hiltner, *What Else is Pastoral*? ch. 5.

含硫煤：烟雾似恶劣空气

在发现烟雾加速了帕尔死亡之时，威廉·哈维正在汲取两千年的医学知识。当时的医学知识早就认识到空气清新的重要，无论是医生还是普通人，对此都很清楚。哈维之所以名气很大是因为提出了激进的血液循环规律，不过他在其他方面的观念是非常传统的。我们无法想象两种情况，一是其他御医"证实"了哈维对帕尔的诊断，二是收到报告的查理一世对恶劣空气会杀人这个结论感到吃惊。当时最流行的医学参考书认为优良空气对健康至关重要。这些参考书对优良空气的定义是：无有害、腐烂与污染之气味，"清新而明亮……轻盈又天然"或"洁净无传染物"。[①] 这个定义的关键文本来自中世纪萨勒诺（Salerno）[②] 的养生之道，约翰·哈灵顿爵士（Sir John Harington）将其译为"空气清新又干净，养生秘诀在其中"。对于哈灵顿和许多其他遵循希波克拉底和萨勒尼（Salernitan）传统的英国信徒来说，几乎没有必要详细说明优质空气的性质、结构及其作用。[③] 到了 16 世

84

①　William Bullein, *The Government of Health* (1595), 30; Thomas Cogan, *The Haven of Health* (1634 ed.); Thomas Moffett, *Health's Improvement* (1655 ed.), 13 – 29; Tobias Venner, *Via Recta ad Vitam Longam* (1650), 1, 5. 关于意大利医学文献中的空气疗法，参见 Cavallo and Storey, *Healthy Living*, ch. 3。

②　意大利城市，世界第一所医学院在此建立。——译者注

③　*The Englishmans docter. Or, The schoole of Salerne* (1607), sig. A8. 原文为："Aer sit mundus, habitabilis ac luminosus, /Nec sit infectus, nec olens foetore cloacae." John Ordonaux, ed. and trans., *Code of Health of the School of Salernum* (Philadelphia, 1871), 56. 记有类似内容的手稿还有 BL Sloane MS 738, f. 115, Sloane 104, f. 23 – 24; Sloane 364, f. 14 – 15。意大利的医学作者撰写了大量有关 16 世纪和 17 世纪早期空气的著作，参见 Cavallo and Storey, *Healthy Living*, 70。

纪后期，优质空气对公共卫生的重要性早已成为共识，即便人们对优质空气的详细功用关注有限，这些关注的来源也很容易找到。诗人兼小册子作家托马斯·德克尔，很可能还包括很多他的读者，都担心"地窖、粪堆和墓地的死水洼或中空处、沼泽地、肮脏兽穴"会散发有害气体。①

将烟雾空气置于这种很常见但又不清楚的假设之中并不困难，也无须专门的医学知识。1624 年《酒厂法案》的条文提到伦敦和威斯敏斯特是"健康与稳固"的，而称煤烟"不健康与有违道德"。② 1630 年代，枢密院的记录同样认为酿酒烟雾"可能威胁"王室成员的"健康"；1660 年代再次认为当地的烟雾排放会对国王和王后的"健康不利"。③ 17 世纪下半叶的法律文书称煤烟"含有硫黄""可致腐败""肮脏难闻""有损健康"。④ 此外，习惯法明确规定劣质空气对身体健康造成的损害是起诉妨害的条件之一。⑤ 在 18 世纪的案件中，被告对妨害起诉反驳说，烟雾废气在医学上是无害的，以此回应法律意义上的妨害与烟尘雾气损害健康之间的密切关联。⑥ 前面两章的多数讨论都或隐或显地将煤烟视为妨害，也论及煤烟对健康的损害。换句话说，正是通过这种医学上的威胁，煤烟

85

---

① Thomas Dekker, *Newes from Graues-end Sent to Nobody* (1604), sig. C3v.

② "An Act concerning brewhouses in and about London and Westminster" PA HL/PO/JO/10/4/1.

③ TNA PC 2/43, 239；2/57, 188.

④ TNA KB27/1754, r. 282；*King v. Brooks*, 30 Charles II (1678), Tremaine, Rice, and Vickers, *Pleas of the Crown*, sub. "Indictments and Informations for Nuisances".

⑤ *The Gentleman's Assistant*, *Tradesman's Lawyer*, *and Country-Man's Friend* (1709), 165.

⑥ Oldham, *Mansfield*, 887 – 8.

才成为法律上的妨害。虽然烟雾有损健康在法律上有特定的含义，但烟雾可致人患病这类断言自然就不限于起诉、法律文书或任何其他文类。相反，现代早期的书信常常抱怨城市烟雾有损健康。詹姆斯·豪威尔 1625 年写道："唯愿远离伦敦污浊的空气，到此处呼吸香甜的空气。"十七八世纪的很多人都认为，即使没有专门的医学知识，也可以毫无疑问地断定伦敦的空气有损健康。①

因此，人们无须医学培训也能明白煤烟有损健康。但是，现代早期医学理论和自然科学的变化对认识烟雾具体如何作用于身体影响深刻。空气的性质、呼吸的功能及其过程得到深入研究，致使哈灵顿对优质空气简洁而又具有格言警句式的定义显得模糊而又不足。新的观点、研究方法、论证工具、表述方式，常被贴上"科学革命"的标签，改变了煤烟造成了劣质空气的说法。对空气的新看法，尤其是那些基于炼金术、机械物理学的看法，使得医生、哲学家及其信徒能够对烟雾如何威胁健康及何种威胁做出新的、具体的阐述。

所有阐述中最重要的一个是，炼金术理论通过硫黄的实体与概念来讨论煤烟。威廉·哈维用"含硫"一词描述煤烟的性质，这个术语因为在现代早期含义复杂而需要验证。纽卡斯尔煤炭确实含硫量很高，现代早期的人们对硫并不陌生。但是，阅读每一篇关于含硫空气的文献以作为对这种硫和煤烟的参考，就会错失更广阔的学术对话，不仅将硫黄这种黄色物质

---

① James Howell, *Epistolæ Ho-Elianæ. Familiar letters*, *Domestick and Foreign* (1705 ed.), 156.

视为制作火药的原料。① 根据炼金术理论，硫黄是现代早期炼金术哲学家用以解释物质形成的三种主要材料之一，其可燃性有助于解释热能与动能间的转换。这种炼金术观点虽源自千年来的阿拉伯语词、拉丁语词与亚里士多德哲学的交融，但是在十六七世纪生成并成为主流观点。科学史学者最近的著作认为这种炼金术传统在现代早期科学中处于中心地位，并论证了波义耳、牛顿和其他人完全可以称为炼金术的实践者。② 因此，现代早期的医生和哲学家称呼煤烟为"含硫的"物质时，他们已经处于思想的前沿，深入探讨了物质的性质、转化变异过程以及空气成分作用于人体的方式。

人们普遍接受的观点是，煤本身含有丰富的硫黄，因此煤烟就含有硫黄。③ 约翰·伊夫林曾抱怨说，伦敦的空气本来是纯净和宁静的，现如今却"满是硫黄烟雾"，导致遮挡了阳光。"硫黄煤烟，恶臭难闻，带来黑暗"，这对伊夫林来说不仅是医学上的，也是审美和政治方面的问题。他描述了"恶

---

① 现代早期"硫黄"与该元素等同，参见 Hiltner, *What Else is Pastoral?* ch. 5; Brimblecombe, *The Big Smoke*; Barbara Freese, *Coal: A Human History* (Cambridge, MA, 2002), 27; Richards, *The Unending Frontier*, 235。

② 最近的研究成果有 William R. Newman, *Atoms and Alchemy: Chymistry and the Experimental Origins of the Scientific Revolution* (Chicago, 2006); Bruce T. Moran, *Distilling Knowledge: Alchemy, Chemistry, and the Scientific Revolution* (Cambridge, MA, 2006); Lawrence Principe, *The Secrets of Alchemy* (Chicago, 2013)。

③ 关于硫黄煤的论述，参见 Simon Sturtevant, *Metallica* (1612), 105; Gerald Malynes, *Consuetudo, vel lex mercatoria, or the Ancient Law-Merchant* (1622), 49; Robert Hooke, *The Posthumous Works of Robert Hooke* (1705; reprint, New York: Johnson Reprint Corporation, 1969), 46 – 56; Dud Dudley, *Metallum Martis OR, IRON Made with Pit-coale, Sea-coale*, &c. (1665), 10 – 11; George Sinclair, *Natural Philosophy Improven by New Experiments* (Edinburgh, 1683), 212。

劣而密集"的烟气如何进入呼吸道，再到肺部，然后进入心脏及"要害部位、血管、灵魂与情绪"。[1] 尽管有人声称伊夫林的论点缺乏医学上的权威性，但伊夫林不仅学习了医学和化学，《烟尘防控建议书》还吸取了几位同时代学者的观点，他们都是通过化学分类与假设来理解烟雾。[2] 除了希波克拉底、阿维森纳（Avicenna）和帕拉塞尔苏斯（Paracelsus）之外，伊夫林还引用了艺术家柯纳尔姆·迪格比（Kenelm Digby）的观点。迪格比是当时巴黎炼金术界响当当的人物，他将伦敦人呼吸困难的原因归结为煤烟的化学属性。[3] 伊夫林还声称与皇家医学院的成员讨论过烟雾的作用，而且有一个边注详细说明了他所提到的硫黄应该是一种"明显毒性很重的气体"。[4] 对于一流医学专家和自然科学家托马斯·威利斯（Thomas Willis）来说，这种说法可能是一种迁就。威利斯强调含硫煤烟对有些患者有益，对有些患者有害。他还说："化学家刚刚报告说，硫黄对肺具有安慰之功效。"因此，当许多肺结核患者"急于将城市烟雾排放到农村"时，威利斯则反其道而行，并解释说"有人视城市为地狱而避之，而有人视城市为庇护

87

---

① Bédoyère, *Writings of Evelyn*, 131, 143.

② 有关伊夫林的医学、化学及自然科学的研究及其关联的讨论，参见 Gillian Darley, *John Evelyn: Living for Ingenuity* (New Haven, 2006)。

③ Bédoyère, *Writings of Evelyn*, 143; Kenelm Digby, *A Late Discourse made in a Solemne Assembly of Nobles and Learned Men at Montpellier in France* (1658), 39 – 41; Betty Jo Dobbs, "Studies in the Natural Philosophy of Sir Kenelm Digby," *Ambix* 18 (1971), 1 – 25; Lawrence Principe, "Sir Kenelm Digby and His Alchemical Circle in 1650s Paris: Newly Discovered Manuscripts," *Ambix* 60:1 (February 2013), 3 – 24.

④ Bédoyère, *Writings of Evelyn*, 140.

而趋之"。① 不过其他医学专家更接近伊夫林的立场。吉迪
恩·哈维（Gideon Harvey）1666 年的著作与伊夫林的观点一
致，"含硫煤烟"对肺有害，认定肺病为流行病，即所谓的
"英国病"。② 这些相反的立场似乎与硫黄的作用关系不大，而
更多地与其基本特性有关。正如伊夫林强调的那样，硫的种类
很多，对人体的影响也各不相同。

虽然硫黄很突出，但化学概念似乎还可以用在其他方式中
用于解释煤烟的影响。③ 约翰·伊夫林在断定伦敦烟雾的含硫
性质之后，还怀疑烟雾含有"砷气"，荷兰医生和圣经学者阿
诺德·博特（Arnold Boate）也提出了同样的疑问。按照博特
的说法，煤导致的呼吸系统疾病"不仅因为吸入了过量煤烟，
还因其本身有毒。所有地下燃料均有某种毒性或含砷之气体，
可迅速损害挖掘者的健康，使用者也渐受其害"。这种说法令
人忧虑，该物质在地下可产生"有毒气体"并导致矿工猝死，
而类似暴露于煤的"毒性或砷性"的伦敦人也在缓慢地受其
毒害。④ 有人强调说，烟雾的危害源自其含盐的特性。迪格比

① Thomas Willis, "Pharmaceutice Rationalis: Or the Operations of Medicines in Human Bodies. The Second Part," in *Dr. Willis's practice of physick* (1684), 32 – 3, 40.

② Gideon Harvey, *Morbus Anglicus: or, The Anatomy of Consumptions* (1666), 166 – 7. 另见 Gideon Harvey, *The Art of Curing Diseases by Expectation* (1689), 104.

③ 有关烟雾硫黄特性的探讨，还可参见 Ralph Bohun, *Discourse of Winds* (1671), 202; Thomas Tryon, *Miscellania: or, A Collection of Necessary, Useful, and Profitable Tracts* (1696), 105; Tryon, *Monthly Observations for the Preserving of Health with a Long and Comfortable Life* (1688), 36, 66。

④ Arnold Boate, "To the Second Letter of the Animadversor," in *Samuel Hartlib, His Legacy of Husbandry* (1662), 138. 有关煤烟的"毒性"，参见 Dud Dudley, *Metallum Martis* (1665), 61。

认为烟雾具有潜在的危害是因为"含有大量可挥发之盐"，吉迪恩·哈维也认为煤含有"盐性腐蚀之雾气，似有盐氨，可吞噬肺部软组织与小静脉，并最终使其溃烂"。① 最后，波义耳提示道："那些数不清的炉中之火产生了大量含盐烟雾。"②

有人认为煤烟的重量所产生的机械效应也是有害的。炼金术理论更喜欢这类解释。例如，阿奇博尔德·皮特克恩（Archibald Pitcairn）是一位苏格兰医师，也是莱顿很受来自英格兰的医学生欢迎的教授，他反驳了托马斯·威利斯对烟雾性质的化学解读。他认为，威利斯"以硫黄烟雾做文章只会使问题复杂化"，真正的解释应基于"已知的重力属性，海煤的颗粒通过烟雾进入空气，比草木中之颗粒更重"。③ 然而，化学和物理学方法捍卫者之间的这种争论可能没有折中主义那么普遍。波义耳是在讨论以作为"溶剂"的空气为语境时，提及烟囱之火会产生含盐烟雾，即各种相互作用的成分组成的混合物，其作用的方式与"可压缩与扩张"的特征相符，他的气泵实验成功地验证了这一点。④ 柯纳尔姆·迪格比融合了机

---

① Digby, *A Late Discourse*, 38 – 9; Gideon Harvey, *Morbus Anglicus*, 166 – 7.

② Robert Boyle, "The General History of Air," in Michael Hunter and Edward B. Davis, eds., *The Works of Robert Boyle* (2000), XII, 31. 波义耳还认为，在化学实验室使用"大量坑道煤烟，令人极其厌恶"，参见 Robert Boyle, *Some Considerations Touching the vsefulnesse of Experimental Naturall Philosophy* (1663), 176。

③ Archibald Pitcairn, *The Whole Works of Dr. Archibald Pitcairn* (1727), 126 – 7; Anita Guerrini, "Archibald Pitcairn," *ODNB*.

④ Robert Boyle, "General History of Air," 12. 波义耳对空气微粒子理论的讨论，参见 "An experimental discourse of some little observed causes of the insalubrity and salubrity of the air and its effects," Hunter and Davis, eds., *The Works of Robert Boyle*, X, 314。波义耳的机械情况，参见 Michael Hunter, *Boyle: Between God and Science* (New Haven, 2010), 116 – 8。

械学和化学的解释，而一位给约翰·洛克（John Locke）写信的人称伦敦的"浓"烟对洛克的哮喘病产生了不良影响，这个人拥护基于化学的呼吸理论。① 在对结核病进行的开创性研究中，理查德·莫顿（Richard Morton）认为煤烟既阻止了血液的必要流动，也"堵塞"并阻碍了肺部的活动。②

89 　　18 世纪初，人们在讨论煤烟有害性时越来越多地使用物理学和化学的解释。例如，托马斯·富勒（Thomas Fuller）的一篇医学论文讨论了烟雾空气的压力与重量的问题，认为肺是被硫黄原子的形状所损害，因为硫黄原子具有"酸性尖点与棱角"。③ 著名医生乔治·切恩（George Cheyne）对伦敦"普遍存在之亚硝与硫黄烟雾"进行了物理和化学评估。④ 医生约翰·伯顿（John Burton）也认为，在"大城市"（英格兰恰好有一座城市）中，"无数煤火"既会给肺部"增加负荷"也可剥夺肺部的"勃勃之气"或"含硝气之颗粒"，长期以来人们相信化学药物可以解释呼吸的作用。⑤ 有本长期被误认为是著

---

① E. S. De Beer, *The Correspondence of John Locke* (Oxford, 1976 – 89), vol. Ⅲ, 592; Jonathan Walmsley, "John Locke on Respiration," *Medical History* 51 (2007), 453 – 76.

② Richard Morton, *Phthisiologia*, *or*, *A Treatise of Consumptions Wherein the Difference*, *Nature*, *Causes*, *Signs*, *and Cure of all Sorts of Consumptions are Explained* (1694), 66, 246.

③ Thomas Fuller, *Exanthematologia*: *Or*, *An Attempt to Give a Rational Account of Eruptive Fevers* (1730), 85 – 6.

④ George Cheyne, *The English Malady*: *or a Treatise of Nervous Diseases of all Kinds* (1733), 38 – 9; George Cheyne, *An Essay of Health and Long Life* (1745 ed.), 11.

⑤ John Burton, *A Treatise on the Non-Naturals. In which the Great Influence They have on Human Bodies is Set Forth*, *and Mechanically Accounted for* (York, 1738), 63 – 5.

名牛顿派学者约翰·德萨古利耶（John Theophilus Desaguliers）
作品的匿名小册子，谴责河岸街附近蒸汽泵排放的烟雾浓密且
含有硫黄颗粒。[①]

整个现代早期阶段，英国人对空气的医学特性进行了最充
分的诊断，这类描述也达到了顶峰。1733 年，在《论空气对
人体之影响》中，知名医生兼著名的文学讽刺作家约翰·阿
尔布斯诺特（John Arbuthnot）把希波克拉底的方法与波义耳、
斯蒂芬·黑尔斯（Stephen Hales）、赫尔曼·波尔哈夫（Herman
Boerhaave）以及皇家学会秘书詹姆斯·尤林（James Jurin）近
期对空气成分和化学的研究进行了整合。与同时代的乔治·切
恩和托马斯·富勒一样，阿尔布斯诺特将化学分析法应用于空
气结构研究，将机械物理学应用于空气对肺部功能影响的研
究。他声称，"城市充满了燃烧时会释放硫黄气体的燃料，因
而那里的空气对肺不好，不像乡村空气那样"，这些燃料既削
弱空气的弹性，又损害肺部健康。[②] 他同样认为哮喘患者应避
免接触城市燃料产生的烟雾，因其"可能导致窒息"，也会因
"呼吸不畅"引发各种疾病。[③] 阿尔布斯诺特的研究完善了波
义耳的"空气通史"计划，该计划尝试以培根精神来区分引
发多种变化的原因和原理。约翰·哈灵顿对萨勒诺养生之道的
翻译使得对空气进行的医学与哲学研究有了长足的进步。如果

90

---

① *The York-Buildings Dragons* (1726), 6 – 7. 对其作者身份的质疑，参见
Audrey T. Carpenter, *John Theophilus Desaguliers: A Natural Philosopher,
Engineer and Freemason in Newtonian England* (2011), 138 – 40。

② John Arbuthnot, *An Essay Concerning the Effects of Air on Human Bodies*
(1733), 208.

③ John Arbuthnot, *An Essay Concerning the Effects of Air on Human Bodies*, 108,
215 – 6.

1600 年人们只能用一两句诗来解释空气的话，那么到 1730 年代，约翰·阿尔布斯诺特怕是要用 200 页以上的篇幅才能说得清楚。

随着对人体、呼吸和空气性质的认识发生了变化，对煤烟的结构、活动规律和意义的认识也随之改变。约翰·伊夫林对城市烟雾的关注并不孤单，相反，十七八世纪许多著名哲学家和医生也对新的城市环境与人体之间的关系进行了认真思考。他们在不同程度上、以不同的方式分担着伊夫林对城市烟雾的忧虑，但这并不意味着他们赞同将伦敦从伊夫林所谓的"烟雾和硫黄笼罩"中解放出来。① 虽然这些作者观察到烟雾具有破坏性或危害性，但他们的想法很包容、有针对性。他们发现，煤烟并非对每个人来说都是严重的问题。

约翰·伊夫林与同代人之间的这种差异部分源于他们这些文本的产生和理解的条件不同。《烟尘防控建议书》的出版历史表明，其出版发行并非出于商业目的，仅在小范围内流通，原本只是给国王的上书。② 相比之下，吉迪恩·哈维、乔治·切恩或约翰·阿布斯诺特这样的医生则是为需要治疗建议或防止特定疾病的公众而书写。因此，这类书籍是从治疗疾病、强调其对特定医疗条件的重要性这个角度处理烟雾空气话题的。这类文献往往把烟雾与呼吸系统疾病，尤其是哮喘和结核病联系起来。例如，据吉迪恩·哈维的观察："远眺清晨之伦敦，

---

① Bédoyère, *Writings of Evelyn*, 131.
② Peter Denton, "'Puffs of Smoke, Puffs of Praise': Reconsidering John Evelyn's *Fumifugium* (1661)," *Canadian Journal of History* 35 (2000), 441 – 51. 其中得出了一个异常的结论：国王是《烟尘防控建议书》的目标读者，因此历史学者应忽略其内容。

仿佛淹没在黑云中，整日烟雾重重。"这些话出现在一本书
中，该书主题是分析为什么结核病是英格兰人特有的疾病。①
伦敦空气给哮喘患者带来的烦恼变得众所周知，查理二世的王
室外科医生说，连国王的病（淋巴结核病）也因城市烟雾加   91
剧了。② 疾病与疾病之间被认为没有关联，每一种疾病都有自
己的名称，其病因也不尽相同，在这样一个医学传统中，煤烟
却多次被认定为是一定范围内疾病的成因。

因此，人们经常议论说，伦敦的烟雾对有些人是个问题，
也意味着其他人不在意。例如，医生约翰·伯顿在 1730 年代
说，只要离开城市到乡村去呼吸新鲜空气，人人都会"兴高
采烈"，但只有肺部功能衰弱的人才会对城市的"煤火与恶
臭"真正感到遭罪。③ 著名医生乔治·切恩同样强调，煤烟尤
其会威胁到那些"柔弱之人及神经系统失调或患肺部疾病之
人"，但却忽视了烟煤对其他人的影响。④ 有些人甚至声称生
活习惯和使用方法可使大部分伦敦人免受烟雾环境的损害。外
国游客特别提到这一点，一旦他们对烟雾习以为常，其影响也

① Harvey, *Morbus Anglicus*, 166; Morton, *Phthisiologia*, 66, 246; Josiah Tucker, *Instructions for Travellers* (Dublin, 1758), 17.
② 关于哮喘的论述，参见 John Pechey, *The Store-House of Physical Practice* (1695), 128; Richard Brookes, *The General Practice of Physic* (1754), 300 – 1, 319 – 20; Willis, Pharmaceutice Rationalis', 78 – 84, esp. 81; Pitcairn, *The Whole Works*, 126 – 7; Tucker, *Instructions*, 17; John Hill, *The Old Man's Guide to Health and Longer Life: With Rules for Diet*, *Exercise*, *and Physick* (Dublin, 1760), 52。关于淋巴结核的论述，参见 Richard Wiseman, *Severall Chirurgicall Treatises* (1676), 255。
③ Burton, *A Treatise on the Non-Naturals*, 64 – 5.
④ Cheyne, *Essay of Health and Long Life*, 11; Tryon, *Monthly Observations*, 36.

会随着时间的流逝而减弱。① 有一篇短文论述了老人的非天然属性，其中同样指出，虽然伦敦的烟雾空气既不纯也有害，但"欲在六七十岁仍然健康，切勿离开伦敦，如此方能延年益寿。人言使用方法是第二天性，使用本身可变为天然之性"。② 约翰·阿尔布斯诺特对这些不同的观点做了一个很好的总结。他说，伦敦的烟雾空气对婴童"不利"，结核病和哮喘病患者应到乡野去，一般来说烟雾空气会使"紧张"状况升级。然而，由于他认为"忍受人为排放之空气（如城市之空气）为习惯之结果"，所以没有迹象表明阿尔布斯诺特（他本人有时住在伦敦）曾彻底谴责过伦敦的环境。③ 习惯的力量使"其本身成为自然"，意味着对持此观点的人来说，还可能对许多的患者和读者来说，伦敦的烟雾只是对老弱病残有害。而对于健壮和健康的成年人来说，有理由认为烟雾不会对健康构成严重威胁。

92　　　　然而，十七八世纪无论如何都很难弄清楚空气与疾病之间关系的详细情况。按照几位重要理论家和实践家的观点，医学研究还不清楚空气与疾病之间的真正关系。这个议题比较宽泛，但其关注点主要集中在地下臭气或者植物气味的影响，而不是人为形成的城市氛围。但这个议题的一个关键点是强调普遍的无知状态。最具权威的实证医学家托马斯·西登汉姆

---

① *M. Misson's Memoirs and Observations in his Travels over England* (1719), 38; *Kalm's Account*, 138 – 9.

② John Hill, *The Old Man's Guide to Health and Longer Life: With Rules for Diet, Exercise, and Physick* (Dublin, 1760), 20 – 1; Humphrey Brooke, γΓΙΕΙΝΗ, *or a Conservatory of Health* (1650), 66 – 8. 习惯作为第二天性的观点得到了性情古怪的医学作家托马斯·特莱恩（Thomas Tryon）的强烈推崇，参见 Thomas Tryon, *Tryon's Letters upon Several Occasions* (1700), 5。

③ Arbuthnot, *Essay*, 208 – 9.

（Thomas Sydenham）这样写道：

> 我竭尽全力观察了若干年来的气候，以了解空气之品质，从中或可知各流行疾病之病因，尽管我尚未获得答案……然众多年份气候之结构既非源自酷热亦非来自严寒，既非湿润之因亦非干旱之由，而是发生于地球深处隐秘而又难解之变化。[1]

要想理解如此"隐秘而又难解"的行为，最好的方式就是勤奋地撰写天气日志。详细地记录天气以及公共卫生信息，被认为是 1650 年后的整个一百年里非常重要的课题。这些方式在 17 世纪为皇家学会成员所倡导，如罗伯特·波义耳、罗伯特·胡克、约翰·洛克、克里斯托弗·卢恩（Christopher Wren）、罗伯特·普拉特（Robert Plot），在 18 世纪得到了皇家学会秘书詹姆斯·尤林和约翰·阿尔布斯诺特的支持。[2] 尽管得到热情支持，他们仍不断强调当时还处于无知的状态。1733 年，阿尔布斯诺特依然建议这样的日志可以给未来做出有效的预测提供依据，但这与 70 年

[1] John Pechey, ed. and trans. , *The Whole Works of that Excellent Physician*, *Dr Thomas Sydenham* (1696), 4 – 5.

[2] *The Hartlib Papers* 2nd ed. (Sheffield, HROnline, 2002) [hereafter HP] 26/56/2B; included in Boyle's *General History of the Air*, Hunter and Davis, eds. , *Works*, XII, 48 – 56; Jackson I. Cope and Harold Whitmore Jones, eds. , *History of the Royal Society by Thomas Sprat* (St Louis, 1959), 175 – 7; *Life and Works of Sir Christopher Wren. From the Parentalia or Memoirs by His Son Christopher* (1903), 52 – 5; Golinski, *Weather*, 55, *et passim*; Andrea Rusnock, "Hippocrates, Bacon, and Medical Meteorology at the Royal Society, 1700 – 1750," in David Cantor, ed. , *Reinventing Hippocrates* (Aldershot, 2002), 136 – 53.

前波义耳和洛克的建议没有多少不同。① 因此，在他们获得支持的第一个世纪里，天气日志和医学上针对空气的有效知识依然缺乏而又难以获得。因此在十七八世纪，医学上空气对人体影响的认识变得更加复杂，在这个过程中降低了对确定性的要求。证实无限范围的空气与同样复杂多样的疾病和健康之间的关联，这种探索很难将病因归咎于诸如城市烟雾这样的个别因素。通过人口学的发展历程，可以清楚看到这种不确定性的增长。在这门新学科中，煤烟一开始是阐述的中心，后来才渐成边缘。

环境人口学的衰落

十七八世纪新科学相关的发展与城市烟雾有关，人口学在很多方面能够提供令人信服的证据。毕竟人口学的基础理论强调了煤烟是破坏伦敦气候的特别因素，这一发现意味着现代早期的人们"知道"什么样的污染会影响公众的健康。肯·希尔特纳（Ken Hiltner）认为，约翰·格朗特（John Graunt）的开拓性研究"提供的统计数据证明了海煤烟与呼吸道疾病之间的关联"。② 仔细分析格朗特及追随他的人口统计学家的数据，让人更加相信两者确有关联。煤烟确实是格朗特解释人口数据的组成部分，但他的创新统计推理并没有直接证明伦敦的煤烟与预期寿命较短之间存在关联，他对这个关联的断言也没有得到之后人口统计学家的普遍认可。

约翰·格朗特在其 1662 年出版的著作《自然与政治观

① Arbuthnot, *Essay*, 233；Golinski, *Weather*, 150.

② Hiltner, *What Else is Pastoral*? 101.

察》（*Natural and Political Observations*）中对人口学这门新科学进行了介绍。他分析了旨在警示瘟疫流行的《死亡统计周报》（*Bills of Mortality*），对农村教区与城市教区比较后发现伦敦的人口死亡率和出生率与农村教区不同，这使他意识到《死亡统计周报》中的数字背后不只是瘟疫问题。他发现伦敦人均后代数量较少，因此城市居民应该总体上身体不佳，否则城市的低生育率应该从道德或社会方面进行解释。于是格朗特采用常见的现代早期新希波克拉底假设，将健康和疾病的本地化体制与当地空气联系起来。① 这一传统通常强调本地地理空间中空气的自然产生，但对于格朗特而言，烟雾是将伦敦环境与其他环境进行区分的关键特征，他将哈克尼、纽因顿（Newington）这样的伦敦郊区"乡村教区"与"城里最烟雾弥漫的区域"进行了比较。② 与其他强调生活习惯重要性的人一样，他认为，虽然"已经习以为常的身体"可以忍受伦敦的环境，"但比之于乡村，新来者与幼童却无法适应此处之烟雾臭味"。③

94

对于约翰·格朗特来说，烟雾导致城市健康普遍恶化，但他也引入了其他因素，让情况变得更复杂。城乡不同的生育模式还可以从道德和社会方面进行解释。首先，因为伦敦的人口更具季节性和较多的临时旅客，因而"生育人口"比其他地方更少。那

---

① 有关希波克拉底学派的传统及其对英国影响的讨论，参见 Andrew Wear, "Place, Health, and Disease: The *Airs*, *Waters*, *Places* Tradition in Early Modern England and North America," *Journal of Medieval and Early Modern Studies* Fall 2008, 443–65。

② John Graunt, *Natural and Political Observations Mentioned in a Following Index, and Made upon the Bills of Mortality* (1662), 45.

③ John Graunt, *Natural and Political Observations Mentioned in a Following Index, and Made upon the Bills of Mortality*, 46.

些"与宫廷或法庭有业务往来的人,以及所有来到城市提供所需物品,或来购买外国商品、制成品、稀有商品的乡下人大部分都将妻子留在乡下"。伦敦的水手在出海时也离开了妻子,还有一些人"出于好奇和好玩"来到伦敦,或为了"治病",或者来当学徒。① 伦敦作为首都、商场、港口,形成了一种独特的社会特征,其中定居的人和同居的夫妻很少,而流动或独身的人很多。

此外,独身的另一面是损害了生育。认为伦敦人口的结构特征可能使"生育人口"减少的同时,约翰·格朗特还认为伦敦的一些行为因素导致了英格兰的"低生育率"。在这里,伦敦的空气被放在一边,并没有当作低生育率的原因,而"饮食无节制,纵情声色的行为比其他地方更常见,必使人口之繁殖受到阻碍。承认与十男子私通之妇女为承认孩子为其所生养之妇女十倍有余"。他还说,农村男性主要从事体力劳动,而伦敦男性却满脑子想着"做生意",如此"内心的焦虑"进一步阻碍了生育。对于格朗特而言,烟雾空气是导致伦敦人死亡的主要原因,但无法生育则是其他的因素导致的,包括居无定所、沉溺酒色和焦虑。②

事实上,烟雾空气的负面影响得到了进一步证实,尽管约翰·格朗特认为烟雾以某种方式减轻了瘟疫对伦敦的最坏影响。在正常年份,烟雾、烟气和臭气增加了正常年份死亡率,但与农村教区相比,也有助于降低瘟疫死亡的比例。因此,伦敦的空气似乎"更平等,而非更健康"。格朗特称这是新情况。

---

① John Graunt, *Natural and Political Observations Mentioned in a Following Index, and Made upon the Bills of Mortality*, 45.

② John Graunt, *Natural and Political Observations Mentioned in a Following Index, and Made upon the Bills of Mortality*, 46.

在快速增长的 17 世纪前，伦敦的人口与农村不相上下，这使　95
格朗特怀疑大城市是否必然是不健康的。

> 吾以为当今的伦敦较之以往更加不健康，部分因为其
> 人口增多，更是因为，据闻 60 年前此处少有人燃烧海煤，
> 而今则已非常普遍。又闻纽卡斯尔比其他地方更为恶劣。
> 伦敦空气不良，众人难以忍受，不仅因为令人不悦还因为
> 可致窒息。①

格朗特由此总结道，伦敦的发展是由农村移民驱动，这意味着
首都总体来说是英格兰其他地方人口流失的原因。总而言之，
格朗特认为煤烟不仅是主宰伦敦，也是主宰英格兰人口结构和
趋势的核心因素。但他仔细考察了决定人口趋势的众多因素，
除了公共卫生之外，还有性行为、家庭形成等，意味着在他的
文本中，伦敦独特的肮脏空气的总体重要性也有些含糊不清。

这些含糊不清的因素被后来的人口统计学者放大了。对于
他们来说，新希波克拉底派的解释对伦敦人口趋势的影响没有
那么大。② 在 1690 年代后期，后革命时代的财政军事体制促使人

---

① John Graunt, *Natural and Political Observations Mentioned in a Following Index, and Made upon the Bills of Mortality*, 70.

② 威廉·佩蒂被遗漏了，他是一位技艺超群的知识分子，喜欢将医疗科学与治理艺术相结合。虽然他观察到伦敦精英迁入西区以逃避煤烟所带来的"烟雾、烟气及臭气"，并在 *Journal des Sçavans* 杂志上刊文评论威廉·格朗特对伦敦"烟雾"的解释，但他的人口统计研究对烟雾的影响毫无兴趣。参见 *Le Journal des Sçavans*, 2 August 1666, 359 – 70；Hull, ed., *Economic Writings*, 41。有关佩蒂对医学及炼金术的重要看法，参见 Ted McCormick, *William Petty and the Ambitions of Political Arithmetic* (Oxford, 2009)。

们重新关注人口统计学，尤其是政府官员格雷戈里·金（Gregory King）的言行。在与政治家罗伯特·哈利（Robert Harley）的交锋中，金支持格朗特的立场，认为伦敦"不健康的煤烟"降低了生育率。哈利则对此表示反对，指出"几位观察家"告诉他纽卡斯尔的烟比伦敦还要糟糕，但那里的郊外教区却"孩子多得惊人"。金则直接援引格朗特的话予以回应。他重申，煤炭在伦敦本来就被认为是一种妨扰，因此由一般的法律所限制，他还进一步争辩说纽卡斯尔其实是"不利健康"的。金无法举出证据证明纽卡斯尔的烟对健康有害，因此他建议人们可以"吃些苦"用可靠的数据来确定纽卡斯尔人口的真实状况。将纽卡斯尔与"其他燃烧海煤很少，甚至不燃烧海煤的大市镇相比"会得到有意义的数据，但这样的工作尚未完成，金只好退而借用许多伦敦人对烟雾忍无可忍、普遍"不堪"的经历。

迫于罗伯特·哈利的压力，格雷戈里·金也承认，烟雾只是城市受孕率较低和伦敦儿童存活率低的五大原因之一。尽管有这些附加说明，金还是得出结论："我的观点非常清楚，烟雾令众多幼儿窒息受害，兴许在纽卡斯尔情况有所不同，彼处空气更加刺鼻，其城市面积不过伦敦的 1/50，建筑物密度亦不甚大。"[1] 总之，即使金知道威廉·格朗特的依据存在一些问题，但他还是重申了格朗特的伦敦烟雾具有恶性影响的主张。最值得注意的是，仅仅是纽卡斯尔的人口统计数据就可能与伦敦有差异，这足以促使金提出与他强调城市环境作用不同

---

① D. V. Glass, "Two Papers on Gregory King," in D. V. Glass and D. E. C. Eversley, eds., *Population in History: Essays in Historical Demography. Volume I: General and Great Britain* (1965), 159–220.

的论点。当然，金也指出纽卡斯尔的人口统计数据尚未收集。

如果说在罗伯特·哈利的压力下，格雷戈里·金未能证实烟雾的重要性，那么1690年代伟大的政治算术学家[①]达芬南（Charles Davenant）同样搞不清也就不足为奇了。达芬南在1699年撰写的《论成为贸易差额赢家的可行性》采用了他们关于煤炭烟雾的论点，但他把这些观点与其他可能导致低出生率的解释放在一起，而没有评论孰轻孰重。[②] 达芬南与威廉·格朗特的表述一样，把煤烟列为其中原因之一，同时还包括淫乱私通、奢侈生活以及商业焦虑。尽管格朗特强调烟雾空气的重要性，但达芬南并未对城市人口的主要影响因素进行区分。因此达芬南和金这两位1690年代最雄心勃勃的人口统计学者重复着格朗特的观点——烟雾空气正在夺走伦敦人的生命，但他们几乎不相信格朗特最终证明了这一点。

1733年，约翰·阿尔布斯诺特在其《论空气对人体之影响》中提出了一个比威廉·格朗特观点更有限的版本。虽然他很擅长运用人口统计技术，但他的文章分析的是人体而非人口，他的关注更多的是从医生和自然科学家出发，而不是政治算术学家。[③] 虽然文章没有使用人口统计学的方法，但确实回应了格朗特的观点，即城市空气对"新来的人"尤为有害。他说：

———————

[①]　政治算术学家（political arithmetician），指17、18世纪专门以政治单元，如民族或国家研究经济和人口统计的学者。——译者注

[②]　Charles Davenant, *Essay Upon the Probable Methods of Making a People Gainers in the Ballance of Trade* (1699).

[③]　有关预防接种争论中约翰·阿尔布斯诺特使用的数据，参见 Rusnock, *Vital Accounts*, 46-9。

城市空气对婴儿与幼童不利。任何动物只适应呼吸新鲜、自然、自如之空气；对（诸如城市）人为空气之容忍不过是习惯使然，而幼小动物尚未习得此习惯。伦敦未及两岁幼童之死亡率并非完全因为缺乏营养，亦非养护不周。[1]

因此，约翰·阿尔布斯诺特捍卫了格朗特的环境观点，除此之外还反驳了伦敦婴儿死亡率高是由于家庭贫困、父母养护不周或忽视养护的观点。

对于约翰·阿尔布斯诺特来说，穷人未能充分照顾儿童这个解释是不充分的，因为这个观点忽略了威廉·格朗特的环境观点，但到了 18 世纪中叶，声势明显超过环境论的道德和社会学解释有了一位重要的发声者。托马斯·肖特（Thomas Short）在 1640～1660 年撰写了一系列关于空气与健康关系的作品。他致力于实现培根学派的目标，收集空气的自然历史，以了解疾病产生过程和应对的治疗方法。肖特投入大量精力研究空气与健康之间的关系，驳斥了格朗特伦敦空气造成损害的论点，他的《英格兰及其他几个国家人口增长与减少之比较史》（下文简称《比较史》）尤其体现了这点。[2]

托马斯·肖特并不完全否认环境有影响的观点。在《比较史》中，他列举了国家增加人口的三种方式。"首先，鼓励婚姻。其次，惩恶扬善。最后，改善空气。"肖特是让·戈林斯基（Jan Golinski）研究天气的榜样，对天气与空气的关注

---

① Arbuthnot, *Essay*, 208.

② Thomas Short, *A Comparative History of the Increase and Decrease of Mankind in England, and Several Countries Abroad* (1767).

可以转化为"改善环境的详细计划"。[①] 当格朗特强调环境和
达芬南乐于把道德和物质条件合二为一时，肖特认为道德显然
是主要的。他用了好几页篇幅探讨婚姻和罪恶，包括对如何惩
罚通奸才能取得最佳效果、如何抑制奢靡之风、如何奖励婚姻
的思考。在此过程中，他重点关注了育婴堂、圈地运动、长期
租约、赋税和孤儿照料。在对主宰婚姻和生育的道德和社会条
件进行了细致思考后，肖特最终把话题转向空气。

> 　　最后建议：只要可能，城市和大型城镇应该有优质的　　98
> 空气、水及有益健康之居所，街道洁净、开阔、宽敞、通
> 风。高发病率及死亡率常缘于，而不仅仅限于空气、水、
> 烟雾、污垢、拥挤之空间、恶臭之气以及大量各种动物的
> 排泄物等。此类物质之恶效并非出自其本意，居民的恶习
> 与放荡之举往往更应该受到谴责。[②]

在列举了几条近期城市改善环境的措施之后，他得出结论说，
尽管如此，"死亡有时值得庆贺，因为死因必然深藏于普遍之
邪恶与不道德行为之中，须对其加以警惕，不可懈怠，进行有
德之管理，对各种罪犯皆备有良法且秉公执行"。[③] 对于肖特
来说，煤烟无法为伦敦的公共卫生统计数据做出解释，它只是
城市生活中许多不良之一面，本身不像其他的解释那么重要，
尤其是在婚姻习俗和性行为方面。因此，空气需要适当地改
善，但只是宏大道德改革的从属部分。肖特并不是孤军奋战，

---

① 　Golinski, *Weather*, 158.

② 　Short, *History*, 35.

③ 　Short, *History*, 36.

乔纳斯·汉威（Jonas Hanway）和亚瑟·杨等人也在考虑伦敦物质环境的威胁，特别是对儿童的危害。但他们这样做只是为了呼吁更为广泛的改革，即道德改革和政府改革，而不是医学改革或环境改善。[①] 格朗特曾在《自然政治观察》中断言伦敦的烟雾可以为城市的高死亡率提供解释，他的这个观点在一个世纪后继续受到认真对待，同时也受到越来越多的怀疑。

小 结

整个现代早期，烟雾的命运在伦敦人口统计制度细致调查中的位置，与它在其他自然科学与医学对话中的位置有许多相似之处。人们对威廉·格朗特的新希波克拉底假设已经习以为常，因此他新颖的统计方法可以被看作调查和观念论证的创新手段，被学者和普通人广泛采用。他的人口统计学与采用炼金术或物理方法分析烟雾的不健康属性一样，声称更精确并可以使同样的事情专业化，而对非专业人员来说，其方法也简单易学。但是，随着这些新学科的发展，学科复杂性影响了人们的清晰认识，因为单个变量也可能具备非常复杂的现象。因此，对于汉伯里（Hanbury）和托马斯·肖特这样的 18 世纪道德改革家，不能认为他们不重视约翰·格朗特就烟雾空气的危害而提出的"统计证据"，而是应视他们在践行一种复杂的新型人口学，这个学科视社会、文化和政府因素与空气、水域和空间

---

① Jonas Hanway, *Serious Considerations on The Salutary Design of an Act of Parliament for a Regular*, *Uniform Register of the Parish Poor* (1762); Jonas Hanway, *Letters to the Guardians of the Infant Poor* (1767); Arthur Young, *The Farmer's Letters to the People of England* (1768), 335, 345–9.

同等重要。同样，约翰·阿尔布斯诺特想方设法地认定，与自然科学刚刚开始调查的其他类型臭气和放射物相比，伦敦的"含硫燃气"是何等严重。复杂空气的物理性质和化学性质已经厘清，而且权威的自然科学家通过这些性质评估了烟雾的作用。但是这样做并没有把事情弄清楚，相反变得更为复杂。

　　通过这些方式，"科学革命"的发现和创新使得人们对煤烟是否形成以及如何形成危险的劣质空气的认识变得更不确定，而不是相反。托马斯·肖特把环境因素与行为因素区分开来，而曼斯菲尔德勋爵则将法律妨害与城市生活的正常喧嚣区分开来，两者或许可以画等号。在这两种情况下，几乎所有人都同意，用肖特的话来说，煤烟"有害并非其本意"。两人针对的都是17世纪权威人士似乎对烟雾毫不保留的谴责：曼斯菲尔德勋爵认识到"无害原则"（sic utere）① 保护了财产所有者免受有害空气的污染，肖特了解到人口统计学创始人约翰·格朗特断然认为烟雾与伦敦人的死亡有关。但在这两种情况下，烟雾都不能脱离特定的背景。在肖特看来，人体是受社会和道德影响的产物；对曼斯菲尔德来说，法律不能忽视日益增长的商业和工业社会需求。与妨害相关的习惯法和自然科学的新发展为现代早期的英国人提供了具有影响力的、可用来谴责城市烟雾的语言，但也受到两者的制约。无论是法律还是科学都没有给烟雾即危害这一观点提供明确的支持，这种矛盾使得反烟雾大军难以击败煤在人们心目中越来越重要这种主张。

---

① 　无害原则，古罗马法中的一个原则，意即"不得以损害他人的方式使用自己的财产"。——译者注

第三部分

利维坦之动力

7 燃料的道德经济：
煤炭、贫困与必需品

日复一日冬渐寒，

寒气刺骨季节长。

缓缓乞讨可怜人，

咒骂粮价煤价涨。

言辞激烈脸难看，

奇货可居情可堪。①

查塔姆覆没的威胁

1667 年 6 月中旬，英格兰被羞辱了。与荷兰交战已有两年，好几次似乎胜利在望，而今敌人却未受抵抗就进抵泰晤士河口，来到了伦敦以东约 40 英里的梅德韦河（the Medway）。他们迅速占领了主炮台，到达了查塔姆（Chatham）船坞，烧毁、缴获了皇家海军的大型舰只，包括装备了 80 门炮的旗舰

---

① Ned Ward, *British Wonders: or, a Poetical Description of the Several Prodigies and Most Remarkable Accidents* (1717), 44–5.

皇家查理号。对一个宣称拥有海洋霸权的君主国来说，这是一次令人目瞪口呆的打击。据报道，阿尔伯马尔公爵（Duke of Albemarle）当场就想以死谢罪。① 除失败的耻辱之外，由于泰晤士河几乎没有设防且法国即将入侵的谣言四起，英国直接面临着安全威胁。伦敦人对此充满恐惧和愤怒。塞缪尔·佩皮斯（Samuel Pepys）记载说，当消息传到宫廷，每个人都好像哭了，回到家"所有的心都在痛，皆因消息千真万确"。他担心"整个王国完了"，这位海军文员停下忙碌的工作，安排妻子和父亲带上财产逃到乡下，同时立下了遗嘱。② 可怕的是，国库即将关闭，金融家因此将会破产。在伦敦，人们"在街上公开谈论叛国"。在佩皮斯看来，人们的"绝望之情"可与1666年9月伦敦那场大火相提并论。③

据可靠消息，荷兰人对查塔姆的突袭带来的最大威胁是煤炭价格的飞涨。平时伦敦市场上煤炭的价格约为每查尔特隆1英镑，这时很快就飞涨到5英镑，甚至6英镑。这不仅是平时价格的几倍，而且比上个冬天"最寒冷"时期的价格还要高，塞缪尔·佩皮斯记录了当时人们对煤炭"高昂价格"的普遍抱怨。不久，伦敦市政府向枢密院提出警告："如若不迅速采取一些措施，如此价格可致数百陛下之贫民饿死。"④ 3月，新运进来的煤炭避免了这场灾难的发生，但随后的供给问题几乎

---

① Allen Brodrick to the Duke of Ormonde, 15 June 1667, Bod. Carte MS 35, f. 478v.

② Robert Latham and William Matthews, *The Diary of Samuel Pepys. Volume VIII 1667* (Berkeley, 1974), 262, 266.

③ Anglesey to Ormonde, 15 June 1667, BL Carte MS 47, f. 158; *Pepys 1667*, 268 – 9.

④ *Pepys 1667*, 98 – 9, 102; PC 2/59, 336.

难以解决。在伦敦大火中，许多沿河仓库都被烧毁，加上战争中断了沿海贸易，因此伦敦在1667年6月的煤炭储备很可能非常有限。更糟糕的是，荷兰人攻击英国的海岸，夏季正常的运煤船队无法安全航行。[1] 这个问题亟待解决，安格尔西伯爵（Earl of Anglesey）声称许多人把"家眷"即整个家庭都"送出城"。[2] 由于大家族每年都会消耗数十查尔特隆的煤，他们有充足的储备；但对于伦敦较穷的家庭来说，他们没有储备燃料，这样的冬季是令人恐惧的。因此，最忧虑的不是现在而是将来。佩皮斯记录道："显而易见，短时内本市和王国即将因煤炭匮乏而招致苦难，令人恐惧，恐引发叛乱。"[3] 对"叛乱"的担忧受到了高度重视，安格尔西伯爵在7月给奥蒙德公爵（Duke of Ormonde）的信中讨论了新的和平条约，他总结道："煤炭匮乏，财政亏空，物品有待运输，均促成了和平。"[4] 安格尔西伯爵当时是枢密院成员，在1667年是接近权力中心的人。

有人认为高煤价会导致局面不稳定或反抗，即塞缪尔·佩皮斯所说的"叛乱"，这种担忧直接促使政府决定讲和，这种观点指出了伦敦煤炭经济的两个关键方面，将在本章和以下各章加以讨论。首先，广义上的燃料和狭义上的煤炭普遍被当作生活必需品。这在当时的经济道德讨论中使得燃料占据着矛盾的位置。一方面，燃料每天必用，甚至是经常使用的物品，因

105

---

① 有关1660年代煤炭市场对战争走向的反应，以及煤价飞涨对城市穷人的影响，参见 Cavert, "Politics of Fuel Prices"。

② Carte 47, f. 164.

③ *Pepys 1667*, 285.

④ Carte 47, f. 166 - v.

其长期存在，人们在日常生活中习以为常。与奢侈品不同，消费像煤炭这样单一的必需品不一定需要对其特别强调，因而也不会成为热门争辩话题。另一方面，当煤炭供应受到威胁时，它的重要性便会立刻受到通货膨胀的影响。有影响力且持续的言辞，将煤炭塑造成有时是普通燃料，有时则是普通人的燃料。对伦敦人来说，这两种说法都把煤炭描绘成一种非常接近权利的东西。

其次，这种必需品和权利性的话语直接引发了行动。如果燃料对所有人，尤其是对伦敦最底层的穷人说是至关重要的话，那么随之而来的是，应由掌权者保证大家获得充足的供暖，特别是在冬季。第九章和第十章将描述中央政府如何逐渐将保护和管理煤炭市场视为其职责。我们将看到，向伦敦穷人施予煤炭在整个现代早期一直是私人慈善事业和政府政策的核心特征之一。此外，这种私人和公共努力不分彼此、相辅相成。伦敦的官员和精英，诸如塞缪尔·佩皮斯和安格尔西伯爵这样的人物接受并重申了这类观念：煤炭对城市贫民至关重要，政府忽视不得。虽然以下章节就 17 世纪后期和 18 世纪煤炭对英国权力的重要性展开论述，但以上论述强调的是，在使用煤炭后的头几十年里，与其把煤炭当作约翰·内夫口中的"一种新型国家资产"，还不如说它是穷人的燃料。[①] 内夫夸大了煤炭的作用，他认为煤炭在 1650 年以前就被看作权力支柱。政府确实认为自己必须对伦敦的煤炭供应予以保护，但这样做的原因不是强权政治而是社会稳定。

---

① Nef, *Rise*, II, part V, ch. 1.

"陛下贫民之饥寒"：现代早期燃料成为英格兰的必需品

在英格兰，燃料是一种重要且宝贵的资源。在农村，村民们往往享有、捍卫从公共土地获取燃料的权利。这种权利通常受到限制。权利的获取通常与公簿记录的土地保有权、教区协议或其他用以定义社区成员的正式方式相关。因此，无法被确定为社区成员的人便没有获取燃料的合法途径。这种体现权利的惯例也因分类和范围不同，或限于获取"垂下的树枝和枝丫"（lops and tops），或限于使用"弯刀或曲柄杖"（by hook or by crook）获取，或限于特定数量的树木、蕨草、荆豆草。① 安迪·伍德（Andy Wood）及其他人曾经强调，对燃料资源的习惯性权利体现方式几乎是无限变化的，并且经常伴随着竞争、遗忘、伪造、改编和虚构。关键是，虽然具有可塑性，习惯性的权利也具有很高的价值。这就是罗杰·曼宁（Roger Manning）研究的星室法院记录以及伍德分析的财政部口供充斥着乡村男女的原因，他们曾为保护自己对本地燃料的所有权而发动暴动或提起诉讼。② 虽然社会历史学者并未将燃料供给当作研究的主要焦点，但他们都赞同，燃料是习惯性

106

---

① Donald Woodward, "Straw, Bracken and the Wicklow Whale: The Exploitation of Natural Resources in England Since 1500," *Past and Present* 159 (1998), 46 – 76.

② Wood, *Memory of the People*; Richard W. Hoyle, ed. *Custom, Improvement and the Landscape in Early Modern Britain* (Aldershot, 2011); Roger B. Manning, *Village Revolts: Social Protest and Popular Disturbances in England, 1509 – 1640* (Oxford, 1988), 270 – 9.

使用公共土地的关键利益所在。①

农村人获得燃料的途径不仅限于习俗。对很多劳动者来说，他们的工资里含有一定数量的燃料，诺福克（Norfolk）牧羊人除得到钱和放牧权外，还可获得荆豆草和蕨草②。③ 还有的人实施偷盗行为，或是他们声称拥有对本地资源的所有权，但土地所有者和官府发现是假的；或是他们根本就没有该项所有权，但又别无选择。拥有土地的人可以通过每年修剪灌木围篱来满足自己的需求，但有可能需要种植数英里的围篱才能满足家庭所需的燃料。④ 克雷格·姆尔德鲁（Craig Muldrew）强调说，获取燃料的权利对农村劳动者来说是最重要的额外收入之一，也是他发现仅仅基于工资分析农村贫困的叙述缺乏说服力的原因之一。到 18 世纪中后期，燃料权对农村劳动家庭

107

① Wood, *Memory of the People*, 158, 161, 179, 184, 193; Bob Bushaway, *By Rite*: *Custom*, *Ceremony and Community in England 1700 – 1880* (1982), 207 – 33; K. D. M. Snell, *Annals of the Labouring Poor*: *Social Change and Agrarian England*, *1660 – 1900* (Cambridge, 1985), 166 – 8, 179 – 80, 203; Janet Neeson, *Commoners*: *Commons Right*, *Enclosure and Social Change in England 1700 –1820* (Cambridge, 1993), 158 –65, 173, 279; Hindle, *On the Parish?*, 43 –8, 267 –8.

② 原文为 breaks，疑为 brakes，即蕨类植物。——译者注

③ John Walter, "The Social Economy of Dearth in Early Modern England," in John Walter and Roger Schofield, eds., *Famine*, *Disease and the Social Order in Early Modern Society*, (Cambridge, 1989), 75 – 128.

④ 克雷格·姆尔德鲁的数据表明，种植两排的树篱，每 7 码（即 0.91 米——译者注）每年大约可以产出一捆柴火，而这进一步表明，劳动家庭每年所消耗的 2280 捆柴火需要种植 9.5 英里的树篱。对大部分家庭来说，这是绝对不可能的，但即便将该估计的数字减少一个数量级也依然可以支撑这样的基本观点：燃料的自给自足必须从大量树木或树篱中获取。参见 Craig Muldrew, *Food*, *Energy*, *and the Creation of Industriousness*: *Work and Material Culture in Agrarian England*, *1550 – 1780* (Cambridge, 2011). 257, n. 179。值得注意的是，每年的燃料补贴远少于 2280 捆。

来说每年价值近 2 英镑，因此在数量上属重大的家庭预算。对于雇佣劳动者来说，燃料权不仅有助于生存，而且也使他们越来越多地参与日益增长的消费经济。对于赤贫者而言，燃料权与采集和饲养动物一样，都是临时经济中至关重要的部分。[①]

亚瑟·斯坦迪什（Arthur Standish）1611 年出版的《公众的抱怨》（*Commons Complaint*）也许已经最有力地讨论了农村穷人甚至全体国民对燃料供应的整体需求。[②] 人们已经习惯于认为燃料与食物一样都是生活必需品和天然商品，但斯坦迪什讨论的是其中的因果关系及生态关系。虽然有人认为林地与耕地、牧地处于竞争状态，但斯坦迪什认为实际上应为互补关系。[③] 关键的原因是某些燃料对农业具有促进作用。斯坦迪什称，在木材稀缺的地方，本来可用于饲养牛群的秸秆和给土地施肥的牛粪被用于燃烧。此外，木材还有多种用途。没有足够的木材供应，养羊业因缺少围栏而遭受损失，而且树篱和树木可用于喂养牲畜。因此，充足的树木和树篱能使动物繁衍兴旺，并通过它们让土壤变得肥沃。而无此则后果堪忧，牲畜减少，土壤失去"地力"。1607 年的米德兰起义后，斯坦迪什见证并分析了农村贫困，自信地指出充足的燃料是农业高产和繁荣的关键。"可以设想，无木材便无王国。"[④] 这个论述的重点在于，他的整个分析是以燃料的整体需求为前提的。斯坦迪什

① Hindle, *Parish*, ch. 1.

② 关于木材和煤是土地果实的看法，参见 Fynes Moryson, *Itinerary* (1617), Part III, 142, 144; Peter Heylyn, *Eroologia Anglorum. Or, An Help to English History* (1641), 295, 323, 333, 337。

③ 例如，这种竞争模式就是以威廉·哈里森（William Harrison）关于木材的讨论为基础的。Furnivall, ed., *Harrison's Description*, 336 – 346.

④ Standish, *Commons Complaint* (1611), 2.

认为，没有木材，农民就会被迫燃烧别的东西，即便这样做会
使自己的农场最终被毁。

　　木材稀缺可形成恶性循环，亚瑟·斯坦迪什的这一观点并
不适用于城市消费，但燃料对社会和政治稳定很重要的观点却
很适用。与乡村和村民相比，城镇对日常燃料供应来源的保护
措施较少。这与农村获取燃料所有权的情况一样，有时的确与
之有着共同的原因。1580 年代，即约翰·内夫声称国家燃料
处于紧急状态的那个时期，有一个案例表明燃料的供应常常受
到严重侵犯。1581 年，佩吉特勋爵（Lord Paget）在斯塔福德
郡坎诺克猎场（Cannock Chase）的租户因一连串的抱怨爆发
骚乱，其中租户意见较大的是他的大型炼铁厂滥用木材。几年
之后，斯塔福德和利奇菲尔德（Lichfield）的城市居民声称，
他们对禁止从坎诺克的比尤德塞特猎园（Beaudesert Park）获
取燃煤感到"极度失望"。有一份报告请求国王（当时已经没
收了佩吉特的资产）允许当地穷人继续获得燃料，以"缓解"
他们的生活，尽管这种做法会对森林造成损害。1585 年，铁匠
铺的新承租人被特别要求不许毁坏森林，具体原因就是这会损
害当地穷人的利益，而他们上交给政府的利润却难以对此补
偿。于是国王接受了当地农村和城市贫民的要求，以便他们能够获
取充足燃料，即便这样做有悖他自己的利益。[①] 其他城市的地方
官同样明确了他们对本地燃料供应的管理权，包括科尔切斯特
（Colchester）的市民，他们声称对金斯伍德（Kingswood）附近
的燃料享有权利；莱斯特官员声称对莱斯特森林拥有习惯性获

108

---

　　① Folger Library MS L. a. 305；L. a. 1031；M. W. Greenslade and J. G. Jenkins,
　　　 eds. , *History of the County of Staffordshire* (1967)，Ⅱ，110 − 1；Manning,
　　　 Village Revolts，276 − 7.

取燃料的权利，城镇"贫民无钱购买燃料，收集房前屋后的枯枝烂叶可解燃眉之急"。① 与农村一样，城镇和城市"穷人"习惯性获取燃料的权利在面上是可以接受的，并且正是通过这类针对需求的言辞求助，人们才对与财产权和使用权相关的冲突提出诉求。

　　然而，在上述捍卫习惯性燃料资源的方式之外，通过慈善方式进行的燃料分配已经日益成为普遍的做法，体现了燃料供应的社会和政治重要性。在所有英格兰的教区、城镇、城市，个人与政府官员相互配合，为社区中真正的贫困人口提供免费燃料或对燃料费用给予补贴。尽管史蒂夫·欣德（Steve Hindle）貌似合理地表明无论是在英格兰的农村还是城市，燃料供应的频率和规模增长一直持续到 18 世纪，但尚未有人从地理学或年代学角度对其进行系统研究。② 可以肯定的是这种做法在现代早期非常普遍。整个英格兰农村教区的监督员和教会委员会成员均为自己认定的穷人提供木材或煤炭。③ 市政府也通过教区组织、民政机构以及给穷人生活与工作的贫民习艺

109

---

① Janet Cooper, ed. , *A History of the County of Essex* (1994), Ⅸ, 255, 258; Helen Stocks, ed. , *Records of the Borough of Leicester* (Cambridge, 1923), 240.

② Hindle, *On the Parish?*, 268. 燃料救济也许在增加，但在现代早期这并非新鲜事物。Marjorie McIntosh, *Poor Relief in England, 1350 - 1600* (Cambridge, 2012).

③ 相关例子见于 Norfolk Archives, PD 629/50; GRO P170 VE1/1; Cambridgeshire RO P52/5/1; L. A. Botelho, ed. , *Churchwardens' Accounts of Cratfield 1640 - 1660* (Woodbridge, 1999), 42, 49, 63, 96 - 7, 101, 106, 109; Joan Kent and Steve King, "Changing Patterns of Poor Relief in some Rural English Parishes Circa 1650 - 1750," *Rural History* 14 (2003), 119 - 56; Hindle, *On the Parish?*, 142, 267 - 8。

所提供木柴或煤炭。[1] 无论在农村还是城市，这种分配方式并非按照当地标准，而是通过慈善馈赠，所馈赠的常常为土地或用于购买土地的金钱，以便每年提供燃料救济或补贴。[2] 因此，私人慈善与政府携手合作为英格兰的穷人提供燃料。游客在许多教堂，如剑桥市中心的圣玛丽大教堂，仍能看到牌匾上精确地记录着馈赠穷人木柴或煤炭的情况。[3]

在英格兰所有的乡村和城市，为穷人提供燃料是将富人与穷人结合起来的相互关系和义务的一个重要方面。[4] 在许多社区，穷人依靠家境富裕的邻居提供慈善物品，既有通过教区按照贫困等级的正式馈赠，也有非正式的礼物馈赠。对家境富裕、过着舒适生活的中等阶级来说，这种善行是他们在当地针对贫困邻居实施仁慈治理的方式之一。因此，燃料虽是市场上公开买卖的商品，但其交易与道德、宗教和政治密切相关。难

---

① 例如 "Accounts of the Tooley Almshouse, Ipswich," BL Add MS 25, 343, f. 93 – 169; D. M. Livock, ed., *City Chamberlains' Accounts in the Sixteenth and Seventeenth Centuries* (Bristol, 1966), 127; Gloucester Borough Minutes, GRO GBR/B3/1, f. 448v; GBR B3/2, 133, 200, 514; GBR B3/3, pp. 303 – 4, 538。关于剑桥教区煤炭分配的论述，参见 St Edward's, Cambs RO P28/4/1 – 2; St Botolph's, P26/5/2 – 5; St Andrew's P23/5/1; and Great St Mary's P30/25/1, P30/4/4。还有著作讨论了把多切斯特 (Dorchester) 燃料慈善作为 "暗含的筹码，要求穷人放弃自身原有的偷窃附近树林和田野木材的权利"，参见 David Underdown, *Fire From Heaven: Life in an English Town in the Seventeenth Century* (New Haven, 1985), 121。

② 有关私人慈善、习惯做法及穷人法管理相互补充的讨论，参见 John Broad, "Parish Economies of Welfare, 1650 – 1834," *The Historical Journal* 42 (1999), 985 – 1006。

③ 圣玛丽教堂捐赠管理的记录，参见 Cambs RO P30/25/1。

④ 该说法可参见 Keith Wrightson, "Mutualities and Obligations: Changing Social Relationships in Early Modern England," *Proceedings of the British Academy* 139 (2007), 157 – 94。

怪园艺家兼作家伦纳德·米格（Leonard Meager）说种树木和种树篱为英格兰的土地所有者带来了多重利益。农场主可以给自己的家庭提供燃料以度过"痛苦的冬季"，"将多余的售于富人而获利"，后又"将其中一部分馈赠给贫困邻居"，"以基督怜悯之情待之，满怀祝福与祈祷"。①

　　穷人因为富人赠予他们燃料而向其祝福、为其祈祷，这种现象在小冰川期的寒冬肯定绝无仅有，而实际上也不可能像伦纳德·米格所说的那样是一个负担。然而，这种仁慈供给的语言作为对卑微需求的回应完全是现代早期英格兰人们讨论燃料供给的惯用方式。英格兰在 17 世纪超前转向现代能源体制，即认识到煤炭所能提供的热量比木柴多。即使这样，在面对贫困与生活匮乏时，把燃料作为商品而加以讨论的话语依然基于慈善、仁慈等词汇。英格兰曾经有一种关于燃料的道德经济，即把燃料等同于某种应得的权利，甚至作为燃料生产的具体方式，而燃料贸易则变得越来越资本主义化和工业化。

"煤炭之需"：伦敦燃料市场与匮乏的政治

　　伦敦人并不是像大多数英国人那样获得燃料。森林、林地、沼泽地和其他公共用地的习惯性使用权及用灌木篱笆圈地的木柴燃料在英格兰很重要，这些与都市里成千上万的人毫无关系。只有市场能够向伦敦这种规模的城市供应足够的燃料。长期以来，这座中世纪的城市从泰晤士河谷上下流域、其支流

----

① Leonard Meager, "The Mystery of Husbandry: or Arable, Pasture, and Woodland Improved (1697)," in Joan Thirsk and J. P. Cooer, eds., *Seventeenth Century Economic Documents* (Oxford, 1972), 186.

与河口获取燃料。① 但是 1600 年前后转向使用煤炭后，伦敦就依赖于由生产者、运输者、批发商、中间商组成的一条长且复杂的商业链条。因此，伦敦燃料市场的商业化已非新生事物，但其复杂性和规模程度倒是鲜为人知。虽然类似利奇菲尔德和莱斯特这样的小城镇居民尚能从自己的城市土地获取燃料，但伦敦人却只能购买经过了许多劳动者手的燃料，他们一点也不了解这些劳动者。因此，其结构之复杂可谓独一无二，不过讨论伦敦人燃料的话语并不复杂。与英国其他地方一样，伦敦人及其管理者声称人人需要燃料，但穷人最需要。伦敦和其他地方一样，燃料的供给充满着道德和政治含义。因此燃料的道德经济并非伦敦独有，但其在英国政治生活中独特的市场和独特的重要性意味着市场道德话语在这个大都市里得到了不同的应用。

这种言辞与乡村讨论燃料的话语和假设有很多共同之处。与英格兰的农村一样，首都人们常常把燃料与食物关联起来，如 1579 年女王的大臣们下令对伦敦城"饮食、燃料及其他必需品"的运销进行管理。② 1630 年，枢密院传唤肉商和木材商，让他们对肉类和煤炭的高价格做出解释。③ 有人认为，济贫官在 1700 年前后应按法律要求提供三类生活必需品："肉、衣物、燃料"。④ 当然，食物与燃料之间的关联并不意味着现代早期的伦敦人分不清面包与煤炭，但这两种截然不同的生活

---

① Galloway *et al.*, "Fuelling the City".

② *APC 1578 – 80* (1974), 44. 另见 Rep. 20, f. 48v；LMA COL/AD/1/22 (Letter Book Y), f. 227 – v。

③ TNA PC 2/39, 35, 95 – 6, 823；TNA SP 16/173/63.

④ Abraham Hill papers, BL Sloane MS 2902, f. 233 – v.

必需品在概念上存在实质的重叠。

"匮乏"（dearth）是时人讨论燃料短缺的一个术语，历史学家通常用这个词来描述缺少食物而不是其他商品。① 然而，食物和燃料在现代早期是紧密相关的必需品，缺乏任何一类都可称为匮乏。一段写于 1643～1644 年那个冬季的讽刺性对话说到（当时伦敦议会禁止了与纽卡斯尔的一切贸易），海煤的"匮乏"比现实更为真实，因为批发商大量囤积导致海煤价格飞涨。② 1653 年，爱德华·海德（Edward Hyde）的一位情报员说："煤炭之'匮乏'令伦敦人发怒，而接下来与荷兰战争期间，伦敦市议会限定了谁有权在伦敦附近运输煤炭，'为了在匮乏与稀缺时期维护穷人的利益'。"③ 休·普拉特在描述煤块的新配方时，一再把"饮食匮乏"与燃料的"匮乏和稀缺"联系在一起。④ 在解释为什么政府应该要求消费者购买其燃料时，普拉特提到了目前的收成危机，认为政府的强制措施是合理的，因为"人饿极了什么事都干得出来"。⑤

休·普拉特在为国家政权服务时，把燃料与食物短缺混合使用，却意外地得到倡导议会自由的大人物爱德华·柯克的支持。

112

---

① 例如，"燃料"和"木材"只在讨论威胁收成的因素时出现，参见 John Walter, "Social Economy", 98。但有研究涉及了休·普拉特（Hugh Platt）对燃料的兴趣，参见 Ayesha Mukherje, *Penury Into Plenty*: *Dearth and the Making of Knowledge in Early Modern England*. Routledge, 2014。

② *Sea-Coale*, *Char-Coale*, *and Small-Coale*: *or a Discourse between A New-Castle Collier*, *a Small-Coale-Man*, *and a Collier of Croydon* (1643/4), 6.

③ Bod. Clarendon MS 45, f. 292; Act of Common Council, 21 June 1665 in Christ's Hospital, Carrooms Memoranda, 1664-1759, GL MS 12830.

④ Hugh Plat, *A new*, *cheap and delicate Fire of Cole-balles* (1603), sig A4, C1.

⑤ Hugh Plat, *A Discoverie of Certain English Wants*, *which Are Royally Supplyed in This Treatise by H. Platt of Lincolnes Inne Esquier* (1595), A3v.

在 1628 年的一次议会会议上，查理一世简要地向下院表达了良好意愿，柯克借机发表了一场和解演讲。在该演讲中，他试图掩盖宪法上的分裂，这将很快导致议会向国王提交《权利请愿书》（Declaration of Right）。在短暂的和谐之后，柯克说习惯法和王室特权根本不相互抵触，而是相辅相成。为了举例说明这个观点，他说当时煤炭贸易史中的法治以及随之产生的财产权，与皇家特权规定的紧急措施完全兼容。柯克解释道，在"匮乏时期，每个人为了自身利益有一套行为规范，个人为售卖自己的玉米定价，近期伦敦煤炭的情况即是如此"。①对于柯克和普拉特来说，此处的重点是，燃料的匮乏与食物缺乏都是一个意思。在这两种情况下，实际需要授权采取紧急措施，取代平时的财产权。

如果燃料和食物的普遍缺乏在概念上被认为相似，那么穷人在这种时候所感受到的也是如此，特别是对穷人在燃料匮乏时如何受罪（无论是因为贫穷、寒冷还是高昂的燃料价格）的描述和表述往往更多地聚焦于饥饿而不是寒冷。1665 年，下院的发言人表达了"值此严寒季节"的困境，"本城人民尤为如是，他们因燃料缺乏而坐以待毙，煤价竟然不合理地上涨了"。② 两年后，人们据说再次陷入绝望。1667 年 3 月，塞缪尔·佩皮斯在日记中写道：煤炭价格为平时的四倍，而天气"非常寒冷"。几天后，伦敦居民向枢密院请愿，抗议煤价过

①　Robert C. Johnson, Mary Frear Keeler, Maija Jansson Cole, and William B. Bidwell, eds., *Commons Debates 1628* (New Haven, 1977–1983), Ⅲ, 126–7, 133.

②　Thomas Rugge, *Mercurius Politicus Redivivus* Vol. Ⅱ, BL Add MS 10, 117, f. 134. 另见 *CSPD 1664–5*, 154。

高，"如若不迅速采取措施，将导致数百陛下之贫民饥寒"。①
显然这种要求辞藻很华丽，而在某些情况下则以荒谬的词语来　113
掩盖显而易见的谋利动机。在 1628 年的请愿书中，谋划者主
张王室拥有北方几座煤矿的所有权，通过重复表达"老人、
穷人、残疾人"缺乏煤炭来证明他们的努力是正当的。他们
宣称，对这些人和其他臣民"有必要加以限制，其使用海煤
之频度应与呼吸空气之频度相等。若无空气，他们无法呼吸；
若两者皆无，他们无法生存"。② 到了 17 世纪末，有人以类似
的理由对税收提出强烈抗议，认为"煤绝对是生活必需品，
除非价格适中，否则穷人将会冻死"。③ 类似陈述说明，煤炭
为穷人生活必需品的说法可以被不同利益集团利用。但这并没
有削弱煤炭的威力，伦敦穷人确实因燃料匮乏而受苦。煤炭价
格上涨时，许多家庭的确在食物与燃料之间面临两难选择，他
们最强烈的感受很可能是两者都缺。④

　　因此，廉价燃料确实对穷人很重要，大多数讨论燃料政策
或燃料治理所采用的言辞都强化了煤炭尤其是穷人生活的必需
品。在 1628 年案例中，谋划者展示了这种话语完全可以是出
于自利，但官员也经常使用这种方式，尽管他们与此没有直接
个人利益或经济利益。相反，煤炭为穷人之燃料这种说法给政
策的指定带来了正当性，无论是中央还是地方政府都在利用这
个正当性去调节快速增长的贸易。1595 年 10 月伦敦市民代表

---

① *Pepys 1667*，98 – 9，102；TNA PC 2/59，336.

② BL Stowe MS 326，f. 6 – v. 这项计划的详细讨论参见 Nef，*Rise*，Ⅱ，
273 – 6。

③ *Some Considerations Humbly offered to the Honourable House of Commons Against
Passing the Bill for Laying a Further Duty of Coals*（n. d.，*c.* 1695）.

④ Cavert，"Politics of Fuel Prices".

向伯格利勋爵（Lord Burghley）投诉，纽卡斯尔霍斯曼煤炭公司（Newcastle's Hostmen）限制了煤炭贸易、降低煤炭质量、提高煤炭价格，所有这些行为均"于穷人之燃料使用不利"。[①]几个星期后，枢密院再次谴责了这种"对穷人之巨大压迫行为"，并责成北方枢密院院长对此开展调查。[②] 此外，这种"压迫"与1590年代中期收成危机期间盛行的高粮价有明显的关联。当伦敦的官员特别意识到各社会政治阶层之间存在紧张关系时，伊恩·阿切尔（Ian Archer）"追求稳定"的观点就很重要了。[③]

114　　　伊丽莎白一世后期出现的社会不稳定现象已经过去，但煤炭作为穷人的燃料而具有政治敏感性的话语仍在持续。不过这并非考虑或支持某项具体政策的人讨论煤炭的唯一方式。另一种方式与煤炭是所有人常用燃料的观点有着紧密关系。对于那些以共同利益为名来对抗私人和特殊利益的人来说，这种方法特别有用。当几个案件的调查结论认为伦敦的木柴商人追逐"私人钱财"是导致煤炭价格高涨的主要原因时，这些牟取暴利的商人被斥责为民众的敌人。[④]

　　　在16、17世纪，大都市穷人的利益似乎大多反映在投诉煤炭供应和价格的问题上。这些投诉针对的是纽卡斯尔霍

---

① LMA COL/RMD/PA/1 Remembrancer's records，Ⅱ，105.

② APC 1595 – 6，31 – 2；APC 1596 – 97，27.

③ Archer，*Pursuit of Stability*.

④ 例如 LMA COL/AD/1/25（Letterbook AA，1599），285；COL/AD/1/28（Letter book CC，1608），280；Rep. 70，f. 42v（1665）。在不同语境下，类似的用法还可参见 TNA C66/2076/11（1616）；STAC 8/56/10（1619）；Wallace Notestein，Frances Helen Relf，and Hartley Simpson，*Commons Debates 1621*（New Haven，1935），Ⅶ，86。

斯曼煤炭公司及伦敦的批发商。因此，一位叫威廉·尼科尔斯（William Nicholls）的人 1623 年向财政大臣请愿称，富裕的燃料批发商存在欺诈行为，吞噬穷人利益。尼科尔斯自如地引用《圣经》经文来说明，无视穷人利益的官员将自己的灵魂置于危险之中。"我恳求阁下聆听穷人哭声。不愿聆听穷人哭泣之人亦会哭泣，然其泣声终将不为人所听。"① 几乎没有人会威胁诅咒一个潜在的保护人，但尼可尔斯把穷人的绝望与燃料批发商的贪婪联系在一起，这种做法在当时司空见惯，甚至在上下两院和枢密院也不例外。② 即使不去诋毁贪婪，穷人苦难在言辞上依然有用。1610 年，下院向国王请愿，说对沿海煤炭贸易（事实上是极少部分）征税令穷人感到"极度痛心"。③ 战时这类抱怨的声音最大也最具预测性，因为经常发生的海战以及对纽卡斯尔真假难辨的入侵恐吓使得伦敦煤价上涨。④ 尤其是 1643～1644 年的那个冬季，伦敦议会对纽卡斯尔保皇党人实施贸易禁令，主要受害者是穷人。⑤ 在整个现代早期，伦敦的燃料供应问题尤与无法满足穷人的需求关联在一起。这种关联立即引起人们对稳定的担忧。

115

---

① "The most humble petition of William Nicholls a poor collier," KHLS U269/1 OE526, Citing Proverbs 21：13, Geneva version.

② William B. Bidwell and Maija Jansson, eds., *Proceedings in Parliament 1626* (New Haven, 1991), Ⅱ, 127, 130; TNA PC 2/52, 465 (1640).

③ Elizabeth Read Foster, *Proceedings in Parliament 1610. Volume 2 House of Commons* (*1966*), 168

④ 有关煤炭价格对财富战争敏感程度的详细讨论，参见 William Cavert, "Politics of Fuel Prices"。

⑤ *Sea-Coale, Char-Coale, and Small-Coale: or a Discourse betweene A New-Castle Collier, a Small-Coale-Man, and a Collier of Croydon* (1643/4).

"骚乱之源"：燃料供应与追求稳定

塞缪尔·佩皮斯担心高煤价会引发骚乱的时刻，对于许多伦敦人来说也是一个既不寻常又熟悉的时刻。1667 年 6 月伦敦的煤炭价格特别高，从现实的角度看可能是最高的，从绝对的角度看也几乎是最高的，20 世纪才出现比这更高的。因为梅德韦战事引发了前所未有的灾难，人们担忧整个运煤船队可能被摧毁或滞留在港口。可是这种独特的经历与 1660 年代早已确立的模式相符，并将贯穿整个现代早期（甚至此后）。战争一般都会使伦敦煤价上涨。大家已经普遍而又理所当然地认识到穷人在战时特别没有安全感这一基本事实。人们认为穷途末路的穷人往往很危险，因此不稳定的贸易渠道可以直接引发统治危机，这对当时许多人来说似乎很有说服力。因此，安格尔西伯爵认为"对煤炭的需求"是促使 1667 年战争结束的主要原因。他把煤炭供应与政局稳定联系起来，这种观点在之前的几十年里已经是老生常谈。①

查理一世统治的头几年，伦敦首次面对由海战导致煤炭供应减少并威胁社会秩序的情况。与法国和西班牙的战争使英国沿海航运面临攻击，首当其冲的就是要面对哈布斯堡王朝的敦刻尔克（Hapsburg Dunkirk）武装民船的袭击。这造成了严重损失，使纽卡斯尔煤炭运输总量减少了 1/3，导致煤价上涨。②

---

① Bod. Carte MS 47，f. 166 – v.
② Tyne and Wear Archives，GU. TH/21/1。1627 年、1628 年的出口税约为 1624 年的 2/3。西蒙·希利（Simon Healy）分享了这些资料的影像，特此致谢。

约翰·艾略特爵士（Sir John Eliot）对下院说，这种掠夺使得"伦敦穷人失声痛哭"。他的目标是攻击海军大臣白金汉公爵（Duke of Buckingham）未能充分履行保护海岸的责任，而为白金汉公爵辩护的人则回应称，导致"对穷人尤甚"[①]的价格上涨，主要责任在批发商的囤积行为，而不是海岸线的不安全。但无论责任在谁，穷人的痛哭都显得很危险。

为应对这种危险，当局采取行动以保护最需要帮助的人。 116
1627 年 10 月，政府对燃料库存的调查发现库存几乎告罄。[②]次月，伦敦市长下令将 100 个查尔特隆的煤分成小份，提供给那些持有教堂委员会票证的真正穷人。如果这样做的意图是给最脆弱和需要帮助的人实施燃料配给的话，那么其实际效果反映了城市贫民普遍存在的绝望情绪。有人发现把那些接受救济的人召集到两个中心分配站难度很大，因为"运煤官员无法执行此项任务，亦无法抵抗穷人之暴力"。[③] 为了驱散暴民、制止"暴力"，相关市政委员会在 26 个区设立了救济点，更多地实施当地分配。尽管如此，煤炭价格还在持续高涨，直到战争结束，穷人仍然很危险。1630 年 3 月，负责保护沿海贸易的海军接到命令去护送纽卡斯尔的运煤船队。为了强调该命令的紧迫性，其中提到"伦敦民众非常缺煤，他们对（海军）大臣实施了巨大的骚扰"。[④] 最终，1620 年代的海战导致外敌首次提出将煤炭贸易纳入战略考虑。1628 年，白金汉公爵的

[①] Bidwell and Jansson, eds., *Proceedings in Parliament 1626* Ⅱ, 129 – 30, quoting Eliot and Sir John Coke.

[②] TNA SP16/83/34.

[③] LMA Rep. 42, f. 13v, 19v.

[④] Sir Edward Nicholas to Sir Henry Mervyn, *CSPD 1629 – 31*, 222.

代表传阅了一份由国外耶稣会士伪造的讨论稿，内容是如何削弱英格兰。据他们观察："伦敦已经遭受燃料匮乏之困。"[①] 这份讨论稿虽属伪造，但仍然表明 1620 年代后期煤炭匮乏造成了真正的破坏。穷人为廉价供给而战，愤怒地向政府官员表达了诉求，这一切都被认为是在资敌，有如马基雅维利的计谋：在国内播撒不和谐之种子，以利于最终之征服。

　　1620 年代英格兰的内部矛盾空前尖锐，尽管这位外国耶稣会士并不存在，但其伪造的议题实际上成为英国政府政策的一个重要组成部分。当时英国的沿海贸易受到了损害，而在 1643～1644 年几乎完全停滞。[②] 1643 年 1 月，议会下令停止与纽卡斯尔保皇派进行贸易，引证说此举对王室金库有好处。[③] 尽管该条例声称各地"煤炭充足"，但还是立即着手采取措施监督、管理和扩大伦敦的煤炭供应。到了 5 月，相关委员会得出正式结论：苏格兰和威尔士的煤炭不足以供给，"只有纽卡斯尔的煤方能满足伦敦城的需要"。该结论还说到，获取煤炭供给"最可能"的方式是"武力踏平纽卡斯尔，无论从海上或是陆地，或两者兼用"。因此，该结论还建议准备一笔 5 万

117

---

① Sir John Maynard, *The Copy of a Letter Addressed to the Father Rector at Brussels* (1643).

② Nef, *Rise*, Ⅱ, 286；Hatcher, *History*, *Before 1700*, 489；Ben Coates, *The Impact of the English Civil War on the Economy of London*, *1642 – 50* (Aldershot, 2004), 144. 1643 年 6 月，海军委员会发布命令，所有船只不许与纽卡斯尔进行贸易，理由是一些东北港口的船只"可能载有煤炭"，这至少暗示有人在走私煤炭。*An Order Concerning the Price of Coales and the Disposing Thereof, within the City of London, and the Suburbs, & c. Die Jovis 8. Junii 1643.*

③ C. H. Firth and B. S. Rait, eds., *Acts and Ordinances of the Interregnum, 1642 – 1660* (1911), Ⅰ, 63.

英镑、8% 利息的贷款，征服纽卡斯尔的计划需要这笔钱。[①]
几天后，议会接纳了这些建议，其正当理由依然是满足城市贫
民不可抗拒而又危险的需求："伦敦城及整个王国为该商品的
匮乏而深受其苦，皆因此物为维持生存之绝对必需，可能对底
层贫困人的生活必需品产生影响，后果非常危险。"[②]

到了 10 月，纽卡斯尔尚未征服，冬季则已临近。议会再
次援引穷人的迫切需求及其潜在暴力的说辞，为自己采用新手
段获取燃料进行辩护。这个法令再次以缺乏"海煤，无此则
几乎难以承受冬季之苦痛，贫弱底层之人尤其如此"的说法
来证明自身行为的正当性。事实上，他们所谓的"难以承受
冬季之苦痛"早已转化为险情。"普通民众为获得生活必需的
燃料，已于近期打砸木材商店，此事尚在持续之中。"因此，
该法令还批准对伦敦 60 英里范围内违法获取的木材可以开展
有组织的抢夺，从而使得伦敦"每一教区之底层贫民可先行
获得燃料"。[③]

因此，伦敦市政和议会领导层明确表示，燃料匮乏会导致
社会混乱，应优先考虑防止社会失序的办法。这些声明也是为
了应付保皇党人。1643 年 5 月，保皇党报纸突然刊发伦敦燃
料可能即将短缺的报道，声称煤价高居不下，每天都在上涨，
"迫使民众起来造反，议院领袖忧虑其后果"。[④] 1643 年，一位　118

---

① LMA Jour. 40, f. 60.

② Firth and Rait, eds., *Acts and Ordinances*, Ⅰ, 171.

③ Firth and Rait, eds., *Acts and Ordinances*, Ⅰ, 303. 第二年夏天，收集草
皮和泥煤的工作以类似的方式进行，参见 Firth and Rait, eds., *Acts and Ordinances*, Ⅰ, 481 - 3; Jour. 40, f. 101 - 2。"违规者"（delinquents）
为保皇党人。

④ *Mercurius Aulicus*, Thursday 25 May 1643（Oxford）.

苏格兰游客注意到，尽管伦敦人"每天获得苏格兰的救济"，但仍然不断抱怨煤价昂贵，并为"失去泰恩河之便利而哀叹"。① 1644 年，议会派报纸强调最终征服纽卡斯尔后所能提供的救济，并预测"本城将立即获得便宜的煤炭"。② 1644 年的苏格兰军队与 1640 年一样用赞赏的口吻说，抵达伦敦民众心坎的方式是穿过他们的壁炉，以此宣传他们在征服泰恩河后立即向城市贫民供煤的努力。③ 最后，威尼斯大使重复了与煤炭政治含义相关的传统观点。1643 年 10 月，煤炭"开始缺乏"，引发"极大骚动"。第二年夏天，威尼斯大使预测如果苏格兰人不放松煤炭供应，伦敦将会发生骚乱。1644 年 10 月，他开始使用密码发送信件（表示是特别敏感的消息），预测苏格兰人控制泰恩赛德煤矿会让他们获得"对伦敦的优势"，未来很可能会与英格兰盟友分道扬镳。④

至 1644 年底，保皇派、议会派、中立派、英格兰人、苏格兰人和外国人都清楚伦敦的煤炭供应既依赖于政治稳定，也影响政治稳定。稀缺、昂贵的煤炭引发了怨怒、投诉，并且似乎有可能引发频繁的、轻微的、可控的混乱。无论是 1628 年记载的"穷人的暴力"，还是 1643～1644 年记载的哄抢木柴和燃料的事件都说明了这一点。但没有证据表明伦敦曾经出现过燃料暴乱。尽管如此，时人从内战经历汲取的教

---

① William Lithgow, *The Present Surveigh of London and Englands State* (1643), sig. A3v.

② *Exact Diurnall*, 11 July 1644. 另见 *Weekly Account*. 23 October 1644。

③ LMA Rep. 57/2, f. 29 - v；*JHC* Ⅲ，715. 1640 年的情形，参见 John Rushworth, ed., *Historical Collections. The Second Volume of the Second Part* (1721)，1259 - 60。

④ *CSPV 1643 - 7*，30，116，152.

训并非城市社会在面对匮乏和威胁时的稳定，而是大都市秩序的脆弱。

从 1640 年代开始，人们普遍认为煤炭匮乏让穷人受苦，其结果是穷人会弃守文明和服从的基本规则。于是，伦敦的市议员在 1650 年代担心，春季煤运姗姗来迟将引起"城市贫民的巨大骚乱，他们需要必要之燃料"。爱德华·海德警告说："煤炭匮乏令民众愤怒，如若荷兰人让我们无法获得煤炭，我们很快就将互相残杀。"① 1653 年春季，威尼斯大使得出结论：最近抵达的运煤船队防止了首都"普遍之恐慌"和"暴乱"。② 以上三类观察者的议题虽然完全不同，市议员希望避免失序；被流放国外的保皇派海德则相反；威尼斯人没有明确的利益诉求，不过他们都分析了煤炭与贫民管理之间的关系。正如我们看到的那样，塞缪尔·佩皮斯 1667 年担心发生叛乱，而几年后一位谋划请愿的人援引新近的经历，说道："本城煤炭之匮乏令人难以置信，已近乎起义之虐。"安格尔西伯爵认为"煤炭匮乏"极大地"加速了和平条约的签订"。③ 希望局面不稳的人也认识到了其中的关系。1708 年、1715 年，詹姆士派的阴谋家及其盟友都非常乐观地认为让伦敦无法获得纽卡斯尔煤即可加速政权的崩溃。有人在 1708 年断言，如果没有煤炭，伦敦在六周内就会受苦。而在 1715 年，玛尔勋爵（Lord Mar）提出，从东北部进攻的成功概率很大，因为煤炭贸易将由此受

119

---

① Rep. 64, f. 131v（17 April 1656）; London newsletter, 15/25 April 1653, Bod. Clarendon MS 45, f. 292.

② *CSPV 1653 - 4*, 63.

③ Francis Mathew, *A Mediterranean Passage by Water, from London to Bristol* (1670), 8.

阻，从而"迫使伦敦宣布投降，至少也可扰乱政局"。[1] 整个 18 世纪，虽然内战已经过去很长时间，甚至与荷兰的战争也过去很久了，伦敦的稳定似乎依然取决于煤炭的供应情况。一位历史学家在 1730 年代写道：一旦寒冬来临、海战出现，"不仅伦敦贫民面临灭顶之灾，政府也将因暴乱而陷入困境"。[2] 即使晚至美国独立战争，约翰·琼斯（John Paul Jones）还认为只需几艘护卫舰就可以摧毁"纽卡斯尔之煤运，将最大限度造成伦敦燃料之困"。[3] 这些说法都取决于有关伦敦贫民可疑的假设，但首都的燃料暴乱似乎根本没有发生过，即使曾经发生过，城市贫民并非一群想推翻政权的暴民。尽管如此，燃料匮乏引发社会失序的说法持续了很久、很普遍，并非空穴来风。

120 短缺的危害

燃料为必需品，匮乏为危险品，政府则是弱势群体的保护者。本章分析了一个老生常谈的说法。燃料的威力部分来自英国文化的深厚底蕴，包括贫民在基督教政治中的特殊地位以及仁政可以带来繁荣的理念。但把穷人与城市燃料供应关联起来，并通过政界和商界的利益分配来实现这种关联，其中所蕴

---

[1] Nathaniel Hooke, *The Secret History of Colonel Hooke's Negotiations in Scotland, in Favour of the Pretender; in 1707* (1760), 4; John Gibson, *Playing the Scottish Card* (Edinburgh, 1988), 98 - 9; *HMC Stuart*, Ⅰ, 521 - 2; Daniel Szechi, *1715: The Great Jacobite Rebellion* (New Haven, 2006), 87.

[2] Thomas Salmon, *Modern History: or, the Present State of all Nations* (Dublin, 1739), Ⅳ, 215.

[3] John Paul Jones to the American Commissioners at the Court of France, Passy, June 5. [ver. July 4 - 5?] 1778. *The Adams Papers Digital Edition* (2008).

含的特殊力量则必须通过现代早期伦敦人的亲身经历才能得到
解释。正是因为伦敦贫民对商业燃料市场的完全依赖，才使他
们在复杂的供应网络中断时度过真正的苦难。历史学者普遍低
估了燃料在贫民预算中的重要性。在典型的冬季，贫困家庭可
能用总收入的 10% 以上购买燃料。当燃料价格急剧上涨时，
预算会深受影响。如果价格上涨三倍（战时常有之事），依赖
固定收入的中等家庭将不得不减少 35% 的食物开支以购买相
同数量的燃煤；非常贫困家庭的食物开支将会减少更多。① 因
此，穷人将会因煤炭匮乏而"饿死"，这不仅仅是夸大其词。
虽然涨价不常有，却也周期性发生，伦敦贫民真要面对是购买
食物还是购买燃料的两难选择。

　　燃料极端匮乏虽不多见，但伦敦贫民更能感同身受。按照
当代标准，所有的前现代社会都缺乏燃料和能源，但重要的是
其相对匮乏的生活经验也是主观的。毫无疑问，寒冷是一种非
常真实的生理感受，但近期的研究也表明，对燃料匮乏的认知
可以产生巨大的心理影响，进而也许还产生社会、文化和政治
方面的影响。社会科学家森德希尔·穆莱纳桑（Sendhil
Mullainathan）和埃尔德·沙菲尔（Eldar Shafir）认为，对任
何物品匮乏的认知，无论是食物、伙伴还是时间，都会引导人
们以相似的方式集中精力。无论是有意识还是无意识，欲求对
象占据着人们越来越多的心理能力，因为对匮乏物品的单一追
求必然需要牺牲对其他事情的注意力，甚至还要牺牲基本的认
知能力。② 他们认为，贫困潦倒的人会在短期内专注、担心和

---

① William Cavert, "Politics of Fuel Prices".

② Sendhil Mallainathan and Eldar Shafir, *Scarcity：Why Having Too Little Means So Much*（New York 2013）.

困扰于生存问题，直到薪水发放或下一顿饭。虽然他们研究的是 21 世纪社会，但想象一下燃料匮乏或价格高昂的时代，伦敦的穷人不仅感到非常寒冷，而且还要对眼下如何取暖保暖等问题感到忧心忡忡，其中的道理则是人同此心。因此，对穷人困扰于寒冷和燃料的描述，可能不仅仅是夸大其词或文学表现。如内德·沃德（Ned Ward）所言，城市贫民可能花费了大量时间"诅咒面包和煤炭昂贵"。① 精英和官员都对此心知肚明，害怕其影响。

---

① Ward, *British Wonders*, 44.

8　燃料改良：发展、航海和税收

霍顿眼中的英格兰：煤火与隐形土地

1690 年代中叶是一个艰难的时代。粮食歉收、外战耗资巨大、货币贬值使得英格兰的家庭、公司及整个国家的财务陷入窘境。对于约翰·霍顿来说，这些问题强调了改善经济增长的重要性，他多年来通过其著作《改良农业与贸易集》宣扬这个观点。[①] 霍顿每周都让他的读者了解商品价格、广告信息，对他们提出建议，以使英国更加高产，更加集约，更富有竞争力。在他看来，煤炭在国家经济转型过程中占据中心位置。霍顿记录了英格兰、威尔士、苏格兰 5000 多个煤炭价格，对英国的煤炭分门别类、赋予等级，描述了数量一直在增加的煤炭提供动力的工业。霍顿提出的最具有煽动性的观点是，煤炭供给的性质和范围意味着很多英格兰土地所有者可以而且应该会砍伐他们的树木。

17 世纪的大部分时间，滥砍滥伐越来越严重，但在霍顿

---

① 书中的文章出版于 1692 ~ 1703 年，但与其 1681 ~ 1685 年出版的 *A Collection of Letters for the Improvement of Husbandry and Trade* 非常相似。

看来，这种说法不足为凭。1611 年，亚瑟·斯坦迪什（Arthur Standish）就说过"无木材，就亡国"，包括皇家专利和成文法在内的无数声明都认为，木材既提供了必要的燃料，又打造了海军的舰船。[1] 而如今，霍顿迫不及待地等着英格兰人会"力图毁掉我们的树木"那一天的到来。[2] 他捍卫这种异端的观念 18 年，其间他听过很多反对的声音，然而他在 1701 年宣称，他一如既往地肯定森林"威胁到公私财富"。[3] 他给出了两个理由。第一，林业根本不像其他形式的农业那样有价值，因此任何卖掉树木的人都会立即获得意外的现金收入，然后可用于投资，并且扩大可耕地面积。

第二，至少同样重要的是，这样的变化不仅更有利可图，而且还更商业化。若没有当地的木材供应，所有人将被迫更加努力地工作，且更加深入地参与市场。劳动力的素质将得到提升，运输成本将会下降，因为将粮食运到市场，返回时可装载燃料。这将产生更大规模的沿海交通，意味着更多训练有素的水手和船只，霍顿渴望量化这种增长。因此，砍伐树木产生了一个更高效、更有生产力的经济，可以养活更多的人，增加就业，生产出更多的食品和制成品，并且也能对好战的邻国产生更强的海上威慑。霍顿强调，这一切都是因为煤炭和树木存在着本质的区别。从政治经济学家的角度来看（"把国家看作合

---

① Standish, *Commons Complaint* (1611), 2.

② John Houghton, *A Collection for Improvement of Agriculture and Trade*, n. 174 (29 November 1695). 重印题目为 *Husbandry and Trade Improv'd: Being a Collection of Many Valuable Materials Relating to Corn, Cattle, Coals, Hops, Wool, &c.* (1727), Ⅰ, 449。

③ N. 483 (24 October 1701), Houghton, *Husbandry and Trade Improv'd*, Ⅲ, 176 – 7.

资公司的一员"），煤炭是免费的，因为它既不需要进口，也不占用土地，因此林地是非常没有必要的。其一，它占用可以商业化的农用土地；其二，它没有促进商业一体化，"此等区域实际上因阻碍煤炭燃烧而无用处"。[①]

霍顿的论点本来是想震惊同时代的人，却因一个非常不同的原因让现代史学者大吃一惊。霍顿认为，使用煤炭能为高产的农业腾出更多土地，这个过程将产生积极的环形反馈，就业机会更多、生产效率更高、供养人口更多、运输成本更低、国内需求更大，也因而会促进制造业增长。霍顿当年的预测成为当今英国经济史上最有影响力的解释。英格兰为什么成为第一个工业经济体（无论他们的比较对象是都铎王朝时期的英格兰还是 18 世纪的中国），对此感兴趣的学者认为，煤炭提供了重要的"隐形土地"。[②] 由于 E. 里格利所谓的"有机经济"的生产源自土地和光合作用提供的能源，因此英格兰倡导使用地下燃料资源决定了英国比其他现代早期经济体使用了更多的能源，而且也不需要那么多的土地来生产燃料。[③] 根据这一观点，由于有了煤，英格兰农业可以生产更多的粮食（正如霍顿所预言的那样），因而人口增长、城市化、刺激消费并带来了独一无二的制造业扩张。

煤炭对英国工业化的另一大贡献是，促进和推动了 19 世纪伟大的技术革新，不过这点不在霍顿的预测范围。但是有的

124

---

① Houghton, *Collection of Letters*, Ⅱ, 56, and 50–73 passim.

② Wrigley, *Energy*, 38–9; Pomeranz, Great Divergence, 275–7.

③ 但是 E. 里格利强调这种区别在短期内才有意义，长期而言，类似煤炭这样的化石燃料并非免费能源而是经过地质时代积累起来的资本储备，且只可能越来越少而无法替代。本书第 2 章对此进行了更为详细的讨论。

历史学者强调蒸汽动力所产生的工业潜力前所未有，而有些学者则认为蒸汽在早期工业化的工厂中作用不大。他们都冒着忽略煤炭似乎曾经为英国制造业提供了关键竞争优势的风险，这一点已在 1690 年代前工业化时期霍顿及其同时代人的书写中有所论及。霍顿指出，煤炭在"多数机械行业（炼铁厂除外）使用，耗费燃料亦最多，玻璃厂、盐厂、砖厂和酿酒厂便是明证"。[1] 对此他并没有强烈反对，也许是因为其他人就煤炭对英格兰的重要性，特别是对伦敦制造业的重要性所做出的解释已经很充分了。当议会在 1695～1696 年考虑对煤炭征收重税时，一系列请愿书和小册子纷纷抱怨说，伦敦的工匠"在没有大量煤炭的情况下无法开工"，除非将燃料税降低，否则"英国制造业将被摧毁，是国家的损失"。[2] 早在 1690 年代，"隐形土地"的开发潜力以及廉价能源的产业回报已经开始显现。

然而，霍顿不满足于这般强调商业利益和产业利益。改良是一项长期的工程，但英国也面临着更紧迫的忧虑，因此霍顿又提出了早已为人熟知的主张：沿海煤炭贸易的繁荣对国家安全至关重要。航运业的发展需要更多的船只和海员，两者在战时都很容易转化为海军力量。霍顿在 1683 年提出的海上贸易与国力的联系在当时已是众所周知，因为一个蓬勃发展的煤炭

---

[1] N. 241, 12 March 1696/7, John Houghton, *Husbandry and Trade Improv'd*, II, 155.

[2] "A Petition of several Dyers ... in the City of London, and several Places adjacent", JCH XI, 394. 另见 "A Petition of the Masters, Workmen, and Servants, of the Glass-houses in Southwark, ibid., 391; 'A Petition of the Feltmakers, Dyers, Smiths ... of Southwark"; "A Petition of the Lord Mayor, Aldermen, and Commons, of the City of London," all in John Houghton, *Husbandry and Trade Improv'd*, II, 390, 412。

贸易"可让邻国不敢与我交战，且……更有利于光荣而又持久之和平"。[1] 由于此事对军事力量有直接贡献，对整个国家也有利，霍顿在1695年说："如欲征税，应对木材征税，而非煤炭，否则势必阻碍吾国之航海事业。"[2] 1695～1696年的同一个冬季提交给议会的请愿书持相同看法，但它们没有说服立法机关放弃这样一个利润丰厚的税源。煤炭税是应该提高（为了国家的财政利益）还是降低（为了工业品消费者和沿海托运人的利益），这一问题在1690年代及之后都未有定论。但是对于各方来说，霍顿关于煤炭能源和煤炭商业贸易具有变革力量的观点越来越有说服力。而在1660年王政复辟之前，人们对伦敦煤炭供应的讨论倾向于关注城市贫民的迫切需求，之后人们越来越倾向于扩大煤炭消费可能有助于增强国力。

"燃料耗费最多之机械行业"：煤炭与制造业经济

在霍顿的生前身后，煤炭一直被认为是"穷人"的燃料，但该描述大部分内容的性质和目的都发生了深刻的变化。穷人、房主或户主对燃料的需要在讨论燃料政策时仍然被援引，市政当局和教区团体仍然免费分发或实行燃料补贴，然而在17世纪末，这种论调在很大程度上发生了变化。人们在讨论燃料政策时所指的"穷人"越来越被理解成商贩和制造商。究其根本，因为他们是国家经济发展的贡献者，而不是房主或对社会和政治稳定构成潜在威胁的人。这些人对国家的重要性

---

[1] John Houghton, *Collection of Letters*, Ⅱ, 56.

[2] N. 174, 29 November 1695, John Houghton, *Husbandry and Trade Improv'd*, Ⅰ, 454.

日益体现在他们的生产潜力上，而不是或者不全体现在他们制造混乱的能力或者体现在要求政府给予家长式关怀和提高政府治理水平上。煤炭在很大程度上依旧是穷人的燃料，但人们越来越不把"穷人"视为弱势、有威胁的群体，而是生产要素了。通过这种观念转变，伦敦的贫穷工匠和富有生产者结为联盟，仿佛他们对廉价燃料的相似依赖克服了他们的社会差异，大家都是制造业中的平等一员。

126 这种言辞话风转变的程度最早体现在贫穷和富裕客户参与燃料市场的方式完全不同的主张。一本 1653 年讽刺燃料批发商如何欺诈和操纵燃料市场的小册子，将谦卑的工匠与伟大的制造商进行了对比。前者是"贫穷丝绸织布工、纽扣制造者、裁缝、拾荒者、梭花边手工者、烟斗制造者、洗衣妇、售卖牡蛎的泼妇等乞丐般的乌合之众"。他们购买少量燃料，"很少……每次超过半蒲式耳"。这本小册子中的木材商贩说，杂货商为他们提供服务，而他把好的都留了下来。"我们和酿酒商、染色商、商人和有钱市民做买卖，他们一次就买四五十，甚至一百查尔特隆的燃料。"① 正如我们在第二章看到的那样，这本小册子的所有论题相当准确地表达了，富人和穷人如何参与市场和获取燃料之间的主要区别。这本小册子的大意是，虽然批发商能够盘剥各个阶层，但是在提出这项指控时，没有迹象表明贫穷的烟斗制造者与富裕的酿酒商有任何共同之处。财富定义了人如何介入市场，而不是客户的燃料用途。

从 1690 年代开始，这种差异变得越来越小，因为小册子

---

① Well-willer to the prosperity of this famous Common-wealth, *The Two Grand Ingrossers of Coles: viz. The Wood-Monger, and the Chandler* (1653), 10. 半蒲式耳相当于 1/72 查尔特隆。

作家、游说者和政治经济学家均认为廉价燃料为伦敦制造业做出了重要贡献。这种将煤炭与工业联系起来的观点并不新鲜。正如我们所看到的，煤炭一直是而且被看作一种工业燃料，酿酒人、玻璃制造者和烧砖匠常被认为消耗了大量的燃料，释放大量的烟雾。[①] 这种标新立异的论调起源于 1666 年伦敦大火之后首次有关新税收的争论，盛行于 1690 年代。议会一再以公开游说的方式对这些高额税收问题进行辩论。为这些辩论而制作的小册子和请愿书纷纷要求降低煤炭税。它们阐述了煤炭与工业生产之间的关系，之前的作者和政府官员经常对两者之间的关系进行评论，但没有将此话题引向深入。从 1690 年代起，政府的新税收需求致使许多行业不得不辩称自己的贡献大于他人的贡献。[②] 在这种语境下，人们对伦敦煤炭市场的要求变得更广泛而具体。

现在越来越多人认为煤炭对于城市工匠和制造商来说至关重要。在某些情况下，这些行当被具体地列举出来，或者由辩护者提出它们的利益。因此在 1700 年前后，伦敦玻璃制造商、染色师和制糖工人的代表纷纷抱怨说，高煤价损害了他们的利益。[③] 然而，一个更好的策略是将这些特定行业的具体利益与城市制造商的集体利益联系起来（因此有人认为这种集体利益更公开

127

---

① 参见本书第 2 章及 William Cavert，"Industrial Fuel"。

② 詹森·皮西（Jason Peacey）认为，革命导致各行业与议会的接触达到新的水平，包括复杂的游说。1690 年代所采用的方式并非新的，但是国家的新税收要求允许这些方式被新的工业和贸易阶层使用。Peacey, *Print and Politics*.

③ *The Case of the Glass-Makers in and About the City of London* [n. d. , c. 1711]; *Reasons Humbly Offered Against the Bill for Laying Certain Duties on Glass Wares* (n. d. c. 1700)；*Reasons, Humbly Offered to the Honourable House of Commons, by the Dyers, Against Laying a Further Duty upon Coals* (n. d. 1696?）；*CSPD 1700 – 2*, 559.

和更普遍）。根据一本采用这种策略的小册子的看法，煤炭贸易有益于"酿酒商、玻璃制造商、盐商、铁匠，以及其他所有利用火作业的制造商和工人"。[1] 其他人发现，仅仅是展示"我制造商依赖海煤"的规模和重要性，就可表明煤炭贸易的重要性。[2]

人们越来越认为，煤炭在伦敦制造业中扮演重要角色的主因是国际贸易的高度竞争性。伦敦对煤炭所征的税比英国对煤炭出口所征的税更重，这项政策不断被谴责是对外国制造商的滑稽补贴。由于很多产品是为了出口，所以任何具有比较优势的因素都至关重要，任何对抗这种优势的政策都是错误的。很多人都认同一本 1690 年代出版的小册子中的观点："外人将比我们出色，买得起多种商品，如各种颜色之毛纺制品、用于航运之铁制品，各种锻铁、玻璃和精制糖等（这些产品都是用我们的煤炭加工制造的），所有国外市场的价格都比我国便宜。"[3] 另外一本小册子认为："外国技师受到极大鼓励，设法打击我国依靠海煤的制造业。"[4] 尽管如此，税收结构仍未改革，因此这些抱怨仍在继续。一种说法是，到了 1740 年代，伦敦及周边地区的燃料价格已经导致"许多制造业疲软"；另一种说法哀叹法国制造业"即便不胜英国一筹，也一定与英国旗鼓相当，如制糖业、玻璃瓶制造业及许多其他有价值之产业，这些事实显而易见"。[5]

---

① *An Account of a Dangerous Combination and Monopoly upon the Collier-Trade* (1698), 8.

② *The Mischief of the Five Shillings Tax upon COAL* (1698), 23 and passim.

③ *Reasons Humbly Offer'd to the Honourable the House of Common*, *Against the Bill for Laying a Duty of 5s per Chaldron upon Coals* (n. d. c. 1690s).

④ *Mischief*, 23.

⑤ William Bowman, *An Impartial View of the Coal-trade* (1743), 22 – 3; Thomas Lowndes, *A State of the Coal-trade to Foreign Parts* (1745), 7.

另有一个观点虽然在当时并不突出，但从英国随后的工业化模式来看，似乎颇有先见之明。在 1690 年代的小册子中，最为详细阐明煤炭利益的是一本匿名小册子，题为《五先令煤炭税之恶》（*The Mischief of the Five Shillings Tax upon COAL*）。这本小册子除了重复外国竞争危险及煤炭对航海有益的论调，还对未来的英国工业地理做了不同寻常的预测。伦敦及其周边地区的高煤价将"把大部分使用海煤的制造业赶到达勒姆（Durham）主教辖区和诺森伯兰郡（Northumberland），或者其他产煤的地区"。煤矿附近的煤价自然便宜得多，任何加剧这种差别的政策只会进一步威胁伦敦工业的生存能力及影响沿海煤炭贸易。该小册子写道："我根据常识在此断言，使用海煤的制造业之命运，在此等有利条件下，北方将胜于南方。这些制造业肯定会不顾一切把南方资源带到北方。不，他们已经在那立足了。"[1]　由于有了这本小册子，经济史学者罗伯特·艾伦（Robert C. Allen）有关廉价能源能带来工业利益的观点也就不足为奇了。[2]　当然，《五先令煤炭税之恶》没有预测到蒸汽机的发明，但明确地将廉价燃料与工业竞争力联系在一起，并且得出结论，北方人与法国人和荷兰人一样都能轻而易举地让伦敦人失业。[3]

在 18 世纪的前几十年，有关煤炭对城市制造业重要性的争论会定期出现在出版物和议会里。印刷出来的小册子继续为矿主、托运人、中间商、消费者的各种利益辩护，其中一些观

128

---

[1]　*Mischief*, 19–21.

[2]　Allen, *British Industrial Revolution*.

[3]　廉价燃料对于英国其他地方制造业竞争力的重要性，还可参见"Essay on Ways and Means to Raise New Funds"（1757），BL Add MS 1215, f. 232v；*An Account of the Constitution and Present State of Great Britain*（1759），4。

点变成小论文，捍卫煤炭在英国政治经济中的地位。① 例如，一本 1739 年的小册子详细地描述了一个贸易卡特尔"对许多制造商，如染色商、糖面包师、酿酒商、玻璃制造商、制盐商、制铁商、翻砂人等产生了不小的冲击，极大地压迫穷人"。② 另一个更加深入的讨论认为"吾国各种制成品"需要使用"大量"煤炭才能加工生产出来，而另一个讨论则清晰地阐明了哪些行业正与外国对手竞争，而他们则从英国进口廉价煤炭。③ 这些观点增加了对能源在政治经济中的角色进行分析的复杂性，但他们的用语并非开明哲学精英所独有。制造业游说团体纷纷向议会提出了几近相同的观点。1738 年伦敦市议会认定"制造商与赤贫者"是高煤价的主要受害者，但在几个月内，制造商在受害者名单中明显地移到了前面。④ 一封代表"用煤大户"利益的请愿书呈递到了下院。⑤ 几个星期后，伦敦市政府递交了一份附议请愿书，具体列出了"用煤

129

---

① 这类小册子还有 *The Case of the Owners and Masters of Ships Imployed in the Coal-trade* (1729)；*Reasons Humbly Offer'd for Continuing the Clause Against Mixing at the Staiths the Coals of Different Collieries* (1711)；*Reasons Humbly Offered*；*To Shew，That a Duty Upon In-land Coals，will be no Advantage to His Majesty* (1725?)。

② George Nixon，*An Enquiry into the Reasons of the Advance of the Price of Coals，Within Seven Years past* (1739)，10.

③ *A Letter to Sir William Strickland，Bart. Relating to the COAL TRADE* (1730)，17；Lowndes，*A State of the Coal-Trade*；Bowman，*An Impartial View*.

④ Jour. 58，f. 82v.

⑤ 28 February 1738/9，*JHC XXIII*，263. 这项请愿代表着"玻璃制造商、酿酒商、糖面包师、制皂商、制铁商、染色商、制砖商、石灰商、翻砂人、印染商以及其他商人和居住于伦敦城和威斯敏斯特及周边之居民"的利益，他们都是"用煤大户，这些煤炭从纽卡斯尔以及英格兰北方进入伦敦港"。参见 Robert Walpole，CUL MSS Ch (H) Political Papers，80，64。

大户"的费用。① 霍勒斯·沃波尔（Horace Walpole）认为，整个辩论似乎由"制造商"操纵。②

到了 18 世纪中叶，伦敦的煤炭消费越来越与制造业联系起来。③ 城市贫民的需求仍然被援引，但常与大型工业混合在一起。在 18 世纪两位主要政治经济学家的著作中，这种混合达到了现代早期的顶点。然而，乔赛亚·塔克（Josiah Tucker）认为对国内煤炭贸易征税非常"荒谬"。他在 1750 年写道："对生活必需品征税实际上是对贸易和工业征收重税，必须把肥皂、煤、蜡烛、盐和皮革的关税计算在内。"④ 对煤炭征税就是对生活征税，提高了劳动成本，因而增加了制作任何产品和从事任何生意的成本。不过他对煤炭的评估很不一样。他认为煤不是生活必需品，而是一种"原材料"。煤炭出口到法国和荷兰，他们用这种原材料"生产出自己的产品，意在阻止销售英国商品"。因此他建议，"鉴于伦敦城是整个王国的最重要城市"，为了"伦敦制造商的利益"，应对煤炭加倍征收出口税。塔克认为煤炭对制造业很重要，因为它既是原材料，也是生活必需品，因而也是劳动力成本的一部分。虽然他在不同语境下提出了两个截然不同的主张，但都将烧煤与工业生产融为一体。

乔赛亚·塔克在几年间的文章中提出了两种针对煤炭的看

130

---

① *JHC XXIII*, 305.

② *HMC Buckinghamshire*, 28.

③ *HMC Townshend*, 375；Josiah Tucker, *A Brief Essay on the Advantages and Disadvantages*, *Which Respectively Attend France and Great Britain*, *With Regard to Trade* (1749), 23.

④ Josiah Tucker, *The Case of the Importation of Bar-Iron From Our Own Colonies of North America* (1756), 28 - 9.

法，亚当·斯密则借鉴了他的思考，将两种论断删繁就简地结合在一起讨论。斯密在《国富论》中写道，如同肥皂、蜡烛、盐和皮革，煤炭也属于"生活必需品"（如塔克所言）。因此，它是劳动力成本的一个重要组成部分，"全英制造业都把自己限定在几个主要的产煤地区，其他地区因煤炭价格高昂，生产成本难以如此低廉"。在把煤炭定义为必需品之后，斯密接着转而将其视为一个生产要素："在生产某些产品的过程中，煤炭可为贸易之手段，如玻璃制造、制铁及其他所有金属制造。"然后他说，出口税却比国内贸易税要轻，真是咄咄怪事。① 那么，不论是斯密还是塔克，他们都认为煤在劳动者家中的壁炉燃烧与在工厂熔炉燃烧，其作用毫无二致。在竞争激烈的世界贸易中，两者都是工业生产的成本。

"威慑邻国"：水手的摇篮

约翰·霍顿支持煤炭贸易主要是因为其商业价值，但他还将其与军事因素联系起来。不断发展的沿海贸易需要更多的海运和水手，他认为这种增长会使船只数量倍增，从而给伦敦供应煤炭和木材。曾经见识过现代早期泰晤士河的人都会感叹，这里有一支庞大的舰队，足以"威慑邻国，使其不愿与我国交战，在光荣持久的和平中使我国获得更多优势"。② 虽然霍顿对煤炭的商业优势阐述独到且富有洞察力，但他对煤炭与海军联系的分析了无新意。大众对这个话题非常熟悉，使他能够

---

① Adam Smith, *An Inquiry into the Nature and Causes of the Wealth of Nations*, R. H. Campbell and A. S. Skinner, eds. (Oxford, 1976), 874 – 5.

② John Houghton, *Collection of Letters*, II, 56.

很容易地达到自己的目的，即用习以为常的论点来支撑他那不同寻常的主张。煤炭贸易对英国海运举足轻重，霍顿之前的人持这样的观点已经有好几十年了，他的后来人将进一步阐述这一点，用以解释在 1689 年后发生的大规模海战中，沿海煤炭贸易对英国的国家安全是多么重要。

从 1650 年代起，英格兰与荷兰打了三场海战，然后又与法国发生了一系列更久、更费钱的冲突，英格兰海外贸易的范围却扩大了。每当战争发生，都需要迅速招募数千人，任何体格健壮的人都可能成为一名合格的士兵，不过在海军服役仍需经过特殊训练。"能干的水兵"或称职的炮手必须具备一定的经验和技巧，但光是克服因晃动而晕船就需要海上经历。在拥挤的船上这可是一个重要的问题。一位作者在 1693 年说道，晕船的"旱鸭子"一旦上船，"无论是在甲板上还是在舱内，胃里会翻江倒海，吐到胃空，让其他船员深受其扰，呕吐物使皇家舰队的船员罹患多种疾病，就像他们在最近几年的远征遭遇的那样"。① 因此，水手要有"不晕船的腿和胃"，且适应船舰生活仍需时日。但一旦战争爆发，皇家海军立即需要招募新兵。在 1689 年和 1690 年之间的冬季，皇家海军已经招募了两万人，数月之后又招募了 3.3 万名新兵。② 没有人力，花费巨资建造船只毫无用处，而外交官、行政官员和军官的决策也难

131

---

① Anon, "Proposals to Increase Seamen (1693)," in J. S. Bromley, ed., *The Manning of the Royal Navy: Selected Public Pamphlets 1693 – 1873* (1974).

② 招募最多时超过 45000 人，达到了 1690 年代和 1706 ~ 1711 年的数量。Daniel A. Baugh, "The Eighteenth Century Navy as a National Institution 1690 – 1815," in J. R. Hill and Bryan Ranft, eds., *The Oxford Illustrated History of the Royal Navy* (Oxford, 1995); N. A. M. Rodger, *The Command of the Ocean: A Naval History of Britain 1649 – 1815* (New York, 2006), 206.

以实施。许多现代早期的评论家认为,英格兰的航运对国家安全极为重要,煤炭贸易常被认为是未来海员最基本的必修课。

自 16 世纪末以来,英国王室幕僚就致力于扩展航运和补充训练有素的水手。在斯图亚特王朝统治初期,人们在讨论煤炭贸易时经常强调其为航运业的整体发展所做出的贡献。① 然而,早期的这些说法通常局限于煤炭运输有助于提高国家海事能力,很少有人将此观点引申为"航海"能力可直接转化成海军实力。② 从 17 世纪中叶开始,随着人们逐渐意识到英格兰皇家水手的数量之所以可以达到史无前例的顶峰,沿海煤炭贸易提供了必要的基础,这种看法才得以改变。泰恩河、威尔河沿着英格兰东海岸不间断地流到伦敦(从小范围来看,还流向东南部的其他港口)。这条水路的确支配着英国的沿海贸易,管理者、改革者和小册子作者越来越多地把所涉及的那种颠簸视为一种培养海军人才的方式,这将是统治海洋所必需的。

132

---

① 例见 "Reasons against impositions to be layed upon Coles," (c. 1590) BL Lansdowne MS 71/13, f. 24; John Keymer's project, KHLS U269/1 OE1515; BL Lansdowne MS 169/54; Robert Kayll, *Trade's Increase* (1615), 10 – 2; Commons' grievances, 1624, SP 14/165/53, Ⅸ; Statements by the Bishop Neile of Durham, Bidwell and Jansson, eds., *Proceedings in Parliament 1626*, Ⅰ, 239, 241; "Petition of masters of owners of ships trading to Newcastle for coals to the council," SP 16/180/58, (calendared 1630, dated by Nef to 1638); Maija Jansson, ed., *Proceedings in the Opening Session of the Long Parliament House of Commons* (Rochester, 2000), Ⅰ, 82, 86。

② 1618 年枢密院通过调查也发现了例外情况:对煤炭贸易进行管理"与海军之状态有关联,对经由海权扩大王国之权威有关联,而达成此目标,与纽卡斯尔的贸易是关键"。*APC 1618 – 9*, 276. "法国、荷兰之海上实力日益增长,早该增强吾王国皇家海军力量……与纽卡斯尔的煤炭贸易很有可能解决以渔业为目的的所有问题,尤其是培养水手"。Bod. Rawlinson MS A 185, f. 309 – v (c. 1628?).

有人认为，沿海煤炭贸易的蓬勃发展培养了训练有素、经验丰富的人才，为捍卫英国的海疆和在全世界拓展英国的海上贸易提供了必要的资本。《五先令煤炭税之恶》这本小册子详细阐述了这类说法，并断言沿海煤炭贸易为国家安全做出了独特贡献。[①] 首先，煤运是英格兰航运业中资本价值最高、雇用人员最多的，因此可以将其称为"我国航海的真正源泉与坚强后盾。它是我们最伟大、最长久和最普遍的摇篮，孕育了我国之船舰与水手"。这位作者（隐晦地）说道，国外贸易相对而言无关紧要，因为使用的船只较小。[②] 海外航运造成了人力流失，交易利润流向东印度和西印度东西部以及非洲，在那些地方"英格兰人的身体"因"咸肉、臭水和炎热气候"而衰弱。在这些恐怖的海岸附近发生海难可以说是必死无疑，但是在沿海贸易中，即使有一场风暴也仅仅是把英国水手冲到他们本国的海滩上，"冲回他们母亲的怀抱，而性命无忧"。这本小册子认为，忽视煤运就是忽视航海，这种险境已为英国早期历史充分证明，撒克逊人、丹麦人和诺曼人都曾成功入侵英国。总之，"煤运的蓬勃发展"不但对国家安全至关重要，而且也是帝国之基，将确保英格兰的"国内环境安全舒适，在国外则令人敬畏"。

这本小册子的作者确实把他的观点发挥到了极致，其他清醒和相对公正的观察家则认为，只要管理适当，煤运确实是把一个英国男人训练成有经验水手的最佳方式。然而，一个

---

① *Mischief.*

② 约翰·哈彻认为沿岸煤炭贸易在 17 世纪的大部分时候占了英国国内船舶吨位的绝大部分，参见 Hatcher, *History*, *Before 1700*, 470 - 1。但是，其价值与对外贸易相形见绌，而事实上到了 1700 年对外贸易所使用的船舶吨位并不比煤炭运输船队少。

令人不解的困境出现了。为了不损害上述贫困家庭和工业制
造商的利益，国家即使在战时也不能暂停沿海煤炭运输。因
此从长远的角度看，沿海煤运培养着潜在水手，而在战时劳
动力市场上却是海军的直接竞争者。设计者、改革者和政治
家认为这个问题是可以解决的。一些提议富有建设性，它们
认为运煤船队可为海军提供水手，又能降低自己的劳动力成
本，从而降低燃料价格。① 1703 年，包括托利党未来领袖罗伯
特·哈利在内的议员极力认为，在经历了一场破坏性极大的飓
风后，在众多增加海军人员的问题建议中，鼓励煤炭贸易是最
不坏的建议。② 他们最具雄心的计划是把煤炭贸易视为养育水
手的机器，可"永久保留、不断增产"。③ 从 1690 年代起，煤
炭贸易为国家提供商业用船和海军船舰的主张在请愿书和议会
演讲中司空见惯。④

　　尽管前景乐观，但要消除维持煤炭贸易与为海军提供补给

① 约翰·伯奇（John Birch）和乔治·唐宁（George Downing）上校分别在
1671 年和 1675 年的演讲中提出过建议，参见 Anchitell Grey, *Debates of the
House of Commons, from the year 1667 to the year 1694* (1763), Ⅰ, 441;
Ⅲ, 333; *An Answer to the Coal-Traders and Consumptioners Case* (1689);
Robert Crosfield, "England's Glory Revived (1693)," in Bromley, ed.,
Manning of the Royal Navy, 6; "Proposals to Increase Seamen (1693)," in
ibid., 13 – 4; Sir William Hodges, *Great Britain's Groans: or, An Account of
the Oppression, Ruin, and Destruction of the Loyal Seamen of England* (1695)。

② Minutes of a debate by a parliamentary committee on manning the fleet, 27
November 1703, and committee of the whole house, 4 December
1703. R. D. Merriman, ed., *Queen Anne's Navy: Documents Concerning the
Administration of the Navy of Queen Anne, 1702 – 1714* (1961), 184 – 7.

③ *A Plan for the Better Regulating the Coal Trade to London, by Preventing the
Fluctuation of the Price* (n. d., c. 1750), 4.

④ 例如 *JHC XI*, 382; *JHC XII*, 587, 609; *JHC XIV*, 310; *JHC XVI*, 531;
JHC XXI, 474, 516; *JHC XXIII*, 309。

之间的紧张关系几乎是不可能的。海军方面的管理人员和军官即使认可了伦敦煤炭供应的政治与经济重要性，仍对煤运虎视眈眈。例如，在 1665～1667 年的第二次英荷战争中，有些海军领导人几乎无法克制自身的冲动。1665 年 5 月，桑德维奇上将（Admiral Sandwich）在日记中写道，在萨福克海岸附近看到了 80 艘运煤船。尽管"国王宣布要保护水手，但是仍考虑……是否应该立即［把他们］征入海军"。① 这些军官决定不要因为这支运煤舰队而给伦敦城里的人们留下不好的印象，但桑德维奇几周之后就没有这样的顾忌了。"一队船只众多的运煤船队经过，计划驶向伦敦，我们从中征用了一些人（尽管国王确实明令禁止），如此做确有必要，因我军每天都在备战，迫切需要人手。"② 同月，阿尔比马尔公爵从白厅写信给桑德维奇，说不能再强征煤运船工人了，否则会因燃料短缺引发城里穷人"巨大骚乱"。③ 但在次年，他自己在繁忙的竞选活动中与鲁珀特王子（Prince Rupert）一起指挥海军，他们迫不及待地征用运煤船队的工人，作为对战斗减员的补给手段。④ 船工们知道海军如何看待他们，一位海军上将向塞缪尔·佩皮斯描述他们是"惯骗"，借此来回避媒体的关注。⑤

134

① R. C. Anderson, ed., *The Journal of Edward Mountagu First Earl of Sandwich Admiral and General at Sea 1659 – 1665* (1929), 212.

② R. C. Anderson, ed., *The Journal of Edward Mountagu First Earl of Sandwich Admiral and General at Sea 1659 – 1665*, 223.

③ Albemarle to Sandwich. 2 November 1665, Bod. Carte MS 75, f. 389.

④ J. R. Powell and E. K. Timings, eds., *The Rupert and Monck Letter Book 1666* (1969), 66, 71, 131, 140, 285.

⑤ Robert Latham, ed., *Samuel Pepys and the Second Dutch War*: *Pepys's Navy White Book and Brooke House Papers* transcribed by William Matthew and by Charles Knighton (Aldershot, 1995), 134.

虽然事实上确实存在紧张关系和竞争现象，但许多人赞同沿海煤炭贸易曾经或者能够为海军提供所需人才，使英国能够寻求制定越来越雄心勃勃的外交政策。他们其实可能是对的。一些关心扩充英国海军人数的人士对法国体制很是羡慕，该体制有一个全国性的海员登记制度，从而使政府能够遴选出成千上万训练有素的水手快速应征入伍。但比起法国人的方法，战时保持沿海贸易可以给英国带来源源不断的兵源。[①] 难怪在整个现代早期，很多人都认为沿海煤炭贸易会带来如此可观的战略利益，因此政府有意压制伦敦附近煤矿的发展。爱德华·钱伯莱因（Edward Chamberlayne）在 1683 年说，有人确信伦敦城外格林尼治附近的布莱克希思（Blackheath）拥有丰富的煤炭储量，这"对航海是一个极大的伤害……考虑到纽卡斯尔与伦敦之间的煤炭贸易已为我国最佳的海员培养方式"。[②] 事实上，布莱克希思根本没有煤炭，但那时的人们都对此一直深信不疑，即使到了 19 世纪这个说法都还需要驳斥，这强烈地

---

① 有关登记计划，参见 Captain George St Lo，"England's Interest；Or，a Discipline for Seamen（1694），" in Bromley，ed.，*Manning of the Royal Navy. For comparative effectiveness Rodger*，*Command of the Ocean*，210 - 2。

② Edward Chamberlayne，*The Present State of England*（1683），28. 这方面的观点还可参见 *Mischief*，6；*The Present State of Great Britain*，*and Ireland* … *Revised and Completed to the Present Time*，*By Mr. Bolton*（10th ed. 1745），102；*The Foreigner's Guide：Or，a Necessary and Instructive Companion Both for the Foreigner and Native*（1729），12；Madame van Muyden，ed.，*A Foreign View of England in 1725 - 1729*；The Letters of Consieur Cesar de Saussure to his Family（1995），195。1643 年夏天，伦敦城曾资助对不莱克希思煤炭储量的勘探活动，而在肯特（Kent）发现煤依然是 19 世纪地质学家的目标。Rep. 56，f. 198v，207v，237；W. Stanley Jevons，*The Coal Question：An Inquiry Concerning the Progress of the Nation，and the Probably Exhaustion of our Coal-mines*（1906），52 - 4。

表明在 1650 年后沿海煤炭贸易可以满足首都巨大的市场需求，　135
可以为一个海运国家和海军强国提供人力，这种看法多么深入
人心。

"依靠煤炭"：沿海贸易与力量源泉

整个现代早期的英格兰，许多人都同意约翰·霍顿的观
点，即对煤炭征税不明智，因为煤炭税阻碍了航海业的发展，
可是政府依然征收了煤炭税。甚至亚当·斯密也承认，虽然煤
炭税提高了制造成本，但煤炭税也并不像乔赛亚·塔克说的那
么"荒谬"。"这种税收尽管提高了生活成本，也提高了工人
的工资，还为政府提供了一笔难得的、可观的收入。因此，可
能有充分的理由继续对煤炭征税。"[1] 正如斯密观察到的那样，
在 18 世纪找到新税收不再容易。从 1600 年开始对伦敦进口的
煤炭征税，1690 年代后变得愈发严重。对于颂扬煤炭好处的
小册子文学来说，高税收及其引发的争论是主要话题。那些对
继续征收煤炭税最忧虑的人高呼，煤炭对就业、贸易和制海权
具有至关重要的作用。但是，煤炭税对壮大国家实力也有贡
献，其重要性不亚于培训水手和实现商业一体化。到了 18 世
纪初，伦敦的煤炭消费为英国王室提供了一个巨大可靠的税收
来源，这是英国财政强军的重要前提。

在伊丽莎白一世统治时期，伦敦煤炭消费首次出现爆发式
增长，自此以后英格兰这个国家就想方设法让煤炭贸易迎合其
利益。1600 年纽卡斯尔霍斯曼公司每年向英国王室进贡几千

---

[1]　Smith, *Wealth*, 875.

英镑。几任国王都重复利用伦敦煤炭计量局的职位来谋取利益，将其当成免费赞助的来源。① 1630 年代，查理一世试图让王室垄断沿海煤炭贸易，以此增加王室收入。在王位空缺期，议会颁布法令对伦敦的煤炭进口新增了多种税赋。② 因此，到 1660 年斯图亚特王朝复辟时，纽卡斯尔 – 伦敦煤炭贸易税已经征收了 60 年。

尽管有多种煤炭税，但仍不是国家财政收入的持续重要来源。直到 1666 年伦敦大火，煤炭税成为一个既方便又合乎逻辑的税收来源用于重建伦敦。1667 年的"重建法案"规定对进口到伦敦港的每一查尔特隆煤炭征收 1 先令的税。这项税收不太重，只造成了 4% ~ 5% 的价格上涨，但税率不断更新和提高，煤炭的总税率直到 18 世纪初才稳定在每查尔特隆征税 10 先令。这是矿山坑道口原价的两倍，与 400 英里海运的价格相当，到伦敦消费者手上的最终成本高了 30% 甚至更多。因此，正如小册子作家经常抱怨的那样，煤炭税在 18 世纪的确是燃料价格的重要组成部分。③ 但这些高昂持续的税收使煤炭贸易成为英国财政强军的重要手段。主要为了保证新的煤炭

---

① F. W. Dendy, ed., *Extracts from the Records of the Company of Hostmen of Newcastle-upon-Tyne* (Durham, 1901); Healy, "Tyneside Lobby". 有关王室多次做出努力来确保对海煤计量器安放位置的资助，参见 Rep. 20 f. 458; Rep. 24, f. 162; Rep. 27, f. 45v, 180; BL Lansdowne MS 152, f. 42。

② Oxford Bod. Bankes MS 37/34; TNA SP 16/447/88; TNA PC 2/49, 581, 592 – 3; Nef, *Rise*, Ⅱ, part Ⅴ, ch. 4.

③ William John Hausman, "Public Policy and the Supply of Coal to London, 1700 – 1770" (PhD thesis, University of Illinois at Urbana-Champaign, 1976), 161 and passim; M. W. Flinn, *History 1700 – 1830*, 283. 有关各种煤炭税，参见 T. S. Ashton and Joseph Sykes, *The Coal Industry of the Eighteenth Century* (Manchester, 1929), 247 – 8。

税收，1694 年的一项法令批准了一笔 564700 英镑的借款，规定募集的资金用于海军建设。[①] 另一项创立于 1709 年的国家彩票筹资在 1720 年被定为永久性税收，所筹集的资金将捐给南海基金（South Sea Fund）。[②] 1714～1750 年乔治一世继位期间，这些税收从 19 万英镑增长到 25 万英镑，占英国税收总额的 4% 左右。[③] 这是一大笔钱，从很多方面来说征收这笔税比当时大部分其他财政收入来源要容易。

对煤炭的需求被认为已经稳定、自然而然且难以避免。潮流、创新或国外竞争可能会大幅改变纺织品等商品的市场前景，但煤炭税在未来几年都很有可能不变。用经济学家的话来说，人们对煤炭的需求相对缺乏弹性。用当时的话来讲，煤炭是生活的必需品而非奢侈品。这种稳定的需求意味着煤炭税的确是英国政府所需的财政收入，可为其不断增长的债务提供担保。正如约翰·布鲁尔（John Brewer）指出的那样，英国的"金融革命""取决于债权人的信念，即政府是否有能力和决心偿还债务"。[④] 许多经济史学者把注意力集中在这个信念的体制层面，认为议

137

---

① 6&7 W&M, c. 18, sec. 17, 21. The Statutes of the Realm (1819)，Ⅵ，604–5.

② 8 Anne c. 10. Statutes of the Realm (1822)，Ⅸ，205–16. 有关用煤炭税发放的其他借款，参见 P. G. M. Dickson, *The Financial Revolution in England*：*A Study in the Development of Public Credit, 1688–1756* (1967)，72，206，417。利用煤炭税发放的 175 万英镑借款而引发的舆论战，参见 William Pulteney, *Some Considerations on the National Debts, the Sinking Fund, and the State of Publick Credit* (1729)，7，79；Robert Walpole, *Some Considerations Concerning the Publick Funds*：*The Publick Revenues, and The Annual Supplies, Granted by Parliament* (1733)，42–8。

③ Hausman, "Public Policy," 165.

④ Brewer, *Sinews of Power*, 88. 另见 William J. Ashworth, *Customs and Excise*：*Trade, Production and Consumption in England 1640–1845* (Oxford, 2003)。

会看似（事实上也是）比专制君主更有可能认真对待债务，因而更有信用。[1] 但是许多时人也看到了税收本身的性质以及其来源贸易的性质的重要性。对煤炭这样的生活必需品征税恰好能够获得人们的信任，因为普遍认为煤炭消费不仅必要而且难以避免。[2] 伦敦人需要煤炭，而这种需求可以转化为滚滚财源，然后政府可以基于多种财务需求和目标操纵它。

历史学者认识到，国家的财政利益与相关的、独特的经济增长目标之间有着内在的紧张关系。亚当·斯密认为，燃料成本高可能会限制竞争力。对于反对国内高煤炭税、低出口税的人来说，这个观点稀松平常。他们声称，伦敦人饱受这些税收的折磨，并暗示这是一项零和政策，既剥夺贫穷消费者的钱袋子，又给制造商增添了压力。但很多评论家、请愿人和倡导者也意识到，在持续的财政危机期间这种悲观的立场于事无补。因此他们认为，完善的税收制度可以实现民众和国库利益的最大化。有人主张煤炭需求实际上具有灵活性，他们强调高税率降低了消费量，因而是反生产的。威廉·鲍曼（William Bowman）在 1743 年的一本小册子里描绘了穷人四处乞讨燃料的悲惨遭遇，他们穷得买不起价格正在上涨的煤炭。

---

[1] Douglass C. North and Barry R. Weingast, "Constitutions and Commitment: The Evolution of Institutions Governing Public Choice in Seventeenth-Century England," *Journal of Economic History* 49 (1989), 803 – 32. 还有一些重要的评论，参见 Julian Hoppit, "The Nation, the State, and the First Industrial Revolution," *Journal of British Studies* 50 : 2 (April 2011), 307 – 31; D'Maris Coffman, Adrian Leonard, and Larry Neal, eds., *Questioning Credible Commitment: Perspectives on the Rise of Financial Capitalism* (Cambridge, 2013)。

[2] 由于煤炭沿海运输，因此由海关征收煤炭税，但从现代经济学的角度来看，煤炭税类似于向啤酒、肥皂等商品征收消费税。

伦敦多有贫户，且不说远离伦敦住在内地的穷人，本可勉强购得些许海煤，如今却几乎或根本生不起火，只有用骨头或由以前买到之煤袋里挤出零星煤炭，在夏季从街上拾来之豆荚、豆壳，杂着一两把煤炭在冬天生火，（假使取消该税赋）……过冬则更为舒适。

他们对"舒适"的渴望将直接导致煤炭消费的增加。鲍曼认为，如果目前的税收取消了，那么超过 1/3 的煤炭将会立即进入市场。工薪者将会消耗更多的燃料，这又使贸易得以扩展，从而雇用许多穷人。这些以前的穷人终将成为纳税消费者，成为"麦芽酒、烈酒、烟草、糖、肥皂、蜡烛等商品"的购买者，（从而）"使政府获得之税收多于煤炭税收，但是由于就业缺失，他们无法成为消费者"。[1] 煤炭税取消了，蓬勃发展的煤炭贸易就会激发劳动生产力，因而刺激（可征税的）商品消费。对于持有类似观点的作家而言，煤炭是一种商品，政府可以通过税收任意调节煤炭贸易的扩张或萎缩。在这样的设想中，最明智的做法是完全取消煤炭税，以推动其他相关行业全面发展，有效利用廉价煤炭所带来的好处，为其他更昂贵的商品开辟市场。

鲍曼用修辞策略论证到，在 18 世纪中叶，如果反对煤炭税的立场能够证明该政策可以增加而不是降低皇家的财政收入，那么这个立场就站得住脚。其他人没有展开论述，但也提出了类似的主张，认为他们的首选政策最终将有助于提升贸

---

[1]　William Bowman, Merchant, *An Impartial View of the Coal-Trade* (1743), 16, 14, 28.

易，改善国库的收支状况。① 国家的需求不能轻易地置之不
理，因此一旦煤炭税成为王室财政收入的核心部分，所有持
此观点的人就不得不接受这项制度，或者表明能够替代这项
制度的方法。鲍曼的回应是，用不断增长的消费税取代煤炭
税，以此来刺激更多的煤炭消费。因此，伦敦的沿海煤炭贸
易对财政收入有直接或间接的贡献，对于一个外有敌对势力、
内有重重债务的国家来说，被普遍视为一项不可或缺的资产。
鲍曼最后还强调，他的提议将有助于"我国海员培养的唯一
摇篮"，从而有利于增强英国的海军实力。② 本章讨论了煤炭
对工商业、海军建设、财政收入的影响，这个案例很典型。这
139 三方面内容在实践中往往被看成相互重叠、相互支撑和相互
补充。

诺斯和曼德维尔论改良与环境

本章认为，根据很多不同派别评论家的说法，伦敦的煤
炭消费和贸易对国家繁荣、海军力量和财政健康至关重要。
值得强调的是，这些论点并非仅适用于煤炭贸易。事情远非
如此，其影响力大部分来自他们的惯例习俗，来自简单易懂

---

① 例如 "A Scheme for Erecting a Magazine for Coales," (c. 1710) BL Add MS
29, 948, f. 174 – v; Philalethes, *A Free and Impartial Enquiry into the
Reason of the Present Extravagent Price of Coal*; *Shewing The great
Inconveniences which arise from thence*, *especially to the Manufacturers of the City
of London*, *and Adjacent Counties* (1729), 4; *The Case of the Glass-Makers*,
Sugar-Bakers, *and Other Consumers of Coals* (1740); *A Plan for the Better
Regulating the Coal Trade to London*, *by Preventing the Fluctuation of the Price*
(1750?), 2。

② Bowman, *Impartial*, 17, 27.

的、渴望繁荣和权力的社会共识。时人都知道，主张煤炭具
有独特的培植商业网络或培养专业海员功能通常是有特定的
诉求。正如达芬南在1696年指出的那样："商业社会基本不
会认为一国之繁荣完全仰仗于单一关税。"① 因此，说客和小
册子作家那些认为煤炭具有重要地位的夸大其词，许多读者
肯定是有所怀疑的。对于上文讨论的大部分说辞，人们争论
激烈。拥护建设渔业船队的人声称，渔业船队比煤炭贸易培
养出了更多的水手，而在讨论纺织产业重要性时，丝毫不提
任何燃料政策。

　　时人并非都认可煤炭具有重要地位的观点，几个说客主张
也不纯是言过其实。人们越来越把廉价燃料对制造业的重要性
看成伦敦整体利益的基本面之一。例如，1729年向议会提交
的请愿书并非出自"商人社团"，而是以伦敦城所有产业"消
费者"的名义提交的，且请愿者受到市政当局的支持。② 在乔
赛亚·塔克和亚当·斯密等人的评论中，煤炭问题是政治经济
中心议题的一部分。亚当·斯密的《国富论》问世几年后，
议会讨论了煤炭贸易对北美殖民地及其欧洲盟国战争中的重要
性。上院强烈主张把煤炭贸易作为培养水手的基地且认为其对
制造业至关重要。博尔顿公爵甚至说道："煤炭贸易对首都具
有实质性影响，其存亡有赖于煤炭贸易。"③ 这个说法尚有争
议，因为他当时正与政府进行政治斗争，而他的说法不过是　140

---

① Charles Davenant, *Discourses upon the Publick Revenues, and Trade of England*
 (1698), 30.

② *JHC XXI*, 366, 368; Rep. 133, 181 – 2, 190 – 1, 266, 292, 347 – 8.

③ William Cobbett and John Wright, *The Parliamentary History of England*, *from
 Its Earliest Period to the Year* 1803 (1814), XX, 998, 999 – 1002.

一种论争的姿态。几年之后，威廉·皮特（William Pitt）在迫于大规模群众的反对而无奈撤回新煤炭税计划时，发现博尔顿公爵的言辞却很有说服力。① 此处的重点不是哪个人赢得了哪场政治辩论，而是更全面地描述一个问题：从 17 世纪末到整个 18 世纪，有关煤炭很重要的争论越来越多，越来越难以忽视。

许多或者说实际上几乎所有这些说法，都未曾提到煤炭的副产品，即笼罩在伦敦上空肉眼可见的烟雾。但是关注烟雾的人，尤其是那些认为伦敦可以减少烟雾的人，发现自己面临着上述总结出来的论点的挑战。在这种情况下，煤炭在国家资产中那种无懈可击的地位开始遭到质疑。例如，在匿名文章《解毒药方》中，多数伦敦人把煤炭视为"污染空气之唯一原因"。这本小册子认为，尽管人们意识到煤炭有着令人讨厌的煤烟和会对健康有害的特点，却难以改变。其中还写道，首都市民认为，公共卫生的真正改善将遥遥无期，"除非（他们说）能说服政府最终同意禁止从纽卡斯尔进口煤炭到伦敦周边，而此事绝难促成"。②

事实上，人们对政府颁发煤炭贸易禁令是不抱任何期望的，这位现代早期的作者也只是尝试表达伦敦实际上可以放弃煤炭供应。甚至连约翰·伊夫林也没有在他的《烟尘防控建议书》中真正地提出这个观点，反而认为国内消费是无足轻重的，一旦将工业燃烧器移出城市，空气就会变得清新。不过蒂莫西·诺斯（Timothy Nourse）在写于 1690 年代的《伦敦燃

---

① Jonsson, *Enlightenment's Frontier*, 181 – 2.

② *Orvietan*, f. 8v.

料》一文中说出了或是几乎说出了这一点。他认为伦敦可以改用木质燃料，因此可不用海煤。他也像伊夫林那样把一系列的环境、医疗、美学和道德灾难归咎于煤炭的使用。为了使他的观点得到认可，他不仅需要证明英国能够种植足够多的树木，而且要指出失去煤炭贸易不会出现什么大问题。值得注意的是，他的论点与本章讨论的所有观点一致，他还逐一论证了这些论点对实施他的整体计划不会产生问题。许多"煤烟呛人之职业……火炉先生们"以及"铁匠之子们"，使用煤炭开展工业生产，可将他们重新安置于河之岸，煤炭可继续使用，而不会给都市的大部分地方产生恶劣影响。可安排 2400 个贫困户在撂荒土地和共有土地上管理新种植的树木。诺斯认为"煤运活动培养海员，此法可为国家增添利益"，但是他转而强调说发展沿岸渔业也可以起到同等作用。他进一步解释说，换个地方持续消费意味着在任何情况下沿海贸易都将继续下去。对煤炭征税可以维持，直至完成对圣保罗大教堂建设的筹资，之后木材税就会轻而易举地取代煤炭税。城市贫困人口可能仍能得到一些海煤救济，"而不至于给城市带来很大问题"。[①] 因此，就伦敦可以放弃使用煤炭这个观点，诺斯比其他任何现代早期作者都更加实际。他认为自己有义务去证明该计划既不会危害该市的济贫制度，也不会损害工业生产，危害英国对训练有素船员的培养和需求，更不会削弱英国的

141

---

① Timothy Nourse, "An Essay upon the Fuel of London', in Campania Fœlix. Or, a Discourse of the Benefits and Improvements of Husbandry," (1700), 351 (ver. 355). 工业生产参见 352 (ver. 356); 贫困家庭参见 355 (ver. 359); 水手培养参见 357 – 9 (ver. 361 – 3); 税收参见 353 (ver. 369); 慈善参见 361 (ver. 365)。

财政收入。① 他甚至赞同约翰·霍顿有关改善和增加就业的想法，只是他的方法更为传统，主张将荒地和共有地转变为生产用地。总而言之，他的这本小册子用更多的篇幅讨论提高商业、海军和财政收入，而不是烟雾造成的危害。他论证说，到 17 世纪末，欲解决伦敦的"一大麻烦"，需要用一项"新国家资产"来取而代之才行。

最终，蒂莫西·诺斯洞察了伦敦经济与环境之间的关系。如果说烧煤是穷人过上舒坦日子、工匠比较优势、海军增添人力资源、国库偿付能力的基础，煤烟是店主商品受到"玷污、污染"、屋子被弄得"臭气熏天"、女人被毁了身材和容颜、城市天空萦绕雾霾阳光不再、花园和道路黑不溜秋、婴儿不健康的直接原因，那么都市生活的中心就是一个残酷的悖论。② 大哲学家伯纳德·曼德维尔（Bernard Mandeville）扼要论述了这种悖论。

> 倘若我们在意各种各样材料为供给数不胜数之行业与手工业才能促成其发展，倘若我们在此环境中每日消费大量食材、饮料和燃料，倘若由此必须产生废物和过剩，……那么伦敦难以在繁荣前达到清洁。③

① 伊夫林确信这位心机重重的诺斯已经说明该计划"无法完成"，但他还是在序言里以致谢的口吻认可这个观点，他说该计划与"我们纽卡斯尔贸易及其水手培养计划之利益恰恰相反"。Evelyn, *Silva, or A Discourse of Forest-trees, and the Propagation of Timber in His Majesty's Dominions* (4th ed. 1706), 265.

② Nourse, *Fuel*, 363 - 4 (ver. 367 - 8).

③ Bernard Mandeville, *The Fable of the Bees: and Other Writings*, ed. by E. J. Hundert (Indianapolis, 1977), 22.

商业、产业和人口给城市带来问题的说法已是老生常谈，但是 142
曼德维尔的创新之处在于既要接受这些问题所产生的现实，也
要看到这些问题所带来的成绩，这才是走向成功的标志。① 如
果消费、就业和增长确实是好事，而其副产品又不可避免，那
么为此感到后悔是愚蠢的。伊夫林和诺斯想方设法回避这样一
种暗示：所有社会理所应当不是选择洁净发展的道路（天真
而又美好的想法），就是选择"繁荣"发展的道路。因为，正
如曼德维尔强调的那样，我们大家都充满欲望，自然会选择后
者。在 18 世纪初的伦敦社会，或者往深里说，在任何有人类
生活的地方，也许人性将不可避免地推动社会走向经济增长之
路，在此过程中必然伴随着环境的恶化。

---

① 有关伯纳德·曼德维尔的观点及其影响，参见 E. J. Hundert, *The
Enlightenment's Fable：Bernard Mandeville and the Discovery of Society*
（Cambridge，1994）；John Robertson, *The Case for Enlightenment：Scotland
and Naples 1680 - 1760*（Cambridge，2005），261 - 80。

9 法规：对市场和供应商的监管

女王致辞："某项规定"

1703 年 11 月 9 日，安妮女王在议会上院和下院发表讲话，宣布新一届议会的优先事项。可以预见，主要议题是对法战争和党派之争。她希望前者能很快"光荣而迅速地了结"，因而要求两院对必要的供给投票表决；后者通过女王希望其臣民之间"和平与团结"、避免"愤怒或分裂"间接而又无误地表达出来。安妮女王的演讲很短，讲稿只有两页，只提了两个问题，其他一概避而不谈。一是希望皇家海军招募士兵的方式能够变得更为简单实用、成本合理。二是要求政府对高昂的煤价有所作为。

安妮女王几乎没有意识到伦敦的煤炭消费对环境和人体健康造成的影响。在其父詹姆士二世统治期间，她曾公开表示伦敦的空气污染威胁到其年幼子女的健康。① 几年后，新国王，即其姐夫威廉三世认同了她的观点，因为他

---

① Edward Gregg, *Queen Anne* (New Haven, 2001), 51；4 June 1687 N. S., Bonrepaux to Seignelay TNA PRO 31/3/170.

发现伦敦的烟雾也严重地危及了自己的健康。1703 年，安
妮的丈夫，即丹麦的乔治被严重的哮喘病折磨，导致他在
1708 年不治而亡。[①] 安妮女王是精英人士中认为应远离伦敦
烟雾空气的典型代表，正如我们在本书最后几章将看到的
那样。与此矛盾的是，她想获得权力以确保伦敦的煤炭消 144
费继续不减。这种想法虽然矛盾，却也并不奇怪，由于本
书第 7 章和第 8 章所述的原因，煤炭贸易对她来说是政府关
心、管制和保护的对象。

　　安妮女王想要采取行动，"出台规定以防煤价过高"，于
是建议采取两种截然不同的方法。首当其冲的是她本人声称的
"特别指定"舰队（这是下一章的主题）。安妮说，这些舰队
成功地保护了进口商品，却没有使商品价格降低，于是"令
人产生极大疑虑：有一伙人大量压榨他人，特别是穷人，使自
己发家致富"。因此，对这伙叫不上名字的人"如何处理，应
加以考虑"。[②] 她所期待的处理措施既不容易也难以迅速实现，
但她的政府确实采取了一系列措施，其中有些是新规定，有
些则是为人熟知的、以抑制价格上涨来促进伦敦煤炭消费为
目的的措施。没有哪种措施能够在实施过程中做到百密而无
一疏，但每种方法都各有用途。事实上，正是这些方法的综
合运用才使历史学者低估了政府对伦敦煤炭贸易持续繁荣的
重要贡献。

---

① 　Edward Gregg, *Queen Anne*, 161 - 2, 279 - 80. 有关她忧虑伦敦空气对其
　　丈夫和孩子影响的论述，参见 James Anderson Winn, *Queen Anne*:
　　Patroness of the Arts (Oxford, 2014), 139, 191, 194。

② 　*Her Majesties Most Gracious Speech to both Houses of Parliament*, *on Tuesday the
　　Ninth Day of November 1703* (1703), 4.

市政当局与国家

对于伦敦的市政官员来说，中央政府在保护和管理煤炭市场方面发挥着越来越重要的作用，因为这座城市关注的重点在17世纪已经由直接监督城市燃料市场转向游说国王和议会。对于伦敦执政精英的共同委员会委员、市议员、市长（Common Councilmen，Aldermen，Lords Mayor）来说，健康的煤炭贸易显然意味着丰富的供应和低廉的价格，且最好由国家来推进和保护。尽管伦敦的地方长官对当地市场拥有主导权，尽管他们对确定价格或以其他方式直接调控贸易越来越感到不安，但他们始终坚信，国王和议会在建立和维持城市煤炭市场方面发挥着重要作用。

伦敦市政府长期以来对燃料市场拥有控制权。与中世纪和16世纪英格兰的其他地方政府一样，伦敦市政府监管着燃料销售商的价格、质量和经营行为。[①] 在伦敦人无法再从传统来源获得足够的廉价燃料供应，转而使用纽卡斯尔煤的年代，这些权力得到了特别有力的维护，而且表现得异常明显。在16世纪七八十年代，伦敦政府对燃料非常重视，具体表现在监管价格、打击市内大多数公共场所的不法商贩、改善面向穷人慈善性供应的运行机制等方面。然而，新出现的海运煤炭贸易很快使这些地方性举措显得不够。煤炭贸易涉及一个更长、更复杂的供应链，影响到多个不同的利益方，包括矿工、矿主、承运商、泰晤士河和泰恩河上的河工、批发商，最后还有伦敦的

145

---

① William Cavert，"Villains of the Fuel Trade".

分销商、零售商或叫卖小贩。这种复杂的区域间贸易可能会在几个方面受到垄断、效率低下、瓶颈和危险局面的影响，因此到了 1620 年代，国王的枢密院和议会便成了政府对伦敦错综复杂的燃料供应系统进行监督的关键部门。

伦敦的统治精英是这一进程的盟友，而不是受害者，因为政府更多的是作为有效资源而存在，而非向有能力影响政策制定的人施加压力。因此，伦敦对城市燃料市场的治理是与国家合作实施的，虽然国家的政策并不受其控制，但往往能对其产生强烈的影响。这种动态首先出现于 1620 年代末，正如第 7 章所描述的那样，当时与西班牙进行海战，西班牙控制下的敦刻尔克私掠船袭击了英格兰沿海运输，从而使伦敦的煤炭供应受挫、出口急剧下滑，1627 年夏伦敦议政厅对随之而来的价格高涨感到担忧。① 同年 8 月伦敦议政厅下令调查燃料商的经营情况，并认为战时高价属欺诈行为。他们召集燃料商，将价格固定在平时的水平。② 这些都是对燃料价格上涨的常态反应，对此伦敦的地方官不需请示上级部门。然而，几周后他们断定这还不够，治理首都的燃料市场仍需要中央政府的协助。9 月底，市议员发现煤船故意滞留在哈维奇（距英格兰东海岸约 80 英里处），因为他们担心到泰晤士河船员们会被强行征用。虽然远离首都的船长们也在响应王室的政策，但伦敦煤炭供应却因他们做出的决定而被中断。因此，市议政官请求中央政府指派一个委员会向枢密院反映问题，请求枢密院命令运煤船队开进泰晤士河。③ 事实证明，枢密院完全采纳了他们的方

① Tyne and Wear RO，GU. TH/21.

② Rep. 41，f. 314，325v，334；Jour. 34，f. 160.

③ Rep. 41，f. 344v – 345. Also Rep. 42，f. 1 – 1v.

146 案，强化了他们对燃料的定价权威，下令调查现有燃料库存，并要求运煤船立即驶入伦敦港。①

这属于强制性贸易，侵犯了财产权。作为一个范例，爱德华·柯克在 1628 年春天提出王室特权可以合法取代习惯法而实施正常的保护措施。② 由于伦敦遭受了煤"荒"，他认为体现在皇家特权中并由枢密院执行的衡平法原则，暂时超越了受习惯法保护的所有权原则。或许并非巧合，他提出的法外特权案例是伦敦市明确要求的。由于柯克意在淡化英国宪法核心部分的张力，因此枢密院在这种情况下做出的决定可能会有所调整，以强调他们对公益的忠诚。枢密院回应了来自城市管理者的卑微要求，并将其权力用于维护伦敦所有贫困消费者的利益。保护煤炭贸易可以整合城市消费者、民事法官和皇家委员会的利益。毫无疑问，对柯克和伦敦市政当局来说，这正是英格兰合作式参与治理所采用的运作方式。

当然，城市与王室之间的关系并非常常那么和谐。皇家监督或保护煤炭贸易的努力遭到了全体市民的断然拒绝，他们怀疑王室的动机是在寻找新的收入。1620 年代后期，伦敦市长詹姆斯·坎贝尔（James Cambell）曾领导政府和慈善机构努力获取并分发燃料。1630 年，他在与王室保持适当距离的同时，也在寻求王室的帮助。他认为，沿海运输系统不应该仅仅由城市承担，而应该"由王室掌控"。这是一次为了伦敦的利益而笼络皇家海军资源的尝试，同时也是一种部分转嫁伦敦市政当

---

① APC 1627–8, 99. 该项调查发现，伦敦各码头只有 283 查尔特隆的煤，参见 TNA SP 16/83/34。

② Johnson et al., eds., *Commons Debates 1628*, Ⅲ, 126–7, 133. 另见本书第 7 章。

局的保护成本的努力。① 几个月后，枢密院下令坎贝尔报告贸
易联合造成高煤价的情况，坎贝尔和他的同事既不希望得到枢
密院的帮助，也不希望受到其干涉，因此便平静地答称一切顺
利。② 在接下来的 10 年里，这种紧张关系一直维持着。如果　147
煤炭贸易更多地处于贪婪王室的直接保护、监督甚至管理之
下，伦敦的官员认为后果令人担忧。③

　　1643～1644 年，随着伦敦的煤炭供应成为经济战争的核
心组成部分，伦敦政府与中央政府之间达成了最密切的合作，
但这种合作并没有产生爱德华·柯克所希望的宪法统一。议会
关闭了伦敦的沿海煤炭贸易，与此同时也对该市的燃料政策产
生了前所未有的影响。1643 年夏，议会在伦敦设定了煤炭价
格。后来，在明显需要新的燃料来源的情况下，为了伦敦的利
益，议会允许砍伐英格兰东南部保皇派的森林。④ 这样做是合
情合理的，因为人们熟悉的画面是穷人因缺乏燃料而陷入绝
望，而这样的"痛苦"和"危险"正是该法案要竭力阻止的。
从保皇派的角度看，"砍伐"无辜者的森林"以防掠夺"的做
法特别荒谬。⑤ 保皇派的媒体说，这简直是议会式的"无稽之
谈"，但议会和伦敦市领导人密切合作且他们均认为政府必须竭
尽全力保护伦敦燃料供应，在此背景下理解这点就很容易了。⑥

---

① TNA SP 16/166/19, 5 May 1630.
② TNA PC 2/39, 811, 823; PC 2/40, 34-5, 96, 177; TNA SP 16/173/63.
③ 在约翰·内夫的描述中，王室企图在 1630 年代掌管这个行业并从中获
　利。Nef, *Rise* Ⅱ, part Ⅴ, ch. 4.
④ Firth and Rait, eds., *Acts and Ordinances*, Ⅰ, 84, 303-5.
⑤ Mercurius Aulicus, 11 October 1643.
⑥ 就政务议事厅（the Court of Common Council）制定政策到落实为议会法令的
　速度问题，参见 Jour. 40 f. 60; Firth and Rait, eds., *Acts and Ordinances*, Ⅰ,
　171-4。

伦敦燃料贸易与 1640 年代内战的纠缠不清是一个极端例子。在整个 17 世纪和 18 世纪，随着维持伦敦燃料供应成为国家层面的政治问题，为其调动国家资源也就意味着需要卷入高层政治的竞争、派系和党派。这始于 17 世纪初，当时议会首次审议伦敦煤炭的监管、税收和保护。此后，任何改革伦敦燃料市场某个方面的尝试都变得复杂起来，这既有贸易的复杂性，也有成功管理议会调查的困难。贸易的复杂性是，矿主、纽卡斯尔商人、沿海船主、伦敦批发商，最后还有伦敦消费者，他们与其他利益集团间的结盟或敌对。

1711 年伦敦市在惩罚矿主非法联合的行动中取得了阶段性成功，从这个例子既可以看到贸易的复杂性，也可以看到成功管理议会调查的困难。在 1710 年的春夏之交，伦敦的参事议政厅（Court of Aldermen）调查了船主们联合抬高煤炭价格的行为，并在两周内将此事提交枢密院处理。[1] 对煤炭贸易任何一个方面的调查总是容易蔓延到其他的方面。到了 7 月，枢密院的关注点也延伸到了北方矿主的身上。[2] 就在那几周前，有些北方矿主加入了一个正式的企业联盟组织，以管理来自纽卡斯尔的煤炭供应，目的是防止市场的供过于求和价格下跌。[3] 船主以及泰恩河上闹着罢工的驳船船员（河工）认为矿

148

---

[1]　LMA Rep. 114, 220 – 1, 235, 241 – 2, 261 – 2, 304 – 6, 313 – 4；TNA PC 2/82/2, 587 – 8；PC 2/83, 10, 12, 24, 26 – 7, 35, 49.

[2]　TNA PC 2/83, 26 – 7.

[3]　Edward Hughes, *North Country Life in the Eighteenth Century：The North East, 1700 – 1750* (Oxford, 1952), 168 – 9. 该书第 151 ~ 257 页有煤炭贸易的总体描述。该项规定始于 1708 年，但会议相关记录始于 1710 年的 6 月。

主是煤炭贸易困难的罪魁祸首。① 到了第二年冬天，议会开会时的众矢之的不再是船长而是这项惩罚矿主联合的"法规"，一项旨在反对煤炭贸易联合的法案。伦敦的燃煤工业家自称"伦敦及威斯敏斯特市内及周边煤炭的主要消费者"，为使该法案获得通过进行游说。然而矿主们，特别是威廉·考茨沃斯（William Cotesworth）却在努力推卸他们的责任。② 考茨沃斯接受这项法规的存在，但是否认在贸易控制中有非法的联合。部分地因为他的努力，议会最终通过的反对煤炭贸易联合法案只是谴责了泰晤士河畔的批发商和矿主，考茨沃斯和他的盟友认为这是一次重大胜利。③ 该法律的基本目标是，以合理的价格向伦敦市场提供充足的煤炭，这是该法律在伦敦和两院获得支持的来源。但它最终的形式，既顾及了泰晤士批发商的利益，也顾及了他们的竞争对手矿主的利益，让人们看清议会政治的混乱和不可预测的过程是如何劫持一项法案，并使其偏离最初拥护者的意图。伦敦的游说团体确实非常强大，但总是与其他利益集团纠缠不清。

因此，伦敦的游说团体并未控制王室或议会，但也未回避为了自身利益而对国家煤炭行业进行雄心勃勃的干预。在1729年对矿主和运货商的联合调查中，一些伦敦的大型制造

---

① J. M. Fewster, *The Keelmen of Tyneside: Labour Organization and Conflict in the North-east, 1600 - 1830* (Woodbridge, 2011), 61 - 3. 此书更正了一些爱德华·休斯的观点。

② *Journal of the House of Lords, volume 19: 1709 - 1714* (1767 - 1830), 311.

③ Edward Hughes, *North Country Life in the Eighteenth Century*, 170 - 90, esp. 186 - 7. 另见 J. M. Ellis, ed., *The Letters of Henry Liddell to William Cotesworth* (Leamington Spa, 1987), 12 - 40; H. T. Dickinson, ed., *The Correspondence of Sir James Clavering* (Gateshead, 1963), 115 - 22。

149　商和市政官员看到，对政府职权的使用非常明显。1729 年 1 月底，矿主乔治·利德尔（George Liddell）从市议员约翰·巴纳德（John Barnard）处获悉，伦敦人对抬高价格的做法"怨声载道"，因此"伦敦打算将其纳入议会讨论"。一周后，报纸上纷纷抱怨这些团体对穷人造成了"巨大的偏见"，并呼吁"议会进行审议"。几天后议会就收到了这样的意见。身兼国会议员和大矿主的爱德华·蒙塔古（Edward Wortley Montagu）宣布，他将提供 1 万英镑以消除下院中存在的不满。矿主们似乎在与伦敦的市政官直接谈判方面取得了一些进展，但他们无法回避议会的调查。①

反对煤矿主结盟的风潮似乎是由煤炭的"大消费者"操控的，工厂主每年的燃料花费达数百英镑之多。乔治·利德尔称，他们计划在 3 月底租船，试图直接从泰恩河上的"钳工"（fitters）那里购买煤炭，批发商因限制贸易而受到指责。如果"钳工"拒绝向他们供货，伦敦人就可以声索贸易限制的垄断权，寻求取消纽卡斯尔霍斯曼煤炭公司取得贸易权的许可证。伦敦市政官认为矿主与"钳工"相互勾结，因此他们也计划向议会请愿"开放道路通行权"。控制私有土地上的通道是矿主限制竞争对手使用内河运输的一个重要途径，从而达到限制总出煤量的目的。剥夺霍斯曼煤炭公司的特许经营权，将道路转变成公路，就能一举改变英国的煤炭贸易状况。② 与 1711

---

① Edward Hughes, *North Country Life in the Eighteenth Century*, 218 - 9; *London Evening Post*, Tuesday, 28 January 1729.

② Edward Hughes, *North Country Life in the Eighteenth Century*, 223 - 5. 类似以公共利益为名而侵犯财产权的行为，参见 Julian Hoppit, "The Nation, the State, and the First Industrial Revolution," *Journal of British Studies* 50：2 （April 2011）, 307 - 31. 伦敦的目标是消除对贸易的限制，从而降

年一样，该法案的进展并不顺利，因为业主、托运人、批发商等都试图将责任推卸给他们的竞争对手。[①] 然而，关键在于被称为"两个伦敦平民的保民官"的市政议员以伦敦消费者的名义提出了由议会对煤炭贸易的调查，这在爱德华·蒙塔古看来非常具有威胁性。[②] 此类调查的理由在 17 世纪几乎没有变化。煤炭仍然是穷人、工业的燃料，也是皇家岁入的来源。如果要将这种言论转化为立法，就需要展开越来越复杂的政治活动，以行使或牵制国家的广泛权力。

150

"补救之计"：国家管理煤炭贸易的工具

尽管王室和议会一再关注煤炭贸易，但其始终未被国家垄断，也从未由王室直接控制，而且矿主和批发商在这段时期内都赚得了巨额财富。国家的所作所为有着重要的局限性，但这并不意味着国家权力在近代早期的伦敦或更广泛地说英国的煤炭贸易中是无关紧要的、软弱的或不存在的。对权力和工具的简要考察可以揭示出政府如何制定规则和执行规定，以使伦敦的煤炭市场成为可能，并且往往有助于确定其在城市经济中的范围、性质和角色。

低物价。但是矿主们不认可这个观点，他们认为无限制的生产会导致市场供过于求，从而煤价暴跌，矿山倒闭，最终使得整个行业落入少数几个大业主之手。因此矿主们认为，不加限制的贸易虽然会导致煤价下降，但最终会形成垄断之害。

① *JHC XXI*, 369 –73.

② Eveline Cruickshanks, "Micajah Perry," History of Parliament：The House of Commons 1715 – 1754, awww.historyofparliamentonline.org/volume/1715 – 1754/member/perry – micajah –1753.

最接近直接监管的行动可能是战时部署的少见但周期性采取的紧急措施，包括最高限价和强制性贸易。1630 年代，枢密院确定煤炭价格，作为直接控制沿海煤炭贸易更广泛努力的一部分。枢密院通过参考现有的高昂价格和欺诈行为来进行调整，但它也有明确的财政动机。① 然而，制定价格往往是为了应对短期问题，尤其是战争造成的贸易中断。早在 1643 年，议会就与伦敦当局合作制定了一项法令，规定了首都及周边地区的煤炭价格。② 1665 年还颁布了一项法令，授权治安官制定价格，这为后来战时条件下进一步的监管奠定了基础。③ 这些条件也被称为强制性贸易，爱德华·柯克在 1628 年宣布执行；1666 年再次命令船舶立即驶入泰晤士河；1672 年即时贸易成为政府保护的条件。④ 1704 年枢密院也做了同样的事情，这次是为了打破托运人"联合"在雅茅斯（Yarmouth）拖延入港。⑤ 在这些情况下，柯克称之为紧急特权的政策也可能成为完全正常执行的法律，用以对抗限制贸易的联合。强制贸易的最终版本之一是要求煤商直接向穷人销售煤炭，而不是将他们的货物限制在小商贩手中，这些人会进一步抬高价格。这通常

151

---

① TNA PC 2/49，72 - 3，155 - 8（1638）；PC 2/50，29（1639）.

② 按上下两院于议会讨论通过之法令规定：任何码头经营者、木材销售者或其他纽卡斯尔煤炭销售者，自本法令发布之日起，其所售燃料之价格于伦敦城及威斯敏斯特内不许超过每查尔特隆 23 先令，且 4 月 1 日起其价格至多为 20 先令（1643）。

③ 16 & 17 Car 2，cap. Ⅱ，*Statutes of the Realm*（1819），Vol. 5，552 - 3；TNA PC 2/76，107 - 8（1695）；BL Add MS 32，693，f. 74 - 5；PC 2/95，597 - 9（1740）. 有关基于 1665 法案建立伦敦市政府的论述，参见 Rep. 70，f. 97。

④ TNA PC 2/59，154（1666）；PC 2/63，232 - 3（1672）.

⑤ TNA PC 2/80，124 - 5，422 - 4；*CSPD 1704 - 5*，21 - 2.

会与最高价格叠加，因此经销商需要按限价销售少量商品。[1]在这种情况下，贸易既受到强制也受到监管，因为官方既不允许商家退出市场，也不允许价格根据需求波动。

英格兰王室最古老的职能之一是对度量衡的监管，在现代早期的伦敦，这种监管被认为在创造值得信赖的市场方面发挥着重要作用。[2]从最基本的层面看，标准化措施是使市场成为可能和避免混乱所必需的，但是这些单位一旦建立，它们的监管实际上就成了防止欺诈的一个关键途径。缺斤少两是燃料商人增加利润的一种简易方法，人们普遍认为惩处这种欺诈行为是地方官的基本职责。在伦敦，这项工作由市政官员负责实施，他们偶尔会惩罚奸商，将他们示众，这是一种在邻居和顾客面前羞辱他们的常用方式。[3]每个教区都有标准蒲式耳，这样市民就可以确认其购买到的货物是否缺斤少两，而且伦敦的煤炭计量器负责进口货物的检查，以确定其精确数量。[4]因此，贸易单位受到各级市政官员和法院的审查，由其执行官方标准并处罚奸商。此外，长期存在的欺诈也为国家进一步行使权力提供了理由。

对城市煤炭贸易来说，最重要的可能是给予伦敦和东北部地区公司的贸易特权。在伦敦，从 1605 年成立到 1667 年解

---

①　LMA Rep. 28, f. 146 (1608); Rep. 56, f. 209 – 290v (1643).

②　有关主权与度量衡之间关系的概述，尤其是铸币权但又不仅限于铸币权的概述，参见 Diana Wood, *Medieval Economic Thought* (Cambridge, 2002), ch. 4。

③　William Cavert, "Villains of the Fuel Trade".

④　有关各教区采取的措施，参见 Rep. 35, f. 215 – 215v (1621)。海煤计量方法所涉及的关税在 1746 年的法律中得到陈述，参见 23 Geo. 2, cap. XXXV, *Statutes at Large* (1765), XVIII, 500 – 9。

散，煤炭贸易一直由木材商协会主导。[①] 他们的解散是抑制第二次英荷战争期间燃料价格系列举措的一部分，因为不安全的运输和 1666 年伦敦大火损失库存造成煤炭价格远远高于正常水平。18 世纪初，伦敦的批发商再次目睹了特权的转瞬即逝，因为驳运商（将煤炭从船上运到岸上的"驳船"运营商，因此他们能够操纵价格）获得又失去了公司特权。1700 年他们作为成员并入"驳船主与船工行会"（the Lightermen's and Watermen's Company），但他们在 1730 年使用的方法被视为非法。[②] 特许状和特权的重要性在那些没有它们的人身上表现得尤为突出，例如泰晤士运煤工，他们多次向枢密院申请成立行会，但都被拒绝。这座城市一直反对这项提议，大概是因为它有可能整合出一个劳工团体，可能有矿主、泰恩赛德装配工、海岸托运人和伦敦驳船主加入，因为他们有兴趣也有能力提高伦敦至关重要的燃料供应的价格。[③] 泰晤士河上的运煤工，像泰恩河上的工友们一样，有理由对自己的无能为力感到遗憾。[④] 他们饱受工头

---

① Hylton B. Dale, *The Fellowship of the Woodmongers*: *Six Centuries of the London Coal Trade* (n. pub. info, c. 1923). 除了博德（Bod）以外，其他木材商的相关档案均已丢失，参见 Rawlinson MS D 725B。有关解散的讨论，参见 *JHC* VIII, 671, 676; *JHC* IX, 39 – 41。

② Edward Hughes, *North Country*, 260 – 1; 3 Geo. II, c. 26, *The Statutes at Large*, *from the Second to the 9th Year of George II* (Cambridge, 1765), 170 – 9.

③ TNA PC 2/74, 87 (1672); *CSPD 1696*, 338; Rep. 102, 230 – 1 (1698); PC 2/78, 26 (1700); *CSPD 1703 – 4*, 360; Jour. 110, f. 82 (1706); Rep. 114, f. 5 (1709)。

④ 泰恩河上的船员试图控制一家慈善医院，以此作为罢工基金。因此争夺医院的战斗就是争夺泰恩河劳动力的战斗。贫困船长及纽卡斯尔贫困船员的案例得以真实地表述（1711?）。与纽卡斯尔贫困船员相关的另一案例，参见 Fewster, *Keelmen of Tyneside*, ch. 2。

盘剥，直到 1768 年发生了一次罢工，罢工引发的骚乱遭到了
法律的和法外的暴力镇压。这次争端最终导致 7 名工人身亡，
其中一人是爱尔兰人，现场有"数量惊人的"东区观众，还
有"数量惊人的治安官员"。① 运煤工人没有行会特权，因此
就不受反剥削和反虐待的保护，这与木材商协会在 1667 年失
去他们的特许经营权和 1730 年驳运商被剥夺其在市场上的角
色如出一辙。因为伦敦的统治者和他们在威斯敏斯特的盟友认
为这些人对廉价可靠的煤炭供应构成了威胁。

上文所述的议会调查似乎拥有强大的威力，但它们的成就
并不那么清晰，因为在整个现代早期和 19 世纪，各种各样的
贸易联合都反复受到甄别。必须承认，无论是议会还是皇家委
员会，都没有成功地终结联合和联盟，历史学者也因此合理地
得出结论，在这方面国家的监管十分薄弱。然而也有证据表
明，这种联合受到了国家的严重制约，这既是因为它们害怕政
府的曝光，也因为非法性使它们被排除在一些重要的法律保护
之外。例如，1710～1711 年的泰恩赛德章程，矿主认为不能
过分依赖泰晤士装配工中的盟友，因为装配工很容易透露回
扣，议会会认为这是"涉及垄断的明证"。② 他们也不能利用
皇家法庭来反对那些将自己从联合中剔除的成员。乔治·利德
尔写道："我不认为业主们会冒险去起诉他们的盟约，至少他
们认为这么做既是非法的，对自己也很不利。"③ 没有强制执

153

---

① White, *London in the Eighteenth Century*, 243－5, quotes on 244. 有关早期
　　煤炭搬运工针对工资待遇和工作条件所做的努力，参见 Ashton and Sykes,
　　Coal Industry of the Eighteenth Century, 205－6。

② Ellis, ed., *Liddell Letters*, 31.

③ Ellis, ed., *Liddell Letters*, 12－3.

行的能力，该章程完全是一个自愿的联盟，也不能强迫人加入。不受欢迎的关注导致这份章程在 1711 年结束了，尽管只是暂时的，但未来的合作总是因为个人和家庭之间保持自愿合作的固有困难而受到削弱，这些个人和家庭也是商业、社会和政治上的竞争对手。① 尽管国家从未终止过联合，但确实极大地限制、削弱和威胁了联合。

国家评价煤炭贸易、评估其繁荣程度或对其发展何时受限的认知等能力，无疑都来自征税。征税创造了关于现在所谓经济的知识，税收调整总会带来赢家和输家。众所周知，每届议会关于新税或增税破坏力的宏大主张就证明了这一点。征税的权力往往会带来破坏，但是这种破坏也可能变为创造，因为税收政策形成了某些条件，使得一些行业步履维艰，一些行业则兴旺发达。② 因此，对伦敦的煤炭消费征税既是上述大部分贸易干预的基础，也是其关键目标。税收产生了调查复杂贸易所需的数据和专业知识，税收也是该贸易对国家和伦敦消费者同样不可或缺的最重要原因之一。因此，煤炭税为国家提供了控制伦敦煤炭消费的权力，这一控制权看似完备，实际上却受到避免严重中断的限制。例如，降低或取消海岸税将会使其中一个关键因素消失，这一因素在 18 世纪曾迫使许多制造业从伦敦迁到北方，同时也使伦敦消费者和提供这些产品的货运商获益。支持和反对煤炭税的小册子展开了论辩：消费者需求是有弹性的还是没有弹性的，高税收是否会抑制消费需求。③ 实际上，关税在收入似乎达到了最

154

---

① Edward Hughes, *North Country*, 176, 180, and passim.

② Ashworth, *Customs and Excise*.

③ 参见本书第 8 章。

大化的水平上结算，高到足以带来可观的收入，但也不至于高到抑制贸易。[①] 因此，财政上的迫切需要加强了社会稳定和政治经济改善的目标，三项目标的实现都需要伦敦的煤炭消费保持尽可能高的水平。这项政策没有受到质疑，但是如果征税的话，它也会为改变或终止伦敦的煤炭贸易提供一个方便而有效的工具。举例来说，如果议会倾向于将英国的煤炭留在北方，也许是为了刺激当地的工业，或者如果议会决定推动离伦敦较近的林地或煤田的发展，对税收水平简单地调整就可以实现它们的目标。到了 18 世纪，关税和货物税的征收情况表明，伦敦的煤炭消费像国民经济的许多其他方面一样，受到国家的管理。

最后，除了这些管理煤炭贸易实践和规模的方法之外，国家还保留了一种有效管理其社会和政治意义的方法。通过慈善机构，伦敦的市政官员和皇家官员能够减轻煤价上涨对最值得关注的穷人的影响，并展现出官员们关心民生和仁慈宽厚的姿态。异常严重的霜冻或物资匮乏经常促使政府加大力度管理免费的或补贴的慈善燃料分配，而且也的确做到了。例如在1620 年代末，高级市政官詹姆斯·坎贝尔不仅管理着该市的慈善燃料基金，他似乎也促使伦敦最终接受了他父亲遗产中300 英镑的捐赠。[②] 詹姆士一世赋予了这座城市进口 4000 查尔特隆煤而无须支付 1 先令关税的权利，实际上意味着每年 200英镑的划拨或折扣可用于慈善燃料供应。战时，伦敦特别注意

---

① 威廉·豪斯曼（William Hausman）从经济学的视角探讨了财政收入与社会政策之间的紧张关系，他统计了 1695～1770 年一共有 80 项针对煤炭贸易的法令。Hausman, "Public Policy," 45.

② Rep. 42, f. 17 V－18; Rep. 43, f. 186.

155 确保这笔钱实际用于预定的目的，并确保该市从这笔资金中获得最大收益。[1] 在 1660 年代的海战中，这座城市不仅试图为穷人管理自己的燃料基金，还命令各种同业公会自备总计 7500 查尔特隆的燃料，大概是为了使市场免受价格波动的影响并提供给穷人。[2] 在寒冬，更多的煤分发出去了，仅在 1739 年至 1740 年之间的冬天，威斯敏斯特就有超过 1300 人领取了救济煤。[3] 通过这种分配，伦敦的官员们意在树立自己优秀官员的形象，而且似乎在很大程度上真正设法如此。在慈善活动中尤其是这样，因为救济物是与其他措施结合起来组织和分发的。

补充政策

堂而皇之的慈善活动、对贸易特权和实践的调查、章程的失效、度量衡的监管以及最高限价的设定，为了保护伦敦的煤炭供应，国王及其官员可以做所有这些事情。事实上，一旦用上了其中之一，就更可能会多种手段并用。这里描述的权力不是排他性的，而是互补性的，不存在意识形态的或实际性的理由不同时杂乱地诉诸其中的多种手段。1660 年代的第二次英荷海战就为这样的做法提供了一个很好的例子。木材商行会因为不合理的贸易行为失去了他们的执照，牟取暴利的燃料商被

---

[1] Rep. 62, f. 301v; Rep 63, f. 182, 445; Rep. 64, f. 18, 71v – 72 (1653 – 5); Rep. 70, f. 97 (1667); Rep. 78, f. 97; Rep. 70, f. 97 (1673 – 4).

[2] John Noorthouck, *A New History of London, including Westminster and Southwark* (1773), 222.

[3] WAC E3107.

带到枢密院接受审查和惩罚。① 议会通过了一项法案，详细说明了适当的燃料措施，并授权伦敦地方官制定煤炭价格，他们在几周内就付诸实施了。② 伦敦市政官员试图重振向穷人提供廉价煤炭的传统，查理二世则命令海军舰船前往纽卡斯尔，专门供应伦敦慈善燃料储备。③ 最后，国王和枢密院预计会出现重大的煤炭匮乏，随即派人在温莎森林中找寻易燃的草皮和泥煤，约翰·伊夫林亲自指挥了另一起找寻行动，沿着"泰晤士河两岸，一直到草地和牧场"。④ 这是一套多元化的政策，旨在从几个方面稳定伦敦的燃料供应。然而，如果没有英国王室掌握的唯一最重要的政策——皇家海军直接提供军事保护，任何一项政策都不会有成功的可能。

156

---

① Some *Memorials of the Controversie with the Wood-Mongers*, *or*, *Traders in Fuel* (1680)；*JHC IX*，40；TNA PC 2/58，91，103，122；PC 2/59，478，581，591；Rep. 70，f. 41－44v；Rep. 72，f. 128v. 在这些燃料供应商中，埃德蒙·戈佛雷（Edmund Berry Godfrey）爵士最受指责，其在 1678 年的死亡成为排外危机的核心。

② 16 & 17 Chas. II，cap. 2；*JHC VIII*，582，611－2；Rep. 70，f. 97；*CSPD 1664－5*，262.

③ Rep. 70，f. 108v，143v，156v；Rep. 72，f. 2，14v，29v－30；Guy De la Bédoyère，ed.，*Particular Friends*：*The Correspondence of Samuel Pepys and John Evelyn*（Woodbridge，1997），50.

④ Rep. 72，f. 130－130v；PC 2/59，468；BL Add MS 78，393，f. 18.

10　保护：战时煤炭贸易

女王的演讲："为煤炭贸易护航"

1703 年 11 月，安妮女王向议会发表讲话，她表达了对和平、团结、胜利和荣耀的祈望，但只就两个问题从政府政策的角度提出了明确的立场：议会应该管理舰队，并且应该降低高昂的煤价。如前一章所述，降低煤价需要对城市市场进行监督和干预，这是合理的。正如安妮女王所说，王室已经"特意为煤炭贸易指派了护航舰队"。这种需要特意关照的说辞是可信的，因为皇家海军的首领是安妮女王的丈夫——丹麦的乔治王子，英国的海军上将。女王、她的丈夫和政府在指派海军保护沿海煤炭贸易船只中表现出的关切，为进一步调查贸易联合提供了理由。由于缺乏护航舰队并没有导致高价的发生，所以还有其他原因。她的言语暗示护航舰队与煤价是相关的，但护航舰队和海军人员配置则不相干。然而，在西班牙王位继承战和其他战事中，无论迟早政府关于战时煤炭问题的讨论都会反复而不可避免地将它们联系在一起。基本的问题是，政府是否应该保护煤炭贸易，从而保持供应充足和价格可控，还是应该从煤炭贸易中受益，在海军舰船上训练海员，为皇家海军服务。为船队配备人员与为运煤船护航并不是两个孤立的问题，而是一个问题的两个方面：伦敦的煤炭贸易既依赖海军，也支撑着海军。

部署海军舰船护送运煤船是英格兰在现代早期促进和保护伦敦煤炭消费的最重要方式。这表明，伦敦市政当局、英国王室以及英国的敌人都认为这种贸易很重要，也被这些敌人认为运煤船既是吸引人的猎物，也是在伦敦制造政治混乱的便捷方式。鉴于学者对煤炭在 18、19 世纪工业化中地位的关注，这种观念值得注意。一些经济史学者质疑廉价煤对英国经济增长的重要性，认为波罗的海木材本来可以稍高的价格向英国提供燃料。[①] 这个提议存在严重问题，包括没有论据的假设，即所有当时存在的波罗的海森林都可以通过经济的方式获取，并且人们可以轻而易举地扩大这些地区的林业规模以满足英国的巨大需求。正如这些学者所指出的那样，伦敦人也许能够通过提高燃料效能和增强抗寒能力来减少燃料消耗。但是如果 1700 年左右的伦敦人要从波罗的海木材中获得相当于从英国煤炭获得的热量，那么从俄罗斯、芬兰或瑞典运输 100 万吨木材到泰晤士河将需要大约 5000 次、运距为 1200～1800 英里的航程。[②] 这就意味着要穿越瑞典、丹麦、荷兰等国的领海，需要不断的外交平衡来避免危及伦敦燃料供应的情况发生。即使这样的替代在经济上可行，时人也有充分的理由从战略角度和经

158

① Gregory Clark and David Jacks, "Coal and the Industrial Revolution, 1700 – 1869," *European Review of Economic History* 11 (April 2007), 39 – 72; Mokyr, *Enlightened Economy*, p. 102; McCloskey, *Bourgeois Dignity*, 187.

② 大约在 1700 年，驶离英格兰东北部港口抵达伦敦的运煤船平均每艘运载量约为 250 吨。Hatcher, *History*, *Before 1700*, 473 – 4.

济角度考虑伦敦的煤炭供应。保护这样一支船队难度极大，这会让任何现代早期的伦敦人觉得木材替代假说十分可笑，因为经验表明，保护沿英格兰海岸航行的运煤船队是相当具有挑战性的。

为运煤船只护航

英格兰海军力量用于保护沿海运煤商船始于现代早期的第一场旷日持久的海战，即 1625 ~ 1630 年的英西战争。[①] 冲突初期，人们就认识到英格兰航运的主要危险来自敦刻尔克的私掠船，这是一个仍然效忠于哈布斯堡王朝的港口，处于侵扰英格兰南部和东部海岸航运的有利位置。达勒姆主教（Bishop of Durham）担心泰恩河易受攻击，海军专员就如何保护沿海贸易征求意见，议会两院都抱怨敦刻尔克人造成的损失，枢密院赞成必须捍卫英格兰东海岸的煤炭贸易。[②] 那些年的国家文件充满了对护航舰队需求的证据，也充满了描述这些护航船如何获得资金支持的项目，但是很少提及护航船实际的运作情况。然而至少在 1626 ~ 1677 年，护航船的部署显然接受詹姆斯·杜帕（James Duppa）上尉的领导。杜帕既是后来成为温彻斯特主教的兄弟，也是弗吉尼亚公司的投资人，还是伦敦一家大型酿酒厂的所有人或合伙人，他对沿海煤炭贸易有些许兴趣，

159

---

① 一些始于 1590 年代轻微的先例，参见 Nef，*Rise*，Ⅱ，263。

② Richard Neile, Bishop of Durham to the Council, 27 October 1625, TNA SP 16/8/48; Commissioners of the Navy to the Council, 14 January 1626, SP 16/18/59; Bidwell and Jansson, eds., *Proceedings in Parliament* 1626, Ⅰ, 239, 241 – 2; Ⅱ, 126 – 31; *APC 1625 – 1626*, 295.

并于 1620 年代初在海上服役。① 他处于代表王室保护沿海航运的理想位置，但这样做是为了他自己的利益，也是出于自己的倡议。② 因此，杜帕是一个设计者，也是一位在王室授权后协助王室行事的企业家，但是根据许多观察家的说法，他更关心私人利益而不是公共利益。③

约翰·内夫的看法截然不同。他认为护航船是王室为了维护对煤炭贸易的直接控制，通过保护实施皇家"干涉"的另一种尝试。④ 他认为，1627 年和 1628 年的护航舰队由于沿海贸易商的政治反对而停止了，虽然 1629 年似乎确实中断了护航，但护航舰队还是于 1630 年再次部署。⑤ 他认为，这一反对意见是王室与"富商阶层"之间更广泛斗争的一部分，"富商阶层"包括沿海的船运商。如果王室利用煤炭贸易来获得经济上的偿付能力，他们就会对利润丰厚的政府贷款感到担忧。这些都不可信，但内夫注意到那些年煤运护航的政治风险是正确的。负责战时保护英格兰海岸的皇家官员是海军大臣白金汉公爵，他在 1626 年遭到议会的弹劾，又在 1628 年被谴责为"爱发牢骚的人"（the grievance of

---

① 他的家庭背景，参见 Sir Gyles Isham, ed. , *The Correspondence of Bishop Brian Duppa and Sir Justinian Isham*, *1650 – 1660* （Northampton, 1955）, 192 – 3。

② 杜帕给白金汉公爵秘书爱德华·尼古拉斯（Edward Nicholas）的信件中提及海军事务，显示他十分积极推动这项事务，并战术灵活。TNA SP 16/23/87, 16/95/74.

③ 有关杜帕针对酿酒活动巡查的计划，参见 Peter Clark, *The English Alehouse*: *A Social History 1200 – 1830* （1983）, 175。

④ Nef, *Rise*, Ⅱ, 265 – 6.

⑤ 有关护航活动与管理的论述，参见 *CSPD 1627 – 8*, 216, 219, 222; TNA SP 16/95/36, 16/95/74, 16/101/30; PC 2/38, 447, 563; *CSPD 1629 – 31*, 254, 261, 343。

grievances）。白金汉公爵声称他需要更多的收入来支付护航费用，王室的确试图用非议会批准的税收来资助护航。[①] 下院议员将这样的举措视为让国王在没有议会的情况下自筹资金的先例。事实上，他们很可能是对的，因为人们认为这些通过非议会税收资助护航船的尝试实际上直接导致了 1630 年代极具争议的船舶资金项目。[②] 1620 年代后期，当议会拒绝为白金汉公爵或国王批准特别资金，煤炭护航的出资和管理都被高度政治化了。

在随后的海战中，沿海煤炭贸易的护航船似乎运行得更好了，因为它们逐渐融入了皇家海军其他的作战行动，但并不是说一切就很顺利或护航都能成功。1649 年，新生的共和国政府迅速采取行动保护沿海贸易，当时它安排船只在东北海岸附近的水域搜寻海盗，但是在海军能够确立对其余保皇派的绝对优势之前，煤炭运输仍然很脆弱。[③] 在 1650～1670 年代的三次英荷海战中，尽管部署了护航船来保护它们，但还是有很多英国船只失踪了。[④] 一些历史学者对这一时期的政府档案不以为然，事实上，像 1666 年那样，当非常强大的荷兰作战

---

① Bidwell and Jansson, eds., *Parliament 1626*, I, 241 - 2, 537, 548; TNA SP 16/62/56, 16/68/34I, 16/88/71, 16/94/56.

② Andrew Thrush, "Naval Finance and the Origins and Development of Ship Money," in Mark Charles Fissel, ed., *War and Government in Britain, 1598 - 1650* (Manchester, 1991), 133 - 62.

③ *CSPD 1649 - 50*, 160, 165; Jour. 41, f. 5v - 6; Bernard Capp, *Cromwell's Navy: the Fleet and the English Revolution, 1648 - 1660* (Oxford, 1989), 61 - 6.

④ J. R. Bruijn, "Dutch Privateering during the Second and Third Anglo-Dutch Wars," *Acta Historiae Neerlandicae*: *Studies on the History of the Netherlands* 11 (1978), 79 - 93. 在第二次英荷战争中，英格兰至少有 28 艘运煤船被俘；第三次英荷战争时被俘的船只则至少有 59 艘。

舰队徘徊在英格兰海岸时，少量四五级的护航船只是毫无作用的。[1]

　　然而在如此艰难的条件下，同时有许多别的贸易要求得到海军保护，但护航舰队确实有助于确保大量的燃料供应。例如，1666 年 10 月 9 日，国务大臣约瑟夫·威廉姆森（Joseph Williamson）获悉，赫尔附近海岸遭到三名荷兰"皮克龙"（pickroons，即海盗）的侵扰，他们已经劫掠了四艘运煤船，威兰（Willan）对沿海护航舰队缺失的研究强调了这一损失。[2]然而就在同一天，威廉姆森也获悉由护航舰队护卫的"运煤船队"正在泰恩河等候好的风向和清晰的海岸。第二天，他在萨福克的线人告诉他，有 40 艘空煤船在两名战士的保护下向北折返。该线人在第四封信中写道，有 100 艘船只正向南驶往泰晤士河，第二天另一位线人称，"一支庞大的伦敦运煤船队"在四艘武装舰船的护卫下，正在林恩的北面。[3]因此，尽管受到荷兰的威胁，但仍可能确实有四支大型沿海运煤船队同时沿东海岸行驶，据说至少三支有武装护卫。这种保护沿海贸易的承诺甚至延续到了 1670 年代的第三次英荷战争时期。当时伦敦市政府与枢密院达成一致，认为伦敦市政府应该自建护航舰队。尽管如此，皇家海军在这场冲突中仍为运煤船只护航，所以伦敦的护航只是皇家海军护卫的补充，而

161

----

[1]　T. S. Willan, *The English Coasting Trade 1600 – 1750* (Manchester, 1967 orig. 1938), 23 – 7. 他认为复辟政权对放弃采用成功护航体系的做法存有内疚之情。有关荷兰和英格兰海军的调动及行动的论述，参见 Rodger, *Command of the Ocean*, 65 – 79。

[2]　*CSPD 1666 – 7*, 189.

[3]　*CSPD 1666 – 7*, 181, 184, 189, 191.

不是替代。①

　　在威廉和玛丽统治时期的英法战争中，煤运护航舰队似乎变得更加正规而有效。虽然纽卡斯尔在第二次英荷战争3年间的沿海煤炭运输量仅为前3年的55%，但在奥格斯堡同盟战争期间（1689～1697），其总量达到了詹姆士二世统治和平时期的81%。后一时期伦敦的进口更加稳定，为和平时期总吨位的87%。② 这是一项了不起的成就。虽然英国海军在1689年后与法国的对比好于17世纪六七十年代与荷兰的对比，但在与路易十四的战争期间，法国私掠船仍然掠走了数千艘的英国船只。③ 在1690年代，护航船只几乎源源不断，通常有三四艘，夏季有时会有多达五艘专用于此项用途。④ 与1670年代一样，这些船只向海军上将报告。这些报告不仅显示了专门从事煤炭贸易船只的动向，还显示了其他海军舰船在护送运煤

162

---

① 相关的安排与付款问题，参见 PC 2/63，232 – 3，240；Jour. 47，f. 265，291v；LMA COL/CHD/PR/3/11。有关海军对运煤船护航的疏忽论述，参见 TNA ADM 106/283，f. 91，324。有关海军舰只为运煤船队护航、国务大臣约瑟夫·威廉姆森的情报员报告运煤船及其护航问题，参见 *CSPD 1673*，1，44，75，90，200，203，205，328，365，382，421，484。

② 参见 Hatcher，*History*，*Before 1700*，489 – 91，502。纽卡斯尔运煤总额（Newcastle totals）指的是1661年圣诞节至1667年和1685～1697年，而伦敦数据则指的是从1685年米迦勒节（基督教节日，每年9月29日。——译者注）到1697年米迦勒节。詹姆士二世治期间伦敦的数据包括1687～1688年的出口数据，该数据实际上比17世纪其他所有年份都高。如果没有这个异常值，伦敦煤炭消耗量1690年代比1680年代没有实质的减少。在这几年中，伦敦人口的不断增加意味着人均煤炭的消耗量小幅减少了。

③ Rodger，*Command of the Ocean*，158，177。

④ "An Account of the Number and Rates of her Majesty's ships as were appointed Convoys to the Colliers in the last war," HL/PO/JO/10/6/44，f. 96.

船队往返于其他站点的途中偶尔提供援助。①

因此，当安妮女王告知国会她对护航舰队特别关注时，这种保护已经成为国家战时一项长期既定、众所期望的职责了。当其他贸易商试图以牺牲自身利益为代价增加对自身航运的保护时，王室和政府对煤炭贸易的高度重视就显而易见了。1703年俄罗斯商人被告知："纽卡斯尔的护航舰队碰都不能碰，伦敦市已经向有关部门申请对他们的煤炭贸易进行保护，并抱怨煤炭太贵。"1706年人们注意到，"没有女王的命令，任何船只不得改为其他用途"。② 如同1690年代，在安妮女王的领导下，海军部署了2~5艘舰船专门用于煤炭贸易护航，此外其他舰船的站点也可能为东部海岸提供一些额外的保护。③ 其中的一些舰船只是相对轻型的五六级巡洋舰，但是像波特兰（Portland）、达特茅斯（Dartmouth）和沃里克（Warwick）这样的四级巡洋舰，每艘在1703年夏天都会为运煤船提供护航，上面都配备了50多条枪。尽管整个海军舰队拥有120多艘战列舰和60多艘巡洋舰，但五艘舰船已占了不小的比例。这是海军对保护某一类国内贸易和资源配置做出的最大的单项投入，这与为保护海外贸易中利润更为丰厚的贸易而做的部署不相上下。西班牙王位继承战争期间，英格兰的战略是在尽可能多的战线

① 例见 TNA ADM106/489, f. 45, 54, 85, 88, 114, 118, 138, 231, 360; TNA ADM106/493, f. 84, 95 – 125 passim.

② John Hely Owen, *War at Sea under Queen Anne 1702 – 1708* (Cambridge, 2010, orig. 1938, 2010), 57 – 8.

③ "An Account of what Convoys have been appointed in the Year 1703, for securing the Importations of Coales to the City of London," HL/PO/JO/10/6/44, f. 84 – 6; "A list of H. M. ships and vessels in sea pay at home as are employed as convoys or cruisers," TNA SP 42/7/49.

上拖住法国军队，这就要求海军封锁法国在大西洋和地中海的海军，以便支持盟军在地中海、伊比利亚半岛和荷兰的军事行动，保护英格兰在北大西洋、加勒比海、地中海、印度洋和俄罗斯的商业利益，最终让英格兰南部和西部海岸以及爱尔兰海岸免遭私掠船侵扰。[1] 鉴于承担如此多样而分散的职责，即使划拨 50 艘炮舰也是军事力量的重要延伸。英国政府在战争中投入了大量资源来保护伦敦的燃料供应，并且还做得越来越得心应手，很大程度上是因为这种保护的替代方案非常可怕。

163

动荡的价格

当出现战时护航失败，或者看起来可能要失败时，伦敦煤炭市场会迅速做出反应。反之亦然，海岸安全，煤价就下降。这种情况在 1650 年代的英荷战争中就很明显。1653 年 3 月，一名通讯记者描述了海岸军事态势与伦敦煤炭价格之间的直接关系。4 月他写道，已经派出了一支由 20 艘舰船组成的护航队去接应 120 艘运煤船，但"如果荷兰人像报道的那样劫走了我们的运煤船，那么我们必须祈祷天气晴朗，因为煤价已经涨至每查尔特隆 5 英镑了"。[2] 在接下来的几周里，坏消息接踵而至，有报道称运煤船队躲在港口以免遭到敌人袭击。人们普遍认为这样的坏消息对首都的士气及政权本身的稳定都产生了

---

[1] Rodger, *Command of the Ocean*, 164 – 80, 608, 612; John B. Hattendorf, *England in the War of the Spanish Succession: A Study in the English View and Conduct of Grand Strategy, 1702 – 1712* (New York, 1987), 168 – 72 et passim.

[2] London newsletter, 1 April 1653, Bod. Clarendon MS 45, f. 222.

严重的影响。

> 煤荒激怒了（民众）。可以肯定，如果荷兰人再让我
> 们无煤可用，自相残杀之局面将很快出现。如今煤价已经
> 高于每查尔特隆 6 英镑，且有钱都不一定能买到。上周，
> 一位很逗趣之人以每蒲式耳 3 便士之价格在城里四处叫卖
> 煤炭。然众人聚拢过来向其询问购煤地点时，便告诉在鹿
> 特丹码头。此等小事不断出现，居然未引起官家警觉。①

这些写给流亡王室的信件必须带着怀疑的眼光去读，因为
它们在描述伦敦不稳定的状况时，显然是在幸灾乐祸。然而，
来自他们政敌的消息源也有类似的评估，伦敦市议会一致认
为，如果没有充足的护航舰船，伦敦的燃料价格将暴涨。②
1653 年春，国务委员会（Council of State）几乎收集了运煤船
队每天的情报。③ 威尼斯大使如他的前任在1643～1644 年那
样，描述了海军中将威廉·佩恩爵士领导的"一个中队的战
舰"成功护航与低煤价之间的直接关系。4 月，一支运煤船队
遭到荷兰人围困，致使伦敦煤价上涨了两倍，但在船队 5 月抵
达后，煤价很快又回落了一半。④

---

① London newsletter, 15 April 1653, Bod. Clarendon MS 45, f. 292; f. 221v -
  3, 284 - v. 3d. 相当于每查尔特隆 8 先令，这个价格比起伦敦居民记忆中
  的价格便宜得多。
② Rep. 62, f. 232, 268v.
③ *CSPD 1652 - 3*, April and May, passim.
④ Steve Pincus, *Protestantism and Patriotism: Ideologies and the Making of
  English Foreign Policy, 1650 - 1668* (Cambridge, 1996), 175 - 6; *CSPV
  1653 - 4*, 60, 63.

164　　　仅在十年后的第二次英荷战争中，这一情形再度出现。战争爆发立即导致煤价上涨，军事逆转让价格继续飙升。不仅在那场战争中，也可能在伦敦煤炭市场的整个历史上，最剧烈的波动发生在 1667 年。1667 年 3 月，塞缪尔·佩皮斯记录了低温与煤炭的高价。但在 4 月的第三周，据报一支由 300 ~ 500 艘运煤船组成的"伟大舰队"，在六艘战舰的护航下驶往伦敦，那里的煤价便迅速跌至每查尔特隆 23 先令。① 然而在两个月之内，煤价又上涨了 3 倍，因为 6 月查塔姆岛上的荷兰人数量惊人地减少，增加了英格兰东部海岸在夏季剩余时间内无法防御的可能性。和平很快让煤价再次回落，表明这不是迫在眉睫的需求，但是对煤炭未来稀缺的预期推高了 1667 年 6 月的煤价。

　　查塔姆遭袭无疑标志着 17、18 世纪英国海岸防御最艰难的时期，但是在所有战争中，当贸易看起来受到威胁，航线似乎还会继续不安全，因此煤价仍然居高不下。现存的约翰·霍顿 1690 年代的伦敦每周煤价记录，以及一位商人在接下来十年所做的每日账目，都显示了市场对这些事件的敏感。1690 年代，法国人在对英格兰和荷兰的贸易中取得了巨大的成功，1689 ~ 1697 年掌控了约 4000 艘英国的各种船只。② 在这种普遍危险的情况下，伦敦煤价持续上涨并居高不下。从霍顿

---

① 4 月 27 日的购买记录，参见 *Pepys*, *1667*, 187。有关护送舰只及船队进程的论述，参见 *The London Gazette*, n. 3277 – 80, 1 – 19 April 1667; *CSPD 1667*, 37 – 40; Nef, *Rise*, Ⅱ, 82。他认为战争期间物价"激烈波动"，但他把塞缪尔·佩皮斯所谓 23 先令的价格解释为有特殊关系和内幕信息的结果。这是有可能的，但似乎更有可能是在持续正常运输时人们期待的价格反映出来的市场总体情况。

② Rodgers, *Command of the Ocean*, 158.

1692 年记录的价格系列开始，煤价很少跌破每查尔特隆 25 先令，超过 305 个条目的平均值为 32 先令。[1] 1694 年 5 月中旬，霍顿称煤炭市价突然跃升至每查尔特隆 39 先令，但在 6 月 1 ~ 8 日，煤价从 39 先令迅速降至 28 先令，短短几天内下降了近 25%。这一定是对运煤船队进展情况的回应，官方刊物《伦敦公报》（*The London Gazette*）8 日报道了这一消息，称其将从雅茅斯出发。第二天，这支自泰恩河驶来的由 400 艘运煤船组成的"大船队"抵达泰晤士河。[2] 到了 15 日，煤价已经跌至 27 先令，这是两年里伦敦能享受的最低价。另一起类似的事件发生在 1697 年 4 月。之前冬季的煤价一直居高不下，保持在每查尔特隆 30 ~ 42 先令，但是煤价在 3 月下旬突然飙升至每查尔特隆 60 先令，大概是对春季第一批运煤船无法顺利抵达的反应。无论上涨的原因是什么，4 月 9 ~ 16 日煤价减半，因为另一支由 400 艘船只组成的"大船队"即将抵达泰晤士河，可能就在 12 日离开雅茅斯后的一两天。[3] 随着和平的到来，9 月的煤价趋于平缓。在接下来的 17 个月里，霍顿的煤炭价格系列平均仅是每查尔特隆 26 先令。

165

不仅价格对运煤船队的安全极为敏感，而且商人、官员以及很有可能广大公众都意识到了这一情况。毕竟，这是安妮女王断言护航舰队应该在 1703 年 11 月降低煤价的基本假设。值得注意的是，专家观察员如何理解贸易安全与伦敦市场之间的

---

[1] 此处及本段其余部分，参见 John Houghton, *Collection for Improvement of Agriculture and Trade* n. 1 (1692) – n. 305 (1698)。

[2] *The London Gazette*, n. 2982, 7 – 10 June 1694.

[3] *The London Gazette*, n. 3279, 12 – 15 April 1694; n. 3280, 15 – 19 April 1694.

关系。1704 年 2 月 23 日，安妮女王提到她已经非常有效地
"照顾"了护航舰队的几周之后，两个沿海托运人阿诺德·考
克斯（Arnold Cox）和亚伯拉罕·贾格尔德（Abraham
Jaggard）抱怨道，由于预计运煤船队即将到来，煤价已经跌到
了每查尔特隆 35~36 先令，而且还可能进一步下跌，但是为
船队指定的护航舰队拒绝启航。他们声称，这将煤价推高至每
查尔特隆 44 先令，将"不可避免地"进一步涨到每查尔特隆
3 英镑（60 先令）。① 一位匿名伦敦商人的私人账簿记录了
1703~1705 年煤炭的每日交易价格，显示考克斯和贾格尔德
不仅对当时煤价判断准确，而且对未来趋势也有着惊人的先见
之明。② 这表明，在 1704 年 2 月的前三周，煤炭的零售价格为
每查尔特隆 38~40 先令。这个价格大概包含了运费，如果真
是这样的话，几乎相当于商家抱怨的价格。在 2 月的最后一
周，煤价确实上涨了大约 20%。此外，继 3 月煤价回落到每
查尔特隆 38 先令后，4 月初煤炭的零售价为每查尔特隆 3 英
镑，与贾格尔德和考克斯的预测完全一致。他们的观点显然对
伦敦的市议会和枢密院很具说服力，两个机构在接下来的几个
月里都向护航舰队给予了更多的资金和关注。③

　　这些商人了解市场的运作方式，很大程度上是因为他们和
那些满嘴脏话的同行都是拥有定价权、应对短缺、推测供求状
况的人。这种熟悉价格走势的专家在城市人群中得到了更广泛
166　的认同。他们普遍认为，不安全感直接导致燃料的上涨。事实

---

① Jour. 53，741，744.
② TNA C114/60/3.
③ Rep. 108，288，304，501，542，546；TNA PC 2/80，70，111，116 – 7，
124，171，178，422 – 4.

上，制造此类虚假谣言是燃料零售商用来人为地提高价格的一种阴招，至少有一本 1653 年的小册子是这样说的。有位"杂货商"向他的"木材商"伙伴吹嘘：

> 我四处大肆散布谣言，称我国船队现在进港了，而张狂的荷兰海盗和士兵则守候于桑德兰、北部海岸或附近地区，运煤船不敢轻举妄动一步，使得卑微之民众惊恐不已，于是哭而喊道：即刻中止与荷兰人之战争吧，否则我等穷人非饿死不可。此难道不是狡猾诡计乎？①

对于这本小册子的读者来说，这种市场操纵尤其具有威胁，因为经验表明，无论这种"谣传"是由真正的"士兵"造成的，还是由商人的"狡猾"引发的，都导致了伦敦的燃料价格居高不下，直至另一支"伟大舰队"的到来。

煤运护航和强制征兵

尽管人们普遍认可国家权力对保护沿海贸易的重要性，但时人在提到煤炭运输时使用"保护"一词，通常指的不是国家给予（by）的保护，而是指来自（from）国家的保护。在整个现代早期，欧洲海战面临的首要挑战是，虽然它的目的是赢得海外市场和拓展海上贸易，但实际上海战期间要求禁运和强行征兵，这就导致海上贸易暂时瘫痪。正如本书第 8 章讨论

---

① Well-willer to the prosperity of this famous Common-wealth, *The Two Grand Ingrossers of Coles: viz. the Wood-Monger, and the Chandler* (1653), 7–8.

的那样，在威廉和玛丽统治时期，战争爆发时一支舰队大约需要两万人，几年内需要四万多人。① 为了满足人员需求，往往需要对航运实施禁运，因为现有船员都被迫为王室服务。这对贸易的影响显然是严重的，伦敦的煤炭供应需要大量船员，人们认为这一贸易将会遭受特别严重的损害。正如詹姆斯·杜帕上尉 1626 年初写给爱德华·尼古拉斯的信中说：

> 此时代与海员相关之财产让我棘手，如若国王今夏派出一支庞大舰队，我担心其可乘此机会主动出击或被动迎战……则一切航行必然中止，如此海员可助国王舰队获取少量装备。既如此，伦敦应如何获取燃料？无海员，无航行，城市之供给亦就此中断。②

167 詹姆斯·杜帕接着描述了他为私人煤船提供枪支的计划，以便保护这一至关重要的贸易，同时将王室开销降到最低。正如我们所见，整个 17、18 世纪采用了一种不同的方式护航运煤船队，但杜帕所描述的问题仍然存在，即煤炭贸易如何在战时成为"海员的摇篮"，而又不会因为海军而损失其从业人员？海军如何才能既服务于煤炭贸易又受益于煤炭贸易？

对于一些人来说，两者间无法取得平衡，因此政府必须做出选择，将为数不多的海员用到运煤船上还是用到战舰上。这种态度在那些负责舰队人员配备的人中尤为突出，他们对军需的热爱使他们将任何阻挠人员配备的行为看成一桩恼人的事。

---

① Baugh, "The Eighteenth Century Navy"; Rodger, *Command of the Ocean*, 206.
② Duppa to Nicholas, 27 March 1626, TNA SP 16/23/87.

一些这样的官员有着微妙的立场，比如威廉·考文垂爵士（Sir William Coventry）。他 1665 年曾辩称，高煤价意味着煤船工人的高收入，这反过来又会让他们在人手被王室征用后得到补充。[1] 其他人进一步发挥了这种逻辑，以解决煤炭贸易与国家权力矛盾关系的悖论。[2] 但是更为普遍的态度是否认这个问题，或者至少是回避这个问题，尤其是那些更关心伦敦供应而不是向海军提供人手的人。

因此，人们经常断言护航和免除征兵制相辅相成，都为伦敦燃料供给所必需。尽管协调这对矛盾存在着内在的困难，但在实践中它们通常是一起完成的。例如，在第二次和第三次英荷战争期间，王室既向海军提供了保护，也得到了来自海军的保护。1665 年春天，查理二世宣布运煤船队将接受护航，受雇的海员将免除兵役，枢密院编制了几十名船主和数百名免于兵役的人员名单。[3] 议会同意了这个优先权，威廉·普林（William Prynn）1667 年报告了一个委员会的调查结果，导致煤价高昂的主要原因是缺少"足够的护航舰队"，同时还建议分别向 100 吨、200 吨以上船只的 4 名、6 名能干的海员提供保护。[4] 同样，1672 年 5 月枢密院收到了来自伦敦关于"在当前战争期间以合理的价格向伦敦提供充足煤炭最有效方式"的建议。在伦敦的愿望清单上，免除征兵政策的保护最为重

168

[1] Coventry to Earl of Falmouth, 24 May 1665, Bod. Carte MS 34, f. 229.

[2] "Proposals whereby the City of London may be served during the present War with France with Coales at or about 20s p. Chaldron", BL Add MS 28079, f. 74 - v; Crosfield, "England's Glory Revived," in Bromley, ed., *Manning of the Royal Navy*, 2 - 8.

[3] *CSPD 1664 - 5*, 333; TNA PC 2/58, 111 - 2, 116, 124 - 5, 127, 160.

[4] *JHC VIII*, 676.

要，此外还商定了进一步保障和资助护航舰队的方法。①

在威廉和安妮统治下，伦敦再次请求护航之外提供更多保护，这些请求最终被编入了议会法规。② 1695 年，一项对煤炭征税的法案规定，运煤船船主可以每 50 吨货物提名两名受保护的海员。③ 9 年后，《增加海员数量、更为鼓励航海和保障煤炭贸易安全法》允许除船长、大副和木匠外，每 100 吨有一名能干的海员免于强制征兵。④ 两项法案都表明了伦敦煤炭供应与国家发动战争所需的财政 - 军事能力之间的联系，前者是为了增加税收，后者是武装舰队。在两者的冲突中，尽管运煤船受到了前所未有得更为系统、更为有效的护航，但对强制征兵的保护还是得到了提倡和确立。到了 18 世纪，随着英国海军在全球的实力进一步增强，沿海煤炭贸易得以维持，甚至还改善了其受保护的地位。1739 年，尽管海军当时需要数千人，伦敦市长还是成功地游说了海军部保护运煤船只。⑤ 当年的 9 月和 10 月，运煤船获得了高于其他行业的特权。当年冬季，受保护的范围不仅包括沿岸船只上的人员，还扩大到那些在泰晤士河上卸货和运煤的雇员。⑥

---

① TNA PC 2/63, 232 - 3, 240; Rep. 77, f. 139v - 140, 148, 151 - v, 159v, 175, 185v, 211 - 212v; *HMC Le Fleming*, 91 - 3.

② HL/PO/JO/10/6/44, 97 - v; *JHC XIV*, 310.

③ John Raithby, *The Statutes Relating to the Admiralty, Navy, Shipping, and Navigation of the United Kingdom* (1823), 69.

④ John Raithby, *The Statutes Relating to the Admiralty, Navy, Shipping, and Navigation of the United Kingdom*, 92 - 6.

⑤ Daniel Baugh, *British Naval Administration in the Age of Walpole* (Princeton, 1965), 171 - 3; TNA ADM 3/43, [Admiralty Minutes] 20 - 6 September 1739.

⑥ TNA ADM 3/43, 26 September; 2, 31 October 1739; 3 January; 1, 22 February 1739/40; TNA ADM 3/44, 3, 13 January, 1 February 1739/40.

国家和伦敦的煤炭贸易

到了 18 世纪，英国政府拥有了一个世纪的传统，通过资源配给与限制来确保伦敦的煤炭消费持续增长。国王从未接管过煤炭贸易，但普遍认为他在保护和维持伦敦燃料供应方面的权力是至关重要的。这种保护措施仅限于战时应急程序，但不应将战争视为 17 世纪和 18 世纪的特殊情况。发动战争的主要原因或基本原因是为了维护一个强大的中央国家，战争在整个时期都是常见的、频繁的，而且是意料之中的。因此，国家在战时仍将稀缺资源投入煤炭贸易，并不是一种脱离常规做法的畸变现象，而是清楚地表明伦敦的燃料供应对整个国家以及国家对煤炭贸易的重要性。

时人相信，从多个角度看，运煤船一旦出了差池，其后果必定是灾难性的。正如本章和第 9 章所述，人们普遍担心，如果伦敦缺乏燃料，每家每户都会遭殃，许多主要的行业将关门停业，民众很快就会失控。因此，对其实施保护不仅是经济和社会政策的一部分，也是经常处于战争状态国家的一项严肃战略考虑。当然，煤炭并不是唯一一个受战争威胁的商品。但是相对于其价值，煤炭的体积就特别庞大，而且要找到运煤船也非常容易，因为只有一个供应源，一个主导市场，并且两者之间的路线也仅有一条。在春季、夏季或秋季，荷兰、佛兰德或法国的私掠船可以蛰伏在英格兰东海岸的任何地方，找到无数条路过的运煤船。从加勒比海或印度洋抵达的更有价值的货物更不容易被发现，而且运送类似普通货物的近海贸易船只也别指望找到，虽然它们月复一月地往返于一条可预测的航线上。

一支不设防的运煤船队对敌人的私掠船来说似乎是非常诱人的猎物。

这些考虑表明，关于煤炭在英格兰工业革命中地位的争论有时与现代早期伦敦人及其地方官的实际行动和经历完全脱节。外国木材有可能（尽管有充分的理由怀疑这一点）取代国内煤炭，且对英格兰经济发展造成的伤害最小。① 如果是这样的话，富有创造力的英国人仍然可以找到新的高效的生产方法，这些方法不是能源密集型的，即使不用煤也能掀起第一次工业革命。但是，从外国输入木材不仅需要支付更昂贵的燃料费用，还要求英格兰别再担心波罗的海和北海的任何船只。因此，必须与荷兰、丹麦、瑞典，并适时与俄罗斯保持良好的关系，所有关系都是同时的和永久的，或者直接控制那些海域。两种策略都需要付出巨大的代价。这一选择从未被考虑过的事实表明，对现代早期的伦敦人来说，这是多么的不切实际，来自芬兰的木材既昂贵又脆弱。

相比之下，煤炭的部分效用在于，它既相对便宜又相对安全。本章强调了沿海煤炭贸易的战略意义，以及国家为保护沿海贸易所付出的努力。之前的章节指出，人们普遍认为燃料短缺会引发社会混乱，而正常的燃料贸易则会促进商业、工业和财政的改善，这个观念推动了这种和其他类型的国家干预。本书分别对这些进行了分析，不过它们是相辅相成的：国家权力既促进了伦敦的煤炭消费，也从中受益，而伦敦市场依赖于商业网络的改善以及来自一个强大而有求必应国家的援助。在

---

① Clark and Jacks, "Coal and the Industrial Revolution"; Mokyr, *Enlightened Economy*, 102; McCloskey, *Bourgeois Dignity*, 187.

17世纪和18世纪，煤炭越来越深地嵌入了伦敦的社会关系，在一个不断扩张的王国中取得了经济中心和政治中心的地位。伦敦似乎就不能没有煤。因此，那些为伦敦污染了的大气所困扰的人们需要为伦敦，也为他们自己，学会与煤炭共存。这甚至适用于现代早期最雄辩的、视煤烟为敌的约翰·伊夫林。

第四部分

适 应

11 伊夫林的地位：
《烟尘防控建议书》与
王室从城市烟雾中退却

泰晤士河上的对话

1661 年的一个秋日，一艘非同寻常的船只沿着泰晤士河航行。约翰·伊夫林在他的日记中解释道，这是一艘游艇，是一种新型的"快乐之船"，也许就是一年前荷兰人为国王查理二世恢复王位所赠。① 船上载着国王本人、"形形色色的达官贵人"，再就是社会地位低下的伊夫林。他虽然生活小康，也很有教养，却还算不上贵族，也不是复辟后国王圈子的人。因此，伊夫林能与国王一起度过这么长的时间、与他共进早餐和晚餐、国王驾着兄弟的船从格林尼治到格雷夫森德 40 英里的往返途中还一边与之聊着天，这实在是太罕见了。查理二世之

---

① E. S. De Beer, ed., *The Diary of John Evelyn* (Oxford, 1955), Ⅲ, 296. 虽然不能完全肯定，但德比尔的记录显示，这艘船就是玛丽号游艇。伊夫林的日记把国王的船称之为"新"船，而之前一个月，塞缪尔·佩皮斯的日记里却把两艘"新"游艇和"两艘荷兰游艇"进行了区分。*Pepys 1661*, 177, 179.

前见过伊夫林，大概是在 1640 年代的巴黎，当时伊夫林与保皇派流亡人士关系密切。当然，查理二世在 1660 年 4 月返回伦敦后也见过他几次。① 但是记录显示，他们交谈的时间不长，查理二世也没有向伊夫林询问太多问题，就像他们从格雷夫森德返回泰晤士河时那样。

因此，伊夫林的日记详细记录了这次谈话。谈话是从伊夫林几周前送给国王的一本小书开始的。

国王兴致很高，与我谈及本人所著猛烈抨击伦敦烟雾妨害之书，且提议删除书中某些细节，以获得改革的权宜之计。国王令我准备一项法案，以便于下届议会提出，如其所言，有所作为。

174　　这本书就是《烟尘防控建议书：论伦敦排放烟气之害》，这是对现代早期随处可见的城市空气污染做出的最广泛、最复杂、最雄心勃勃的分析。伊夫林两周前就向查理二世提交了一份手稿，此时国王已经批准并下令出版。② 在他们的第二次谈话中，查理二世进一步表示支持议会法案，话题随后略微转向了"与他国相比，英格兰很少改善花园与建筑"。这样的抱怨正是伊夫林最喜欢的话题，也是恢复和美化伦敦、驱除烟雾愿景的核心。但是，不论是因为突然意识到伊夫林的精湛技艺，

---

① 伊夫林娶了理查德·布朗爵士（Sir Richard Browne）的女儿为妻，理查德·布朗爵士是整个 17 世纪四五十年代王室驻巴黎的代表，因此他与诸如阿伦德尔伯爵、爱德华·海德、爱德华·尼古拉斯、彼得·厄尔（Peter Earle）、威廉·卡津（William Cosin）、纽卡斯尔伯爵及伯爵夫人等流亡在外的主要保皇分子关系密切。Darley, *John Evelyn*, ch. 4 – 6.

② Evelyn, *Diary*, Ⅲ, 295 – 6.

还是因为这一直是谈话的真实议题，查理二世完全改变了话题。前一天，西班牙使馆与法国使馆之间发生了一场重大的外交争端，查理二世需要一个能干而又谨慎的笔杆子来撰写事件的官方版本。在接下来的三天里，伊夫林几乎什么也没有做，直到最后他筋疲力尽地离开了王宫。

这次对话的进展在许多方面都反映了伊夫林试图改革伦敦烟雾取得的进展：《烟尘防控建议书》实现了其对王室要"有所作为"的承诺（尽管最终人们总是更迫切地要求国王给予稀缺的金钱和关注）。或者，也许查理二世一直知道伊夫林的计划存在重大缺陷，因此在技术上和政治上都不可行。无论如何，尽管查理二世在1661年10月把问题"解决"了，但事实上伦敦的烟雾从来没有"消散"过。几十年后，伊夫林给塞缪尔·佩皮斯写了一封信，信中提到了"那本古老而带有烟熏味的小册子"。[①] 伊夫林本人从未改变过对伦敦空气的看法，他在1684年的那场黑霜期间留意到，烟雾非常严重，几乎无法呼吸，但写给佩皮斯的信表明，他已经接受了失败。[②] 在他漫长一生的最后几年里，他又一次回归《烟尘防控建议书》，在他新版的林学论著《森林志》（*Sylva*）中加入了对燃料和烟雾的讨论。伊夫林认为，蒂莫西·诺斯刚刚发表的用木材为伦敦提供燃料的计划是有价值的，甚至"并非不可能"，但他承认自己在这方面的贡献早已随风而逝。[③]

一些历史学者同意伊夫林对《烟尘防控建议书》影响所

---

① De la Bédoyère, ed., *Particular Friends*, 182.

② Evelyn, *Diary*, Ⅳ, 363.

③ "My Fumifugium is long since vanished in aura [the breeze]," John Evelyn, *Sylva* (4th ed. 1706), 265; Nourse, *Fuel of London*.

持的悲观看法，认为这是早年关于环境问题的声明，非常有趣，也许还值得称赞，但令人遗憾的是未能受到时人的待见。从这个角度来看，伊夫林对现代早期的伦敦很有见解，但他并没有参与任何更大型的运动或工程。他是一个局外人，一个超前于时代的人。① 相形之下，马克·詹纳提供了从游艇上可以看到的景象。他在 1661 年指出，复辟与复兴悬而未决。作为保皇派和皇家学会创始人之一，伊夫林对新政权的稳定和荣誉及其资助和平与进步艺术的能力很感兴趣。在他的文本中，乐观与奉承并行不悖，总的说来这并不是王权复辟早期的特征。他不是一个过早出生的现代环保主义者，而是一个完全融入自己时代的人，关注的都是他那个时代的问题。② 如果国王、上院和英格兰教会能够奇妙地得以恢复（伊夫林认为，自从巴比伦囚房时期结束以来，历史上"从未见过这样的恢复"），那么减少伦敦的煤烟几乎不可能实现。③

毫无疑问，《烟尘防控建议书》是一个特定历史时刻的产物，当时的背景催生了激进的变革，使个人的才华得以向新政权彰显。马克·詹纳有充分的理由来强调这一切，但本章旨在不仅将伊夫林和《烟尘防控建议书》置于王权复辟的直接语境中，而且也置于他穷其一生从政治上关注伦敦烟雾的轨迹之中。本章将重点阐明，《烟尘防控建议书》不是早期的环境宣言，而是当时已经存在的传统的顶峰，这些传统将伦敦的空气视为一个需要改革和改善的问题。1660 年代标志着英国王室

---

① Darley, *John Evelyn*, 176, 339 n. 18; Thorsheim, *Inventing Pollution*, 5, 17; Radkau, *Nature and Power*, 143.

② Jenner, "The Politics of London Air".

③ Evelyn, *Diary*, Ⅲ, 246.

试图终止这种改善的开端。查理二世对城市烟雾表现出了真切的忧虑，但在他统治期间，这种忧虑的实际结果越来越有限。到了1700年前后，英国的君主依然厌恶伦敦烟雾弥漫的空气，但他们最终还是放弃了前辈们改革的尝试。他们没有减少污染，而是选择了抽身而退。

《烟尘防控建议书》 与伦敦煤烟政治学

伊夫林在《烟尘防控建议书》的开篇就向"最神圣的国王陛下"致辞，他将这部作品定位为对伦敦物质现实体验的回应。

> 国王陛下：某日在陛下白厅宫殿交谈（本人有幸常于此处瞻仰陛下神威，令我振奋，此乃万民心中之福地），然从诺森伯兰宫附近、距苏格兰场不远处，几个孔道冒出浓浓烟雾，肆无忌惮地涌进宫中，所有房间、画廊等四周满是烟雾，难以辨别彼此。因此若无明显不便，人人均会支持我的观点。① 176

在这开篇中，伊夫林介绍了许多主题，这些主题将是该书剩余部分的中心内容。首先，烟雾一般是伦敦人，尤其是国王和他的王室成员通过感官所经历的问题。事实上，正是因为侵入了宫廷，城市烟雾才变得最为令人厌恶。它给王宫里所有的人带来了不便，也使"辨别彼此"的过程变得不可能，这是宫廷

---

① *Writings of John Evelyn*, 129.

的主要目的之一。烟雾是通过感官观察和体验的，这是一种物质现实，会造成直接而可怕的政治后果。

在接下来的文字中，约翰·伊夫林将受影响人群的范围扩大到了所有"这个大城市里的人"。他们遭受两种截然不同但又相互关联的祸患之扰。一方面，他们都深受"地狱之烟追逐和困扰"，因为烟雾对身体的影响危及了他们的"健康和幸福"，极大地降低了人们的幸福感。另一方面，这众多个体受到的伤害共同构成了对公共事业的攻击，从而损害了城市和国家的荣誉。在这里，"读者"和国王的利益是一致的，因为查理二世是"一位如此宽宏大量、代表公众精神的君主"，为了"健康或者装饰"，无论做什么都是行得通的。"我们有一位决心成为国父的君主，还有一个议会，其法令和怨恨（即不满）都取决于陛下伟大的天资，而他在意的只是民众福祉。因此，我们从中获得了对未来幸福的预期。"在这两次开场白中，伊夫林都竭尽全力将烟雾作为一个没有相关历史深度的现实问题提出来，当时慈善的政府为了自身的名誉和荣耀可能会消除这样的侵害。①

尽管约翰·伊夫林在措辞上试图将他的抱怨从历史中抹去，但他对问题的诊断和他提出的解决方案都借鉴了可追溯到17世纪早期的先例。该书正文分为三个部分，伊夫林在第一部分描述了空气的性质及其医学上的重要性。正如本书第6章对现代早期医学和自然科学著作的研究所强调的那样，伊夫林认为空气对健康很重要，这算不上异乎寻常。

177　　作为古典医学传统中的六种非自然物之一，空气的普遍意义得到了广泛的认同。伊夫林通过古典的和现代的文献了解了

---

① *Writings of John Evelyn*，131 - 2.

这一传统。他引用了大量的古代文献，包括医学与环境交叉领域大名鼎鼎的权威人士，如希波克拉底、盖伦、老普林尼（Pliny the Elder）和维特鲁威（Vitruvius）；也有诗人和哲学家，如维吉尔、柏拉图、卢克莱修斯（Lucretius）和西塞罗；还有现代人，如阿维森纳和帕拉塞尔苏斯；以及他同时代的人，如柯纳尔姆·迪格比和阿诺德·博特。他与许多同时代的学者讨论了空气与烟雾的重要性，其中包括一位不知名的"最有学问的医生"。他有更多未透露姓名的消息来源论及空气在托马斯·帕尔死亡中的角色，此时威廉·哈维对帕尔的尸检结果尚未公布。[①] 他提出了一个想法，在第二年由约翰·格朗特提出将其印刷出版，即城市的"污浊空气"使他们免受瘟疫的感染。[②] 最后，伊夫林的消息来源还包括共同的经历和"人民的心声"（vox populi），"许多人观察到的情况"和"我们听人说的频率"。[③] 融合的特征贯穿于他的大量出版作品，这一特征在方法上拒绝将自然科学家与人文主义者或政治顾问加以区分。[④]

虽然约翰·伊夫林引用了各家权威之言，但他的核心议程仍是以具有政治意义的方式改善城市空气。在这一点上，他的

---

① 伊夫林认识阿伦德尔伯爵，后者曾把帕尔引到伦敦，且伊夫林通过他及其朋友圈也有可能见过威廉·哈维或听说过有关帕尔解剖之事。Darley, *Evelyn*；Craig Ashley Hanson, *The English Virtuoso: Art, Medicine, and Antiquarianism in the Age of Empiricism* (Chicago, 2009), ch. 1 – 2.

② *Writings of John Evelyn*, 142；Graunt, *Natural and political*, 68 – 70.

③ *Writings of John Evelyn*, 134, 139, 141.

④ 关于这些主题的讨论，参见 Hanson, *English Virtuoso*, ch. 2；Michael Hunter, "John Evelyn in the 1650s: A Virtuoso in Quest of a Role," in Therese O'Malley and Joachim Wolscke-Bulmann, eds., *John Evelyn's "Elysium Britannicum" and European Gardening* (Washington, 1998), 79 – 106。

影响力更为有限，也更为新颖。伦敦空气在政治上的相关性是默默建立在查理一世个人统治的主张和倡议之上的。① 伊夫林并不热衷于宣传这一点，而且当查理一世登基时，他还只是个孩子，甚至可能还没有意识到该政权将伦敦环境政治化的新奇之处。伊夫林自己获得这一机缘可能主要是通过阿伦德尔伯爵和/或其他保皇派的流亡人士，他们在 1630 年代实施了反烟雾政策。② 无论他对 1620 年代、1630 年代的措施有多么确切的了解，他至少有所了解，《烟尘防控建议书》对个人规则的倡议有着一些基本的假设。

178　　最根本的是，伊夫林接受了环境与政治意识形态、伦敦的美丽和健康与政权的威望和荣誉之间那显而易见的联系。正如 1624 年的《酒厂法案》所宣称的，烟雾"极大地减少了伦敦和威斯敏斯特的欢乐和喜悦，以及那里的健康与健全"，伊夫林在向查理二世的致辞中强调了"对您健康"和对"宫廷的光彩与美丽……辉煌与完美"的危害。③ 对于伊夫林和他的前人来说，烟雾弥漫的空气是对王室本该呈现空间的侮辱。他还效仿先例，拒绝承认这与公众的普遍利益之间存在任何紧张关

①　相关细节参见本书第 4 章及 William Cavert，"Environmental Policy"。
②　虽然伊夫林在日记里几乎没有提及此事，但他访问了居住在巴黎的理查德·布朗，这使他有可能与亨利埃塔·玛丽亚（Henrietta Maria）的宫廷、恩迪米翁·波特（Endymion Porter）以及卡罗琳时期的枢密院大臣弗朗西斯·科丁顿（Francis Cottington）和枢密院职员爱德华·尼古拉斯有所接触。作家亚伯拉罕·考利（Abraham Cowley）、威廉·戴夫南特（William Davenant）和约翰·德纳姆（John Denham）也描述了伦敦的烟雾，这点在本书第 12 章有所讨论。Darley，*Evelyn*，ch. 4，6. 彼得·布林布尔科姆认为劳德对伊夫林的影响最大，实为误导。Brimblecombe，*The Big Smoke*，40.
③　HL/PO/JO/10/4/1；*Writings of John Evelyn*，129.

系，相反辩称烟雾侵犯了王室的尊严，也侵犯了全体民众的共同利益。因此，伊夫林对"这座大城市"的集体利益的诉求与查理一世 1634 年的宣言极为相似，宣言称烟雾使大城市里的所有居民感到恼火。[1] 在这两种情况下，烟雾都事关重大，主要是因为它既使王室颜面扫地，同时也为公共利益平添了舆论空间。

伊夫林了解空气污染的原因和意义，这与查理一世政府有许多共同之处。枢密院关注的是一些特定的燃煤器，主要是但不仅仅是啤酒酿造商。他们作为个人而非行业成员受到了逮捕、起诉、罚款，国王或他的官员也没有辩称燃煤是问题。恰恰相反，枢密院努力规范煤炭贸易，以期维持高质低价，并增加王室税收。伊夫林的观点与之非常类似，认为"如此众多伦敦人的健康和幸福"只因"少数特定人群肮脏、可耻的贪婪"而受到损害。[2] 在该书的第二部分，伊夫林非常清楚这些人是谁。

> 此等行业给城市造成了明显妨害……工厂和熔炉大量使用海煤，为产生巨大烟雾之唯一原因，烟雾四处弥散，污染空气就无可避免……具体而言，乃指酒厂、染坊、制皂和制盐锅炉、石灰炉等。[3]

鉴于 17 世纪二三十年代对工业烟雾的投诉往往忽略了家庭广　179

---

[1]　Larkin, *Stuart Royal Proclamations*, 426 - 7. 伊夫林把伦敦人描绘成：均居于同一烟雾之下（ad eundem fumum degentes, 此处为拉丁语。——译者注），可参与亚里士多德的《政治学》（1252b）。虽然伊夫林并未对此进行探讨，却无不与之相关，即城市的政治组织源于城市环境的共同经验。

[2]　*Writings of John Evelyn*, 131

[3]　*Writings of John Evelyn*, 147.

泛使用燃煤也可能是造成空气污染的主要原因之一，伊夫林明确否认了这种可能性。煤烟并"不是来自烹饪用火，因为火势很弱，而且很少从下方添煤，所以很容易消散在上面，几乎不会为人所见"。只有"私人行业"的排放才是问题所在，"仅一个通气孔（通风口）造成的空气污染明显超过伦敦家庭烟囱的总和"。① 这么说也太夸张了。白厅附近的一家酿酒厂每年可能消耗 400 吨煤，但威斯敏斯特的壁炉和"烹饪用火"燃烧的煤是这一数字的 100 倍。② 不知伊夫林是否意识到这一点，是一个不同的、无法解决的问题。③ 然而，他确实做出了这样一种充满怀疑的回应。

> 此等言辞是否夸张，可待最好裁判裁定，而我等则感同身受。股股浓烟于伦敦黝黑之口大量喷涌而出，恰似奥特纳山（Mount Ætna）、火神宫（the Court of Vulcan）、斯特隆博利火山（Stromboli）或地狱郊区，而非适于生灵聚集之地，亦非适宜盖世无双之吾王王宫之所在。④

这样的行文很是古怪。查理一世和他的议会都不会以这样的方式来描述烟雾。但伊夫林的言辞却是对一个几十年来人们老生

---

① *Writings of John Evelyn*, 137 – 8.

② Cavert, "Industrial Coal Consumption," *Urban History* 44.3（2017）. 伦敦居民平均每人燃烧近一吨的煤炭，而威斯敏斯特的人口到了 17 世纪中叶达四万余人。Merritt, *Social World*, 262.

③ 有人提议去了解工业和家用燃料消耗的相关重要性，参见 Hiltner, *What Else is Pastoral*, 107。

④ *Writings of John Evelyn*, 138. 伊夫林的激烈言辞最近已经有了研究成果，参见 Toby Travis, " 'Belching Forth Their Sooty Jaws' : John Evelyn's Vision of a 'Volcanic' City," *London Journal* 39（March 2014）, 1 – 20。

常谈的问题予以回应，即普遍使用煤炭是否与一个干净美丽的城市相协调。伊夫林在《烟尘防控建议书》中通过他最具巴洛克风格的言辞猛烈抨击，明确表达了这一受到人们捍卫的立场，只是在那个人统治期间表现得较为含蓄。

这些类似的对烟雾成因的评估导致了类似改进方案的出现，尽管在这里，伊夫林的愿景再次比之前出现的任何构想都更详细、更清晰。如果问题出在几家制造厂排放的烟雾，那么对于伊夫林和两查理统治时期而言，显而易见的对策就是将它们迁出伦敦。1630 年代，主要的酿酒商被勒令迁往无损宫廷的"偏远之地"。[1] 伊夫林知道这个最完美的偏远之地，"位于泰晤士河下游，距伦敦五六英里远……或者至少位于海岬后面，护卫格林尼治免受普卢姆斯特德沼泽有害空气之侵袭"。[2] 因此，伦敦的实业家将被重新安置到位于伍尔维奇（Woolwich）未来的王室军械库。格林尼治宫的重新设计即将由伊夫林与国王讨论，从而得到保护，伊夫林自己位于德普特福德（Deptford）西面的房子和花园也将受到保护。[3] 伊夫林认为，这给酿酒商带来的不便是微不足道的，对城市的好处却是巨大的。除了减少烟雾，大型的河畔仓库也可以转化为"供人享用和娱乐的高尚住宅"。因此可以毫不夸张地说，工业的移出是伦敦高雅化计划的一部分。公民和都市荣誉的言辞对伊夫林而言至关重要，就像《酒厂法案》一样，但存在关键的区别。该

180

---

[1] 参见 TNA PC 2/43，239 和本书第 4 章。1657 年，英国议会还准备出台规定，将石灰厂、砖窑厂移出伦敦五英里。John Rutt, ed., *Diary of Thomas Burton* (1828)，221；*JHC* Ⅶ，532，554.

[2] *Writings of John Evelyn*，148.

[3] Evelyn, *Diary*，Ⅲ，313.

法案描述了为王室和居住在那里的"贵族和其他最知名人士"维护一个清洁伦敦的必要性;[1] 伊夫林赞同伦敦应该是一个适合贵族和杰出人物的空间,但他的愿景是改造而不是维护。

这种对改造和改善的强调,在很大程度上顺应了复辟前其他的潮流。将工业从伦敦移出只是伊夫林计划的一部分,辅之以管理城市空气的积极计划。这可以通过一系列占地"20 英亩、30 英亩、40 英亩或更多的方形地块"来实现,这些土地上长满了"馥郁芬芳、香味四溢的"开花灌木、花圃、草本植物和"开花谷物"。伊夫林写道:

> 周围花团锦簇,风穿过树篱间隙,源源不断地吹拂整个区域,乃至整座城市,人人都可嗅到馥郁芳香,实在令人陶醉。

因此,这些不仅是供人临时消遣和休憩的宜人小花园,更是永久而实在的"装饰、利润和安全"的工具。尽管伊夫林列举了几种最符合其用途的花卉和草本植物,但他的计划规模并不只是园圃,而是一片"场地"(field)。[2] 除了花卉和草本植物,还有"伦敦市场上热销"的豆荚、豌豆、啤酒花、谷物、羊和牛。为了促进种植,伊夫林希望应该像内战前一样,禁止"城市附近的公寓和低劣、肮脏的小屋"进一步蔓延。[3] 这种对进一步蔓延的禁止并不是一种阻碍增长或发展的措施,伊夫林肯定会极力否定伯纳德·曼德维尔后来的说法,后者认为一座

181

---

[1] PA HL/PO/JO/10/4/1.

[2] *Writings of John Evelyn*, 154 – 5.

[3] Barnes, "Prerogative and Environmental Control".

"繁荣"的城市是不可能"干干净净"的。① 相反，伊夫林的提议声称要将"装饰、利润和安全"结合在一起。或者，正如他在书中倒数第二句宣称的那样，这样的花园和场地将有益于伦敦的"健康、利润和美丽"。②

因此，伊夫林的目标并不是保存现有的城市景观，而是要创造一种全新的东西。他的目标不是保护而是改良。事实上，他把 17 世纪中叶的这个关键词用作该书第三部分的标题"通过种植改善和提高伦敦空气质量的提议"，并在该部分的 850 个词中又使用了三次。因此，提高伦敦空气质量就应该与其他许多关于"健康、利润和美丽"的愿景结合在一起，这反映了那些试图实现弗朗西斯·培根乌托邦式自然哲学愿景人士的特征。这种自然主义哲学以经验主义为基础，以实用主义为导向。正如查尔斯·韦伯斯特（Charles Webster）的权威研究以及随后的著作所显示的那样，伊夫林是这些圈子的核心成员。③ 他与"哈特利布圈子"（Hartlib circle）的其他成员以及后来的皇家学会创始人一样，倡导一个实验研究计划，其最终目标是恢复伊甸园式的自然认知和对自然的控制。④

---

① Mandeville, *Fable of the Bees*, 22. 更深入的讨论参见本书第 8 章。

② *Writings of John Evelyn*, 156.

③ Charles Webster, *The Great Instauration: Science, Medicine, and Reform 1620 – 1660* (New York, 1975); Mark Greengrass et al., *Samuel Hartlib and the Universal Reformation*.

④ 有关伊夫林这部分思想的着重讨论，参见 Steven Pincus, "John Evelyn: Revolutionary," in Frances Harris and Michael Hunter, eds., *John Evelyn and His Milieu* (2003), 185 – 220。有关更为广泛的改善问题，参见 Paul Warde, "The Idea of Improvement, c. 1520 – 1700," in Richard Hoyle, ed., *Custom, Improvement, and the Landscape* (Farnham, 2011), 127 – 48; Paul Slack, *The Invention of Improvement: Information and Material Progress in Seventeenth – Century England* (Oxford, 2015)。

　　但是，如果说恢复失去的知识天堂的理想对伊夫林及其同事产生了影响，那么炼金术带来的变革力量也是如此。正如最近几位评论家所争论的那样，炼金术概念的嬗变一般是现代早期自然科学和医学的核心思想，也是伊夫林几位长期合作者的核心思想。① 当时的政治算术和经济学以及哲学和医学都被理解为转变的过程。被哈特利布称为"优秀化学家"的伊夫林与他的哈特利布圈子的同事分享了一种信念，认为空气可以通过植物的排放而发生改变，从而改善呼吸者的身心健康。② 伊夫林还与他同时代的人分享了这样一种信念，即这种改变是通过改善自然环境实现的，由此产生的经济收益并不亚于健康方面的收益。正如种植园能使爱尔兰、美国或英格兰的荒地立刻变得更健康、更多产一样，伊夫林主张：

　　　　改善种植园……在城镇周边潮湿、低洼和沼泽之处栽培植物，植物以其呼吸每每向空气轻柔排放香味，使周边芬芳，仿佛借助于魅力或天生之魔法，染了阿拉伯之快乐风情。③

因此，伦敦的废地将被转化为转变的动因。它们将成为精心管理的自然空间，改变城市环境，从而改善伦敦居民的健康、幸福、繁荣和行为。总而言之，《烟尘防控建议书》可能被视为

---

① 相关讨论参见本书第 6 章，同见 McCormick，*William Petty*；Carl Wennerlind，*Casualties of Credit：The English Financial Revolution*，1620 – 1720（Cambridge，MA，2011）。

② HP 28/2/66B – 67A，28/2/71B；John Beale to Evelyn，30 September 1659，67/22/3B – 4A；*Writings of John Evelyn*，141.

③ *Writings of John Evelyn*，130，154.

伦敦空气两查理统治时期政治化的高潮，也是对一场典型的世纪中叶改善美德的颂扬，这是一次试图通过创新和转型重建秩序的恢复性尝试。

"有所作为"：对《烟尘防控建议书》的接受

上文将《烟尘防控建议书》视为一种文本和一系列想法，但它也应被视为一种政治手段，一种达到真正目的的策略。从实践的角度来看，有种有力的观点认为，《烟尘防控建议书》是（而且很可能是）失败的。在政治上和行政上，强制禁止新建筑总是很困难的，用王室经费来创建新的花园需要得到本就资金不足的王室的大力支持，禁止城市工业肯定会遭到强烈的反对，而且非工业用煤微不足道的这一说法站不住脚。伊夫林的提议当然过于雄心勃勃，根本无法实现，并且是基于一些毫无根据的假设，即使他的提议奇迹般地取得了成果，这些提议也会酿成一些重大问题，但这并不意味着它们完全无关紧要。事实上，正如《烟尘防控建议书》中广泛阐述的那样，伊夫林的观点是妇孺皆知的，并且确实很有影响。然而，影响的实际效果受到了一定程度的限制，这肯定让伊夫林感到失望。这种限制的特点是，在《烟尘防控建议书》出版后的一个世纪里，对城市空气污染的应对措施由改革稳步地转向了适应。

要理解《烟尘防控建议书》未能使伦敦焕然一新的本质，就需要关注其接受的程度，这始于其出版和发行方式。对《烟尘防控建议书》的出版商仅有一次的研究表明，他们像伊夫林一样，在这个时期都在积极寻求王室的赞助。虽然这意味 183

着伊夫林的文本并不重要（就像任何一本书，无论其内容如何，都可能会成为送给国王的好礼物），但它实际上揭示了伊夫林的提议和他的出版方式如何共同发挥作用的关键因素。[1]伊夫林当然不反对出版，实际上在王朝复辟前后都经常出版著作，既有原创作品也有翻译作品。他试图向英国家庭讲授古典建筑的优点，或向土地所有者展示如何在他们的庄园上重新造林，商业出版为他提供了一个最大限度扩大受众的绝佳机会。[2]但是当他就一个敏感的公共政策问题向国王提出建议时，就没有那么多精力关注出版事宜了。伊夫林的日记和该书的扉页都写道，该作品是由国王亲自下令出版的，该书的出版与其说是一种动摇公众舆论的商业活动或企图，不如说是官方授权对伊夫林计划提供王室支持的记录。[3]

因此，《烟尘防控建议书》从来就没有打算成为畅销书，不过它却在一个有限的圈子里以手稿和印刷品的形式传播。当然，该书的第一位也是最有分量的读者是查理二世。伊夫林似乎是在 1661 年的头几个月写出这个文本的，可能在 5 月 1 日

---

[1] Peter Denton, "Puffs of Smoke".

[2] John Evelyn, *Parallel of the Antient Architecture* (1664); John Evelyn, *Sylva* (1664).

[3] 彼得·登顿（Peter Denton）注意到，在《烟尘防控建议书》进行到印制环节时，王室撤销了出版许可，不过他的讨论没有下定论。马克·詹纳最近的研究强调了在政府高度疑虑公共领域进行出版活动的风险，试图说明在伦敦大火之后针对重建所提出的建议使得作者身陷囹圄，其原因并非出于该出版物的内容，而是因为对问题的讨论过于公开化。Mark S. R. Jenner, "Print, Publics, and the Rebuilding of London: The Presumptuous Proposal of Valentine Knight," unpublished paper presented at the Institute for Historical Research, British History in the Seventeenth Century Seminar, 30 January 2014.

写完致读者部分之前不久。[1] 这一切发生在查理二世加冕典礼后的一周，当时伊夫林亲自向他献上了一篇颂词，之后便与宫廷要员们一同享用"盛宴"。[2] 几周后，伊夫林再次与查理二世交谈，这次谈到了皇家学会。1661 年夏天，伊夫林数次拜访宫廷，其中一次查理二世对城市烟雾的妨害表示了某种"愤慨"。[3] 9 月 13 日，伊夫林向查理二世呈上《烟尘防控建议书》，很显然他享受这个过程，并期望产生影响。查理二世"很高兴让我通过特别命令出版这本书，他对这本书非常满意"。[4] 这本书顺理成章地出版了，但在伊夫林后来的日记中唯一提到的是，他更关心该书作为政策文件的效力，而不是它在书店畅销。

这次提及在 1662 年 1 月，当时伊夫林记录了从彼得·鲍尔爵士（Sir Peter Ball）那里收到"反伦敦烟雾妨害的法案草案，该草案通过搬迁一些引起烟雾污染并危及国王及其民众健康的行业"。从内战前开始，鲍尔一直担任太后亨丽埃塔·玛丽亚[5]的律师，因此在 1630 年代就成了伊夫林的计划与查理一世及妻子抱怨之间的私人纽带。伊夫林本可以通过他在 17

---

① 向国王致辞指的是国王的妹妹撰写的陈述，日期应为 1660 年 12 月 21 日。尽管致读者部分写的是 5 月 1 日，但其中用一般现在时态讨论了议会开会的情况，但是议会直到 5 月 8 日才开会，这可能说明伊夫林的确是按照落款日期撰写致辞，议会的召开迫在眉睫。*Writings of John Evelyn*，129 n.3，132。

② 伊夫林记录了与爱德华·海德（Lord Chancellor Clarendon）、奥蒙德公爵（Ormonde），以及其他未具姓名的"贵族"和"大人物"的会面。Evelyn, *Diary*, III，284。

③ Evelyn, *Diary*, III，285，287，288，290，293。"Resentment" in BL Add MS 78298，f. 113 - v，note 61 below。

④ Evelyn, *Diary*, III，297。

⑤ 她是查理一世的妻子，查理二世的母亲。——译者注

世纪四五十年代与流亡王室成员的接触来认识鲍尔，但更直接的联系是通过鲍尔的儿子威廉，一位杰出的天文学家和皇家学会的成员。① 虽然鲍尔向太后提供的服务对王室影响不大，然而他是一名顶尖的律师和前议员，所以伊夫林接近他看起来是为了使《烟尘防控建议书》考究而儒雅的文体变成议会辞令。他似乎做到了，但是日记中的"遵国王陛下之嘱，此书本该提交议会"是我们最后一次看到《烟尘防控建议书》是一个有生气的计划。②

　　虽然《烟尘防控建议书》既没有改变公众舆论，也没有导致全面的立法，但它并非没有产生影响。查理二世收到《烟尘防控建议书》一个月后，也就是他和伊夫林在游艇上会谈的 10 天之后，据记载他在枢密院的一次会议上宣布，"明确表示愿意并高兴地宣布，议事厅里不得燃烧木炭以外的燃料"。该命令是由理查德·布朗爵士记录的，他是院里新复职的书记员和伊夫林的岳父。③ 如果查理二世不能使首都摒弃工业而让花圃簇拥，他至少可以让自己的宫殿部分地不再使用矿物煤，伊夫林认为矿物煤会毁坏衣服、图画和墙帷。④ 相对于海煤，木炭或木头是房屋前厅和教区委员会会议室更适宜的燃料，所以查理二世的命令并不令人吃惊。但是，这个时机强烈表明，无论是通过阅读《烟尘防控建议书》还是与作者交谈，他心里已经接受了伊夫林的观点。

185

---

① Evelyn, *Diary*, Ⅲ, 286; Joseph Gross, "Ball, William,"; Wilfred Prest, "Ball, Sir Peter," *ODNB*.

② *Diary of John Evelyn*, Ⅲ, 310.

③ TNA PC 2/55, p. 402; TNA LS 13/170, 112.

④ *Writings of John Evelyn*, 138.

　　《烟尘防控建议书》最大的回响发生在伦敦大火后不久。
1666 年 9 月初，伦敦古城墙内的大部分地方都被烧毁了，包
括圣保罗大教堂、皇家交易所、数十座教堂、行会大楼、公共
建筑以及 12000 多栋房屋。[1] 尽管伊夫林的战时职责是监护病
人、伤员和囚犯，但他仍在火灾发生后的一周向查理二世提出
了 "新城规划图并附说明"，此时废墟仍然阴燃着。[2] 说明文
字《重建伦敦》（Londinium Redivivum）再次力推《烟尘防控
建议书》提出的很多措施。[3] 伊夫林再次强调了伦敦的 "改
善" 潜力，"商业与交往、快乐与国家" 的互补性以及在建筑
与城市设计中古典规律的可取。[4] 这些目标与其他建议相辅相
成，包括克里斯托弗·雷恩的著名计划以及其他几个计划。[5]
然而，如《烟尘防控建议书》那样，伊夫林的愿景还包括通
过新的社会和工业布局来管理空气，旨在改良 "城市里地狱
般的烟雾"。因此，就要把大型仓库搬到河边的南华克一侧，
而 "必要的恶行，如酿酒厂、面包坊、染坊、盐厂、肥皂厂、
糖厂、蜡烛厂、制帽厂、屠宰场以及一些鱼铺等" 都要搬至
东部或北部郊区。[6] 这样的改善，再次像《烟尘防控建议书》
中描述的那样，将很快使伦敦 "更适宜商业、更适合政府、
更益于健康、更绚丽多姿"。[7] 伊夫林再次记录了一段 "接近

---

[1]　Stephen Porter, *The Great Fire of London* (Stroud, Glouc., 1996), 70.

[2]　*Diary of John Evelyn*, Ⅲ, 462 - 3. 有关伊夫林在伦敦大火后战争期间的
工作，参见 *Diary of John Evelyn*, Ⅲ, 457 - 8; Darley, *Evelyn*, 192 - 203。

[3]　《重建伦敦》并非要回到过去之质朴，而是要达到宽敞之美和壮观。
Writings of John Evelyn, 335 - 45.

[4]　*Writings of John Evelyn*, 337, 339.

[5]　*Writings of John Evelyn*, 341 - 2; Porter, *Great Fire*, ch. 4.

[6]　*Writings of John Evelyn*, 339, 341.

[7]　*Writings of John Evelyn*, 345.

一个小时"的讨论，这次是与国王、王后和约克公爵。① 就在同一天，即 9 月 13 日，查理二世发布了一份"宣言"，支持伊夫林的多项提案。最值得注意的是：

186 　　　　　河边到处都要有清晰的示图或码头，不得在河边多少英尺内兴建房屋，将在几天内宣布……也不得在河边将要兴建的建筑物里搭建任何新的建筑物，我们希望这些建筑非常美观，可以装点这座城市。任何酿酒商、染匠或糖果商的厂房，只要是靠持续排烟维持经营都会对毗邻地区构成严重的健康隐患。但我们要求伦敦市长和市议员在充分考虑并权衡所有可预见的便利和不便后，提供一个适合所有以煤为生的行业共同栖身的区域，或者至少在城里的几个街区提供几个适合这类营生的地方……我们的目标是，从事这些必要行业的人应该一如往常地在各个方面都得到应有的支持和鼓励，并尽可能减少他们因对邻居造成不便而遭受的偏见。②

这似乎很有可能是伊夫林对查理二世所说的话。"以煤为生"行业中的"必要行业"将被隔离到新的区域，在那里它们将"减少对邻居的打扰"。这只是伊夫林《重建伦敦》中的一小部分提议，却是《烟尘防控建议书》的核心所在。因此，伊夫林与国王、他的妻子和他的兄弟长达一小时的谈话似乎很有可能又回到了这个早期计划或其基本提案。如果是这样，那么

---

① *Diary of John Evelyn*, Ⅲ, 463.

② *His Majesties Declaration to his City of London*, *Upon Occasion of the Calamity by the Lamentable Fire* (1666), 7. Draft in TNA SP 29/171/94.

伊夫林的理念就强烈地推动着国王，至少在火灾发生后不久朝着一个城市更新的模式发展，力求通过同样的秩序、规则和流通原则来营造清洁的空气，这也将打造出一座荣耀的城市和富裕、健康、忠诚的臣民。

　　然而，它对当权者的影响是短暂的，因为一个仍然饱受瘟疫和海战煎熬的城市，其当务之急胜过了长期规划。议会首先寻求的是"重建城市的快速方式"，1667 年的《重建法案》确立了建筑法规，但放弃了伊夫林和查理二世构想的工业区。① 希望《烟尘防控建议书》能为伦敦的复兴提供蓝图的最后回响来自伊夫林的通信人约翰·比尔（John Beale）的笔端。比尔既是一位出色的学者，也是皇家学会的成员，像伊夫林一样，他对道德、精神和医学方面的进步特别感兴趣。事实上，在 1659 年写给伊夫林的信中，比尔曾提倡使用植物来净化空气，特别指出这样的做法可能会提供"一种防范海煤产生的腐蚀性烟雾的简便补救措施"，因此可能对《烟尘防控建议书》的提议有重要的影响。② 1667 年 2 月，正当议会通过《重建法案》之时，比尔给伊夫林写了许多重建伦敦的计划。他的偏好在很大程度上源自他自己影响了的《烟尘防控建议书》："高尚的花园可以产生纯净的空气，可以发挥城市肺的功能"，而酿酒商在"上下泰晤士河"则无立足之地。为了强调这些花园的道德力量，比尔建议用几英里长的"冒火之剑"

187

---

① Caroline Robbins, ed., *The Diary of John Millward* (Cambridge, 1938), 9. 重建情况参见 Porter, *Great Fire*, ch. 5。

② HP 67/22/3B - 4A, printed in Greengrass et al., *Hartlib and Universal Reformation*, 357 - 64.

(flaming sword)① 来保护这些花园免遭酿酒商祸害，这样就把冒烟工业比作了原罪，把重建的伦敦比作了伊甸园。②

约翰·比尔的信表明，尽管《烟尘防控建议书》主要是为了向国王及其顾问解释一系列的政策建议，但它同时还是一部人文主义自然哲学作品，因此也在朋友和同事之间传播。1661年9月13日，伊夫林离开他在德普特福德的家，准备第二天在朝廷陈述《重建伦敦》，并给罗伯特·波义耳（Robert Boyle）寄了一本《烟尘防控建议书》。他称这本小册子为"小玩意"，并因其愤愤不平的语气和推测献给国王而道歉。他进一步抗议道："我并不认为我写的东西能产生预期的效果，而只是为了放纵我的激情，寄希望于部分的改革，至少陛下会追究自从构思这本小册子以来，人们最近对这种令人厌恶的东西所表达的不满。"③ 没有直接的证据表明它对波义耳的影响有多大，如果有的话，主要是因为空气、空气的成分以及空气与健康的关系对波义耳的工作至关重要，但至少在一个地方，他确实认为"我们烟囱里燃烧的火焰"排放出的盐分使得空气成了"极其复杂的混合体"。④ 除了波义耳，一份1688年的信件草稿表明，塞缪尔·佩皮斯向他的老朋友和同事伊夫林索要一本他很熟悉的"古老的烟雾小册子"，尽管不清楚是否真的有寄出。⑤ 身为英国皇家学会会员、议员、煤炭大亨、伊夫林

① 《圣经》记载，上帝将亚当、夏娃逐出伊甸园后，派一个天使手拿冒火的宝剑守住伊甸园的入口，保卫生命之树。——译者注

② BL Add MS 78，312，f. 43.

③ BL Add MS 78，298，f. 113－v.

④ "The General History of Air," in Michael Hunter and Edward B. Davis, eds., *The Works of Robert Boyle* (2000), vol. 12, 30－1.

⑤ De la Bédoyère, ed., *Particular Friends*, 182.

的朋友，约翰·洛瑟爵士（Sir John Lowther）阅读了《烟尘防控建议书》并做了记录。① 在包括柯纳尔姆·迪格比和约翰·伍德沃德（John Woodward）在内的其他一些自然哲学家的图书馆里都收藏了这本书。② 一份讽刺皇家学会研究工作的匿名手稿歌谣使用了可观的篇幅来谈论《烟尘防控建议书》，在 28 节的歌词中有 4 节对该书做了论述，比其他任何哲学家或实验所占的篇幅都多。③ 一些诸如"凡在礼拜日教堂里听闻咳嗽之人，无人会取笑《烟尘防控建议书》"的语句，表明人们对文本的熟悉，而且在歌谣中人们的感受也大抵如此。④ 尽管有着诸多这类例子，伊夫林本人在 18 世纪初还是对自己专著的"消失"深感遗憾。1772 年，该书一个新的版本面世，理由为它是"非常稀缺的小册子"。⑤ 因此，《烟尘防控建议书》作为一本书的影响确实是有限的，但作为伊夫林亲自向英国一些顶尖的自然科学家，以及国王和他最亲密的顾问阐述观点和项目的记录，它仍然具有重要意义。

188

---

① Sir John Lowther's general notebook, c. 1676 – 80, Cumbria Record Office, D LONS/W1/32.

② *Bibliotheca Digbeiana, sive, Catalogus librorum in variis linguis editorum quos post Kenelmum Digbeium eruditiss* (1680), 126; *A Catalogue of the Library, Antiquities, & c. of the Late Learned Dr. Woodward* (1728), 141.

③ Dorothy Stimson, ed., "The Ballad of Gresham College," *Isis* 18 (July 1933), 103 – 17, esp. 115 – 6.

④ Dorothy Stimson, ed., "The Ballad of Gresham College," *Isis* 18 (July 1933), 115. 多罗西·斯廷森（Dorothy Stimson）论述了约瑟夫·格兰维尔（Joseph Glanvill）是这首歌谣作者的可能性，还通过亨利·鲍尔（Henry Power）的档案中辑录了这首诗歌，说明所谓的讽刺是针对皇家学会会员或者皇家学会中那些博学的同路人。

⑤ John Evelyn, *Fumifugium: Or, the Inconvenience of the Aer, and Smoake of London Dissipated* (1772), iii.

搬迁：王室退出环境监管

据说，约翰·伊夫林对查理二世的影响是巨大的，尽管查理二世并不需要伊夫林说服他伦敦烟雾过多且令人生厌。他父亲查理一世在 1630 年代反对威斯敏斯特酿酒商的运动是合乎情理的，部分原因是担心年轻的查理王子及其兄弟姐妹脆弱的健康。[1] 像约翰·德纳姆和威廉·戴夫南特这样的作家，曾在戏剧和诗歌中嘲讽城市烟雾，他们曾为王室的流亡分子，在复辟时期深受王室青睐。[2] 一位外科医生在内战期间忠实地侍奉年轻的查理，后来他在王宫里获得了一席之地，在各种出版物中描述了烟雾对淋巴结核患者的危害。[3] 然而，查理二世的枢密院首次在伦敦对煤烟采取行动，并非由国王，也非由他的顾问，而是由国民推动的。1664 年 3 月，伦敦桥西边南华克居民詹姆斯·奥斯汀爵士（Sir James Austin）向枢密院递交了一份请愿书，抱怨一座新玻璃厂正在施工，"玻璃厂持续不断地排放出烟雾，行人和在夏日为了新鲜空气、健康来度假的伦敦市民，均受到巨大伤害与烦恼"。工厂建筑商对此做了回应。他们抗议说，禁令将会毁了他们及雇用的许多"贫困家庭"，而且该地区已有另外两家玻璃厂，所以造成妨害的说法并不成立。枢密院动用了很少强制执行的、针对新建筑物的命令来维

189

---

① TNA PC 2/43, 238–40.

② 有关这两人及城市烟雾文学象征的讨论可参阅本书第 12 章。

③ Wiseman, *Severall Chirurgicall Treatises*（1676），255. 有关理查德·怀斯曼（Richard Wiseman）的生平，参见 John Kirkup, "Wiseman, Richard," *ODNB*。

护请愿者的权益，因此调查总长约翰·德纳姆受命阻止进一步的建筑活动。①

几个月后，枢密院审议了一个完全不同的案例，国王和王室为受害方。一位名叫约翰·布雷敦（John Breedon）的酿酒商被招来枢密院，被告知"他的酿酒厂离白厅如此之近，被认为是一极大的麻烦，并危及了国王全家的健康，因此需要找一个更偏远、更合适的地方，然后自己完成搬迁"。② 酿酒厂离北边的白厅"如此之近"，一定是伊夫林在《烟尘防控建议书》开篇语中提到的那一家，它是侵入王宫的"专横烟雾"的源头。布雷敦的家位于现在的诺森伯兰大道，距苏格兰场只有百米左右，距离国宴厅正好 300 米。③ 布雷敦的案例在某种程度上是对 1630 年代方案的回归。布雷敦和他的前任一样，受命寻找一个更适合的地方开展生产，那个地方要离王宫更加"遥远"。鉴于 1630 年代的酿酒商面对罚款和逮捕而抗命不遵，布雷敦却立刻表示"心甘情愿、顺从服从"，即使他解释说查理二世的命令会毁了他的房产。1630 年代，查理二世也暗中表达了让步的意思。查理二世"很大程度上接受了"他的尊重，下令调查总长约翰·德纳姆协助布雷敦寻找新址，财政大臣"修复并赔偿他因此可能遭受的偏见和损失"。④

---

① TNA PC 2/57，43，63，74.

② TNA PC 2/57，188.

③ 该酿酒厂位于哈特肖恩巷（Hartshorne Lane），可能离今天的剧场剧院（the Playhouse Theatre）非常近。有关这一区域的总体历史，参见 G. H. Gater and E. P. Wheeler, eds., "Northumberland Street," *Survey of London*, volume 18：St Martin-in-the-Fields Ⅱ：The Strand, British History Online, www. british – history. ac. uk/report. aspx? compid = 68268。

④ 76TNA PC 2/57，188，196，214.

　　最后，这些命令并没有任何结果，布雷敦案件的意义在于它揭示了查理二世背离他父亲的做法。首先，虽然布雷敦的酿酒厂长期以来一直困扰着王室（已经被纳入 1630 年代需抑制发展之列），但在 1664 年之后，查理二世和他的政府倾向于限制有烟工业的进一步蔓延，而不是将其从原址迁出。[①]

190　　这可以从对 1665 年兰贝斯居民反对新建大型玻璃厂请愿书的同情态度中反映出来。枢密院起初禁止工人继续施工，但它一旦成了白金汉公爵的财产，投诉也就销声匿迹了。白金汉公爵刚刚还获得了发展国内玻璃业的皇家专利。[②] 1672 年，针对皮卡迪利北部新开发项目中的另一家新建酿酒厂的投诉受到了仔细的审查（但被驳回），而诺维奇伯爵 1676 年获准扩建阿伦德尔庄园，前提是他不得修建酿酒厂或其他的建筑物。[③] 1675 年，枢密院限制了威斯敏斯特河畔一些酿酒厂的供水，但在一年前它批准了一家知名酿酒厂扩大用水权。[④] 最后，在查理二世统治期间，继续有人以国王的名义对有烟行业提起诉讼，但是并没有证据表明这些诉讼来自国王或枢密院，也没有证据表明这些诉讼与他父亲统治下的联合行动有

---

① 1637 年 8 月 1 日，位于哈特肖恩巷的那家酿酒厂被家庭审计官老亨利·文恩（Henry Vane）传唤，因为"对王宫产生了妨害"。GL MS 5445/16. 其实际位置可参见 1621 年的地图，WAC Acc. 1815。

② TNA PC 2/ 58, 44 - 5, 59, 70; *CSPD 1663 - 4*, 186 - 7.

③ TNA PC 2/63, 166, 171; F. H. W. Sheppard, ed., *Survey of London*: *volumes 31 and 32*: *St James Westminster, Part 2* (1963), 118 - 9. 阿伦德尔伯爵府邸的许可文件写道："此处不可以附加条款和正式条款建盖货仓、酿酒坊、染房及任何此类建筑物，如此类条款通常所许可的那样。" TNA PC 2/65, 287.

④ TNA PC 2/64, 384, 389; 2/64, 280, 289; 2/66, 158.

半点关系。① 因此，总的来说复辟后的查理二世采取的措施确实表明，煤烟的确不受欢迎且令人反感，但是针对煤烟的措施却是有限的、局部的、零星的，难以成效。

这可能在很大程度上是因为查理二世并不像他父亲那样有兴趣将威斯敏斯特发展成为一个合适的帝王之都。唯一例外的是在 1664 年末，也就是布雷敦案件发生几个月后，查理二世计划用国宴厅的新古典主义风格重建白厅。② 但从那以后，他把其建筑抱负挥霍在伦敦之外的项目上。据凯文·夏普（Kevin Sharpe）的说法："查理二世展示复辟王权的地方是温莎。"③ 西蒙·瑟利（Simon Trurley）强调了不同的项目，即在格林尼治新建的"通往他的王国的礼仪之门"的宫殿和统治结束时在温彻斯特新建的大房子。④ 1679～1681 年爆发排斥危机（the Exclusion Crisis），查理二世避开伦敦显得合情合理，因为伦敦是反抗他父亲的"大叛乱"的中心，这样他就可以一心追逐自己的凡尔赛宫梦想。虽然伦敦的政治因素很可能是将查理二世逐出伦敦最主要的原因，但其影响之一是，城市环

191

---

① Bartholomew Shower, *The Second Part of the Reports of Cases and Special Arguments*, *Argued and Adjudged in the Court of King's Bench*（1720），327. 本书第 5 章亦有讨论。

② Simon Thurley, *The Whitehall Palace Plan of 1670*（1998），6；Kerry Downes, "Wren and Whitehall in 1664," *The Burlington Magazine*, vol. 113, n. 815（February 1971），89–93. 1661 年夏似乎还出台了修建新白厅的计划，这段时间查理二世会晤了伊夫林并对此计划表示赞同。Thurley, *Whitehall*, 5；Evelyn to Boyle, 13 September 1661, BL Add MS 78, 298, f. 113–v.

③ Kevin Sharpe, *Rebranding Rule*：*The Restoration and Revolution Monarchy*, *1660–1714*（New Haven, 2013），119–21.

④ Simon Thurley, "A Country Seat fit for a King," in Eveline Cruickshanks, ed., *The Stuart Courts*（Thrupp, 2000），214–39, quote at 226.

境不会像约翰·伊夫林建议的那样或像查理一世那样成为查理二世的重中之重。

查理二世的继任者继续从城市环境的管理中抽身。在詹姆士二世短暂的统治时期，政府对煤烟弥散空气的唯一监管，几十年后一部著作中的某卷描述成"报道、谎言和故事"。众所周知，詹姆士二世那臭名昭著的、专横的大法官乔治·杰弗里斯（George Jeffreys）召见了一位威斯敏斯特酿酒商，或可称其为英格兰先生（Mr England），"严厉地数落了他一顿，因为这家酿酒厂的烟雾冒犯了他以及所有拜访他在白厅国王街房子的客人"。英格兰先生表示抗议并拒绝搬走，所以杰弗里斯威胁要毁掉他。但是"有人说"英格兰先生是一个有名的持异议者，他是詹姆士二世废除《检查和刑事法案》计划的关键人物，因此他就成了杰弗里斯的"对手"。[①]

虽然约翰·英格兰（John England）确实是国王街上有名的威斯敏斯特酿酒商，但没有证据表明他对詹姆士二世如此重要，也没有任何证据表明他与杰弗里斯发生了冲突。[②] 然而，由于大法官与酿酒商的立场不同，这个故事引起了人们极大的兴趣。乔治·杰弗里斯宣称，烟雾让人厌恶之极，严重损害了

---

① *Revolution Politicks*: *Being a Compleat Collection of all the Reports*, *Lyes*, *and Stories Which were the Fore-runners of the Great Revolution in 1688*（1733），partⅣ，18.

② 关于革命后约翰·英格兰是国王的酿酒商，参见 Guy Miege, *The New State Of England Under Their Majesties K. William and Q. Mary*（1693），390。斯科特·索尔比（Scott Sowerby）是詹姆士二世持异见者联盟的研究权威，他认为约翰·英格兰并未在此中起到作用（2013 年 3 月的电子邮件）。这个故事可能将约翰·英格兰、威廉三世和玛丽二世的酿酒商与詹姆士二世的皇家酿酒商兼议会议员迈克尔·阿诺德混为一谈，后者其实属国王的同盟。

"国王的事务",这一考虑应该胜过所有人,威斯敏斯特还能找到更适合这种行当的其他地方。约翰·英格兰以他的合法权利反驳道,酿酒厂古已有之,为他拥有,他个人的财产就是"他的权利"。即使对抗本身是一项发明,它仍包含着众所周知的财产权与公共/王室利益之间相互矛盾的说法,这在琼斯案和查理一世反对威斯敏斯特酿酒商的运动中利害攸关。即使没有真凭实据表明詹姆士二世治下的王室真的将推行这项政策提上了议程,但这些对立的法律原则仍然有可能引发冲突。

1689 年后,国王关于城市烟雾的立场已相当明确。威廉三世患有哮喘,因此对伦敦城市环境的容忍度有限,但他的对策却是避开而非改革自己的首都。这在很大程度上可以用其他地方的优先权来解释,尤其是战争的要求。也许这样的改革在任何情况下都显得过于困难,因为伦敦的持续发展使得威斯敏斯特在 1690 年代与 1630 年代大不相同。无论如何,威廉三世选中了汉普顿宫和肯辛顿宫作为他的主要住所,前者位于威斯敏斯特往上游 20 多英里处,后者则远在伦敦扩张后的最西端。[①] 威廉三世的继任者安妮女王也同她的姐夫一样,选择肯辛顿宫作为她的主要住所,她也像叔叔查理二世那样,常住温莎。[②] 如她的前任们自复辟后所做的那样,这位斯图亚特王朝最后的君主选择了逃离而不是改革他们的首都。

尽管如此,安妮女王的统治确实见证了威斯敏斯特监管工

---

① Béat Louis de Muralt, *The Customs and Character of the English and French Nations* (1728), 76 - 7. 另见 Abel Boyer, *The History of King William the Third* (1702 - 3), 84; Tony Claydon, *William Ⅲ and the Godly Revolution* (Cambridge, 1996), 72 - 3。

② Gregg, *Queen Anne*, 48, 51, 76, 136.

业煤烟的最后一丝希望。1706 年 12 月，下院通过了一项法案，禁止在白厅中心地带的国宴厅 1 英里范围内建造"玻璃厂、酿酒厂、熔化房、染坊或其他消耗海煤量大于居家日常所需的工厂"。① 尽管该法案遵循了早期的王室声明，强调了威斯敏斯特作为君主所在地的地位，但它也提到了这座城市作为议会、政府、档案馆和法院所在地的角色，并且更广泛地说还是英国土地精英的家园之所在。由于所有的这些原因，"所述城市的空气应尽量保持干净、卫生，且无须焦虑"。该法案是由辉格党人亨利·柯尔特爵士（Sir Henry Dutton Colt）和托利党人威廉·朗兹（William Lowndes）提出的，前者担任威斯敏斯特的国会议员，后者是一位重要的财政官员，住在威斯敏斯特教堂西门附近。两人既是当地环境监管的利益相关方，也是该法案提及威斯敏斯特作为王室记录和官员家园的可能来源。②

如果这项法案获得通过，这将成为现代早期政府限制煤烟的最有力举措，但与其他关于城市煤烟的不成功议会法案相比，它在视野上并没有那么雄心勃勃。查理一世 1624 年《酒厂法案》的覆盖范围包括伦敦市和威斯敏斯特的大部分地区，并要求现有的酿酒厂放弃化石燃料。亨利·柯尔特和威廉·朗兹的法案只包括以白厅为中心半径 1 英里的区域，这个范围应该包括了白厅、圣詹姆斯宫、威斯敏斯特和兰贝斯宫，圣詹姆斯广场、考文特花园、河岸街、圣殿附近的住宅区，威斯敏斯

193

---

① BL Stowe MSS 597 105v – 106.

② 该法案被宣读了两次但投票并未获得通过，将其提交给委员会后便在档案中消失。*JHC XV*，207，220，230，238；E. Cruickshanks, S. Handley and D. W. Hayton, eds., *The House of Commons, 1690 – 1715*（Cambridge, 2002），Ⅲ，654 – 60；Ⅳ，674 – 82，996 – 9；Ⅴ，150 – 1.

特城的发达地区，但不包括伦敦商业区、南华克、威斯敏斯特的外围地带，以及整个北郊和东郊。① 此外，在这个半径范围内，只有新建制造厂受到禁止，因为 1705 年之前建造的建筑物都允许保留。因此，这并不是为了改善伦敦的空气状况，因为 1624 年的法案和查理一世的后续行动，更确切地说与查理二世针对酿酒厂和玻璃厂的大部分措施一样，是一场旨在防止威斯敏斯特空气变得比现在更加烟雾弥漫的保卫战。另外，虽然 1624 年的法案将注意力集中于酿酒厂，但 1706 年的法案承认了伦敦多元化的工业格局。尤其是玻璃厂，正在成为越来越明显的烟雾来源。1706 年的措施和 1624 年的措施之间的最后一个区别是，虽然查理一世的法案体现了他个人对改善威斯敏斯特环境的承诺，但并没有证据表明 1706 年法案体现了任何类似的王室政策。1706 年法案似乎没有受到王室的推动，也没有任何理由怀疑它与更广泛的内阁级别会议议程有关，可以与 1630 年代查理一世的空间政治相提并论。

1772 年的观点

1772 年重印《烟尘防控建议书》时，编辑强调说这个承上启下的世纪带来了"一些值得注意的变化"，其中第一个是有烟产业的发展。虽然约翰·伊夫林强调了酿酒厂、染坊和制皂厂：

---

① 这个直径大致可以通过在地图上将黑衣修士桥（Blackfriars）、霍尔本（Holborn）、牛津广场（Oxford Circus）、海德公园角（Hyde Park Corner）、皮米里科（Pimlico）和南华克这些火车站连成一条线得出。

但自彼时以来，场地规划录中增加了诸多玻璃厂、铸造厂和制糖厂，列于首位者须是伦敦桥及约克大厦之供水消防系统，（在运行时）使旁观者惊讶不已，难以确定其释放之烟雾恶臭是否会毒害、毁灭更多居民，但它们可以供水。①

194 除了扩大的玻璃、糖和金属工业之外，这些新型蒸汽泵使伦敦有了比复辟时期更多的工业。这位编辑称，由此产生的后果是烟雾的污染变得愈加恶化。约翰·伊夫林当时抱怨说城市花园里的树木不结果，"而此时的抱怨却是……它们甚至连叶子都不长了"。②

不过，1661～1772 年最引人注目的变化莫过于政治的而非自然的语境。虽然约翰·伊夫林"很不幸地将如此重要的作品推荐给了如此疏忽大意、闲游浪荡的赞助人（如查理二世），但编辑被更有希望的成功表象所鼓舞"。他总结道，这种成功是可能的，因为"现在有了热心公益和活跃的地方官员"。③ 因此，他将伊夫林书中的"建议""毕恭毕敬地""提交"给了他们。尽管他与伊夫林看法相同，包括认为烟雾是危险和令人厌恶的，且是由工业引起的，可以通过良好的政策进行改革，但他并不认为君主政体能够完成这种改革。1772年的编辑压根没有提及国王，虽然仅在几年前一份关于新王宫

---

① *Evelyn*, *Fumifugium* (1772), iii – iv. Geoffrey Keynes, *John Evelyn: A Study in Bibliophily and a Bibliography of his Writings* (Cambridge, 1937), 89. 这段引言的作者是古物爱好者塞缪尔·佩格（Samuel Pegge）。

② *Fumifugium* (1772), iv.

③ *Fumifugium* (1772), iv, viii.

的提案称，乔治三世需要一座不受工业烟雾妨害的新宫殿。[①]
他也没有提到议会，尽管立法机构在 18 世纪时已经拥有了无
所不能的权力，伊夫林的提议赋予了议会重要性。到 1772 年，
伦敦的环境治理似乎已经成了地方事务，也许还具有某种国家
意义，但并不是由国家推动或指导。威斯敏斯特依然还是首
都，但其"热心公益、积极进取的地方官员"将以与其他城
市或城镇没有根本区别的方式对它进行管理。关于伦敦将成为
王室（或国家）政府炫耀权力和荣耀地方的想法已经不再值
得一提。这似乎达到了英格兰及之后不列颠君主选择自己远离
城市烟雾而不是让城市烟雾远离自己这一长期趋势的高潮。正
如下面的章节所描述的，他们的臣民也是如此。

---

① John Gwynn, *London and Westminster Improved*, *Illustrated by Plans* (1765),
11.

12 象征：都市生活中的煤烟

莫特的嘲弄

1696 年秋天，伦敦的剧院人头攒动，前来观看雨格诺派流亡者彼得·莫特（Peter Anthony Motteux）创作的新喜剧《爱情是个笑话》（*Love's a Jest*）。诙谐的主角们采用各种方式讨好、求爱、哄骗、回避、回绝和相互屈服，试图让观众从 1690 年代的艰难岁月中获得解脱。事实上，剧中的几个角色抵达该国时，恰逢英格兰发生货币危机。在第一幕中，塞缪尔·盖默德（Samuel Gaymood）宣布，他已经到达了他兄弟位于赫特福德郡（Hertfordshire）的家中，以躲避其伦敦债主。他的兄弟托马斯·盖默德（Thomas Gaymood）爵士对伦敦的生活毫无兴趣，但他很想听听伦敦的消息和新鲜事儿。"我讨厌这个烟雾缭绕的厨房，"他说，"但有时那里又会冒出些好事来，尽管住在里面很糟糕。"他们的朋友莱莫尔（Railmore）拒绝提供任何消息，反而罗列出了市民和朝臣许多荒谬、不道德和虚伪的习惯。紧接着其他人物陆续登场，故事就开始了。在某种程度上，《爱情是个笑话》的情节是对一个熟悉命题的调查，即伦敦确实是绝无仅有的罪恶渊薮。当然，乡巴佬也不道德，所以这出戏不断强调又破坏都市生活与罪恶之间的联系。这一主题是在该剧开演时宣布的，当时托马斯·盖默德命令他的仆人为他唱一首歌，歌曲中的烟雾缭绕构成了伦敦与众不同的核心。

> 身为伦敦奴，
> 吾将欺骗汝；
> 为了田园故，
> 离尔去他处。
> 谁能开怀饮，
> 又不醉眩晕；
> 酒为昂贵物，
> 价值如有无？
> 此处杂音大，
> 空气多烟雾；
> 令人昏昏然，
> 使汝难呼吸。
> 士为自私人，
> 虚伪又粗鲁；
> 美人尚年幼，
> 却如此放浪。
> 如与之游戏，
> 必输无疑问；
> 如与之爱恋，
> 我等择厄运。
> 风月场所处，

196

乏味嬉戏中；
城市难立足，
卑躬于宫中。
街道皆肮脏，
恶棍更欺人；
马车摇晃晃，
傻瓜和娼妓；
无赖与公子，
随处皆可见；
哪个聪明人，
将此处留恋？
乡村静又安，
宾至如故里；
作别伦敦城，
吾爱乡土气。①

这是一份典型的城市病清单，其中烟雾弥漫的空气、噪音和肮脏的街道指向了一系列的道德和实际问题。这位生在纯净"乡村空气"的移民被煤烟呛得窒息，尽管他在任何地方都会面临危险和挫折。烟雾弥漫的伦敦是一个充满诱惑的城市，而所有的诱惑都会带来麻烦。年轻"仙女""爱"导致疾病的"厄运"，"游戏"不可避免地导致损失，甚至连剧院这种特别

① Peter Anthony Motteux, *Love's a Jest. A Comedy*: *Acted at the New Theatre in Little-Lincoln's Inn-Fields* (1696), 2. 这部喜剧商业上的成功，可参见彼得·莫特写给读者的前言，另见于 Montague Summers, ed., *Roscius Anglicanus by John Downes* (no pub. Info.), 44, 253。

的城市诱惑，实际上是"乏味的"。煤烟与城市生活物质的问题和道德的问题结合到了一起。因此，唯一"明智"的选择是重返乡村，然而彼得·莫特最后的对偶句却颠覆了这一道德结论。

> 诸种诟病无须看顾，
> 返回家中有妻相伴。
> 虽然伦敦一无是处，
> 给点赞誉却又何妨？

这个歧视女性的笑话巧妙地抹杀了人们对城市恶习的虔诚谴责，表明叙述者连同他的听众都是另类的"伦敦奴"。

　　彼得·莫特的歌曲及其引入对城市道德败坏矛盾而戏谑探索的角色是个有启发的例子，表明在 1650 年后大约一个世纪的时间里，煤烟逐渐成为城市生活越来越普遍和清晰的标志。烟雾为伦敦和伦敦人提供了一个有用的符号，因为它对大都市来说很特别，对游客和居民来说能立即感受到。因此，它代表了一系列通常被认为是城市特有的态度和做法。有些人像托马斯·盖默德爵士一样，自信而显然毫无保留地谴责伦敦及其空气。但就连托马斯爵士也承认，这个大型的"烟雾弥漫的厨房"自有其用途。《爱情是个笑话》的观众可能会笑着赞同它的说法，与乡村的简单和无聊相比，即使环境肮脏，城市生活确实不太坏。通过这样的表述，伦敦的烟雾才被视为一个问题，但这个问题需要放在整个城市生活的背景下才能正确理解。这种情景化在某些情况下严重破坏了道德国家与罪恶都市之间的道德二分法。可以肯定的是，许多作者确实像谴责镇上

197

的其他恶习一样认真地谴责了烟雾。其他人却对这一传统不屑一顾，或嘲弄它或质疑它。因此，煤烟的含义并不简单或直接，这种灵活性使其成了一种更有用的标志。不管它是如何被利用，还是出于什么创造性的意图，在整个 17 世纪和 18 世纪，伦敦的煤烟作为城市空间及其所包含的生活方式的缩影变得越来越根深蒂固。这样一来，伦敦几乎就成了烟雾弥漫的代名词。

"自私、虚伪、粗鲁"：将煤视为都市奢侈品

没有比戏剧更能展现现代早期城市生活的媒介了。从伊丽莎白一世晚期的城市喜剧传统开始，到王政复辟和奥古斯都时期诙谐、俏皮的城市喜剧，伦敦的生活与礼仪在拥有丰富社会经历的观众面前被无休止地模仿、嘲弄、复制和恶搞。虽然其中一些剧目在古典英语剧目中占有一席之地，但多数剧目通常被认为是衍生的、轻浮的、轻松的，可与电视情景喜剧相媲美。但是在现代早期的伦敦，不论是否具有不朽的文学品质，在观众面前上演的数百部戏剧都发挥了至关重要的文化作用，尤其是帮助界定了城市礼仪和社会关系的性质与意义。在表现城市生活的戏剧里，煤烟的概念起到了至关重要的作用。它充当了大都市所有独特和突出事物的隐喻，因此既易于理解，又具有灵活性和多元性。它几乎可以用来提及英国首都的任何方面。"伦敦奴"常常使用烟雾弥漫的空气来强调这座城市所有丑陋和令人遗憾的地方。在伦敦"烟雾缭绕的空气中"，男人"自私、虚伪、粗鲁"，女人淫荡，这座时尚城市里所有的乐趣只会指向单调和厄运。

17 世纪初，煤烟开始成为城市生活的标志。詹姆士一世时期的许多城市喜剧都以伦敦商业市民与悠闲、拥有土地居民之间的差别（真实的或渴望的）为题材。在乔治·查普曼（George Chapman）、本·琼森（Ben Jonson）和约翰·马斯顿（John Marston）合写的《向东啰》（*Eastward Ho*，1605）中，一个女角因渴望超越社会边界而用煤烟来定义。格特鲁德是一位富裕金匠的女儿，她希望嫁给彼得罗内尔·弗莱什（Petronel Flash）爵士。她认为他是位绅士，因此她想成为淑女，在社会上获得比她父母更高的地位。为了逃避家庭、他们的中等地位以及她的家乡环境，她向未婚夫恳求："挚爱的骑士，一旦我们完婚，请您带我远离这悲惨之城！快快远离伦敦那些纽卡斯尔煤的气味和圣玛丽勒鲍教堂的钟声（Bow-bell）。"对她来说，煤烟的气味就像著名的圣玛丽勒鲍教堂（St Mary-le-Bow）的钟声一样，能够有效地定义伦敦。离开这个城市的氛围也意味着以商业世界来换取侠义价值观，她梦想着她"挚爱的骑士"能够坚守这样的价值观。①

煤烟导致了城市空间、市民社会与基本商业价值观及礼仪之间的统一，而拥有土地的绅士为使自己与众不同反对这样的价值观及礼仪。这也可以在亨利·格拉普索恩（Henry Glapthorne）的戏剧作品《淑女母亲》（*The Lady Mother*，1635）中看到。② 在书中，一位名叫克莱比（Crackby）的伦敦年轻人试图诱奸一位

198

---

① George Chapman, Ben Jonson, and John Marston, *Eastward Ho*, in James Knowles, ed., *The Roaring Girl and Other City Comedies* (Oxford, 2001), 76–7. 还可参见后来的改编版 Nahum Tate, *Cuckolds – haven* (1685), 12.

② 关于约会及其原因，参见 Julie Sanders, "Glapthorne, Henry," *ODNB*。

乡下女佣却碰了钉子，这使他沮丧万分，遂抱怨乡村让他
"变质"了。然而他透露，他看重这座城市的是其荒谬的高价
和自命不凡，而农村的诚实却没多少"掩饰"的空间。在他
的抱怨中，这种道德的反演表明，与"海煤的健康气味"相
比，田野和乡村空气对他来说是不健康的。① 对格特鲁德而
言，煤烟代表了一种需要抛弃和超越的市民经历，而克莱比则
迷失在了城市，他的不择手段在城市是成功的和值得赞赏的。
然而在这两种情况下，烟雾对于市民社会和市民文化来说是一
种有用的简称，而这正是戏剧的主题之所在。

　　在以城市烟雾为最重要主题的作家中，就有诗人、剧作家
和剧院经理威廉·戴夫南特。他的职业生涯既经历了 1630 年
代的查理宫廷，也经历了王政复辟后商业戏剧的重建。在
《机智的人》（The Wits）中，一位年轻男子见到骑士莫格雷·
史威克爵士（Sir Morglay Thwack）"（身陷）如此之多的烟雾、
疾病、法律和噪音"非常惊讶。人们很快就会发现，莫格雷
在这个不道德的城市并非格格不入，因为他打算尽可能多地骗
取市民的钱。② 《机智的人》很快获得了成功，几十年后依然
如此。查理一世似乎亲自与王室节庆负责人威廉·戴夫南特
（Master of Revels）讨论了该剧的细节，该剧 1634 年 1 月在宫
里当着他和王后的面表演。就在几个月前，枢密院还命令威斯
敏斯特的三位主要酿酒商不得在王室成员在家时使用煤炭酿酒。
第二年，戴夫南特的另一部戏剧《来自普利茅斯的新闻》（News
from Plimouth）在班克塞德的环球剧院（the Globe）上演，描

---

① Henry Glapthorne, *The Lady Mother*（Oxford，1958），9.
② *The Works of Sir William Davenant*（1673，reissued New York，1968），Ⅱ，
173.

述了一个典型而贪婪的伦敦人如何为自己谋得另一座古老的乡村庄园。这位市民将离开他那"烟雾笼罩的住所"，慢慢进入一个有土地的社会，在他死亡时告终；其时"他们罪恶的海煤灰尘与你那好战祖先的骨灰混在一起"。① 在戴夫南特 1630 年代的戏剧和诗歌作品中，他以烟雾证明了重商主义和资产阶级的伦敦，那是一个贸易和贪婪的城市。② 此外，在他这样做的同时，也与许多宫廷重要人物，包括国王夫妇建立了密切的联系。他们负责发起和实施 1630 年代反对威斯敏斯特及其周边地区工业烟雾的运动。③

即使在商业剧院被废止的奥利弗·克伦威尔（Oliver Cromwell）统治时期，威廉·戴夫南特继续在保皇派的军队中服役，并在伦敦塔内参与戏剧表演。1656 年，他创作了一部娱乐节目，自此在英国戏剧史上占据了中心地位，这是一部"模仿古人风格朗诵和音乐伴奏"的舞台演出。这就是《拉特兰庄园第一天的娱乐活动》（*First Dayes Entertainment at Rutland House*），包括了人格化的伦敦和巴黎竞争优势地位的演讲，彼此都详尽地数落对方的缺点。巴黎告诉伦敦："尔等大量使用烟囱，形成重重烟雾，宛如巨大斗篷，覆盖了城市。"烟雾，巴黎不止一次地重复道，是伦敦整体之所以缺乏礼仪和美感的

---

① *The Works of Sir William Davenant*，Ⅱ，2.

② 也可参见写给亨利埃塔·玛丽亚的诗歌中所提到的"海煤烟之迷雾"。A. M. Gibbs, ed., *Sir William Davenant: The Shorter Poems, and the Songs from the Plays and Masques*（Oxford, 1972），47.

③ 有关他与国王、王后、多塞特伯爵、恩迪米翁·波特和依尼高·琼斯的关系，参见 Mary Edmond, *Rare Sir William Davenant: Poet Laureate, Playwright, Civil War General, Restoration Theatre Manager*（Manchester, 1987），ch. 4–5。有关其在巡查烟雾中的作用，可参见本书第 4 章和 William Cavert, "Environmental Policy"。

罪魁祸首。它将狭窄的街道和不规则的建筑结合在一起，形成了一个无可救药的、杂乱无序的城市空间。在这个空间里，"为一己私利，人人都有权肆意排烟，让官员呼吸烟雾"。① 演出最后以一首歌曲结束，据说是由著名作曲家查尔斯·科尔曼（Charles Coleman）所作。歌中唱道："伦敦在硫黄大火中窒息，她仍穿戴黑色帽子与斗篷，身上弥散着海煤烟雾，仿佛在为酿酒商和染匠服丧。"② 戴夫南特的事业在王政复辟后达到了顶峰。他的作品，包括那些将伦敦社会和礼仪与烟雾弥漫的

200　环境联系起来的作品，依然很受欢迎。1661 年 8 月，在查理二世和其他王室成员面前《机智的人》再次上演，就在约翰·伊夫林与国王讨论他的《烟尘防控建议书》的几周前。③ 塞缪尔·佩皮斯在三天内看了《机智的人》两次，随后记录自己"太热爱戏剧"而无暇顾及主业了。1664 年，他"非常开心地"阅读了《拉特兰庄园第一天的娱乐活动》中伦敦和巴黎的演讲。④

　　威廉·戴夫南特 1668 年去世后，最重要的喜剧作家可能当数托马斯·沙德韦尔（Thomas Shadwell），他 1672 年的作品《艾普森的韦尔斯》（*Epsom Wells*）可能是这一时期控诉伦敦社会、道德和环境败坏最具影响力的喜剧。剧中的克洛德帕特（Clodpate）是一位乡村法官，最值得注意的是他非常偏爱他乡村庄园里道德的、健康的和自觉的英式生活，而不是英格兰

---

① *The Works of Sir William Davenant*，Ⅰ，352，353.

② *The Works of Sir William Davenant*，Ⅰ，358；Edmond，*Rare*，126.

③ Mary Edmond，*Rare Sir William Davenant*，165 – 6；*Diary of John Evelyn*，Ⅲ，295 – 7.

④ Mary Edmond，*Rare Sir William Davenant*，50，126. 引自塞缪尔·佩皮斯 1664 年 2 月 7 日的日记。

"所多玛"（Sodom）① 的习惯和环境，"伦敦那个该死的城镇"。② 该剧不在伦敦演出，但总是与伦敦有关。大多数角色都是伦敦人，不管是市民还是"小镇"上彬彬有礼的居民，他们都去温泉浴场游玩，而这部戏不断展现小镇与乡村之间的紧张。克洛德帕特通过荒谬地区分伦敦与其乡村对立面来澄清这种紧张关系。他是一个反都市主义者，通过对罪恶深重、危机四伏小镇的谴责来建立道德高尚、有益健康的乡村。他的小镇是一个肮脏和欺诈并蒂相连、密不可分的地方。"这个罪恶与海煤肆虐的地方"，克洛德帕特怒吼道，滋生着痛风、性病、"傲慢、盲从、愚蠢、欲望、挥霍、行骗的无赖和放荡的婊子"，这里"兽性之乐"并不比它的恶习好。

> 醉醺醺到凌晨 3 点，12 点起床，追逐这该死的法式时尚，穿好衣服去观看一场该死的戏剧，然后在海德公园的烟尘或海煤烟中呛得喘不过气来，在客厅里讨好奉承，留下小娼妇，妻子拒门外。③

对于克洛德帕特来说，伦敦的烟雾象征着一个颠倒了的世界，一个以婚姻贞洁换取邪淫、日夜颠倒、喜欢法国风俗胜于英国风俗的地方。

然而，这种道德上的谴责是荒谬的，而不是致命的。克洛德帕特对伦敦的仇恨并非源于对城市的清晰认识，而是源于对

---

① 所多玛是旧约中的城市名，意为淫乱之城。——译者注
② Montague Summers, ed., *The Complete Works of Thomas Shadwell*（1968 ed.），Ⅱ，110.
③ Montague Summers, ed., *The Complete Works of Thomas Shadwell*，Ⅱ，111.

伦敦本身近乎无知，以及对它缺乏合理的评估。他反大都市的偏见实在太严重了，以至于在剧中的第三幕里，一个诡计多端的女人——情妇吉尔特（Jilt），仅仅通过诋毁"那个邪恶的淫荡小镇"立刻就赢得了他的兴趣。① 她雇用一个小提琴手来演奏一首歌曲，起头是"哦，我是多么厌恶，这镇上的喧嚣和烟雾"，在扩展它包含虚幻的愚蠢之前。仅凭这一点就足以向克洛德帕特证明她有良好的判断力，他很快与她走向婚姻殿堂，只是在戏剧即将结束之际才发现吉尔特其实是"一个伦敦人，因此也是一个婊子"。②

当然，克洛德帕特的立场可能不是这出戏剧的立场，很明显也不可能是托马斯·沙德韦尔的立场。整个情节不仅嘲弄了乡村法官的自命不凡，而且机智的露西娅（Lucia）通过告诉他自己决定住在伦敦，断然拒绝了他的求爱，因为"人们真的没有其他地方可以生活，他们也在呼吸和活动，但生活平淡乏味，离开了伦敦就无法生活"。③ 克洛德帕特的烟雾罪之说遭到了反驳，尽管伦敦可被称为"臭城"，但伦敦的智能和社交能力也是生活本身，这一立场将在本章的末尾进行更详细的分析。这里要说的是，在沙德韦尔备受欢迎的喜剧中（查理二世曾看过几次，1672 年首演后的几十年里经常被搬上舞台），克洛德帕特这个角色牢牢地确立了伦敦的喜剧色彩，既肮脏又不诚实，是"罪恶与海煤"之地。

《艾普森的韦尔斯》上演之后，剧作家可以期望观众熟悉作为城市罪恶物质表现的煤烟这一概念，即使他们出于自己的

---

① Montague Summers, ed., *The Complete Works of Thomas Shadwell*, Ⅱ, 138.
② Montague Summers, ed., *The Complete Works of Thomas Shadwell*, Ⅱ, 177.
③ Montague Summers, ed., *The Complete Works of Thomas Shadwell*, Ⅱ, 121.

目的而重新定义和颠覆了这个隐喻。在《艾普森的韦尔斯》
上演不到三年，匿名创作的《女骗子》（*Women Turned Bully*）
也在多塞特花园（Dorset Garden）剧场上演，表演了一个温和
女版的克洛德帕特。据她的儿子说，古德菲尔德夫人（Mrs.
Goodfield）在戏剧开场时肯定谈及了伦敦的荒淫无道，"她相
信这个城市会糟蹋所有来到这里的年轻人，但对于女人来说，
她自信伦敦的气氛会迎合她们，并在海格特诱使她们堕落"。①
像克洛德帕特一样，她的观点基于非常有限的、过时的个人经
验，但与克洛德帕特不同的是，她很快就来到了伦敦。她第一
次发现自己的感官受到了噪音和"难闻气味"的侵袭，并且
像克洛德帕特一样，她也思考着罪恶与海煤之间的联系。但与
克洛德帕特不同的是，她乐于接受它们可能解体的可能性，也
许是因为她的德比郡比克洛德帕特的苏塞克斯郡的工业化程度
更高吧。

> 伦敦这里气味特别难闻，有人告诉我，这是因为你们
> 使用煤炭。于我而言，则宁愿认为是你们城市罪恶太过放
> 肆，使得臭气遍地。难道不是你们伦敦人到德比郡来，从　202
> 矿井里采掘我们的煤炭，视其为精美燃料（虽然我如此
> 之谓）？②

在抛弃了罪恶与烟雾之间的联系之后，寡妇古德菲尔德一旦为
自己找到了一个丈夫并允许女儿也这样做了，便开始更全面地

---

① Anon., *The Woman turn'd Bully*（1675），5.（海格特在伦敦北郊。——译
  者注）

② Anon., *The Woman turn'd Bully*，27.

改变自己对城市道德的看法。

城市烟雾与城市罪恶的联系一直持续到了 1690 年代。如我们所见，那时莫特的"伦敦奴"忍受着"烟雾弥漫的空气"，托马斯·盖默德爵士在克洛德帕特的传统中谴责它为"烟雾弥漫的厨房"。① 玛丽·皮克斯（Mary Pix）的《无辜的情妇》（*The Innocent Mistress*）以两位老朋友一起检查伦敦是否提供了"可爱之欢快缩影"或仅仅是"噪音与废话"开场，很快，一位女士宣布她从牙买加快乐地回到"她的家乡……这个可爱小镇的烟雾中"。她终于到家了，因为她能够找到那些"对付骗子"所必需的懂得什么是阴谋的人。② 在另一部同时代戏剧中，一位女士拒绝了一个追求者，建议他"去追求某个从未在伦敦烟雾中生活过的女子"，因为没有任何一个都市人会为纯粹的"真诚"而动心。③ 在 1690 年代的另一部作品中，即约翰·范布勒（John Vanbrugh）的《恼怒的妻子》（*The Provok'd Wife*），两个女人想象一个没有男性的世界。布鲁特夫人（Lady Brute）的结论是，尽管她的丈夫很糟糕，但一个没有男人的世界是不受欢迎的，因为这将是一个没有社交、炫耀和娱乐的世界，所有这一切她们知道都根植于伦敦的景观之中，"别了戏剧，我等已看腻……别了海德公园，烟尘使我们窒息……别了圣詹姆斯公园，步行让我等疲惫……别了伦敦，烟雾令我等窒息……别了，不再上教堂，宗教无法令我

---

① Peter Anthony Motteux, *Love's a Jest*, 2. 托马斯·盖默德在城市新闻方面也部分倾向于克洛德帕特，并借鉴了他对公报的热爱。

② Mary Pix, *The Innocent Mistress a Comedy*（1697），1，8.

③ Thomas Dilke, *The Lover's Luck*（1696），11. 另见 Anonymous［Robert Dodsley］, *The Footman: An Opera*（1732），40。

信仰"。① 因此直到 18 世纪，乔治·法夸尔（George Farquhar）、塞缪尔·富特（Samuel Foote）、艾萨克·比克斯塔夫（Isaac Bickerstaffe）、大卫·加里克（David Garrick）和其他人的作品同样使用煤烟来体现对城市习俗、习惯和道德的态度。②

　　这些戏剧经常被人们明确地以性别和性别化术语进行审视，反复上演、受人操纵，有时还会破坏烟雾伦敦与特定城市道德之间日益为人们所熟悉的联系。体裁对于解释戏剧如何利用城市空气至关重要，因为喜剧可以很容易将烟雾用作城市利己主义和欺骗的标志，这种方式是悲剧或其他道德高尚的作品所不具备的。因此，烟雾对托马斯·沙德韦尔来说是一个有用的隐喻，但对约翰·德莱顿（John Dryden）就不然了，对约翰·范布勒和威廉·康格里夫（William Congreve）也都各不相同。③ 但是，如果体裁为烟雾提供了一个代表都市生活的喜

203

---

① John Vanbrugh, *The Provok'd Wife a Comedy： As it is Acted at the New Theatre in Little Lincolns-Inn-Fields*（1698），38. 另见（John Vanbrugh）Colley Cibber, *The Provok'd Husband, or, A Journey to London*（1728），65。

② Shirley Strum Kenny, ed., *The Works of George Farquhar*（Oxford, 1988），Ⅰ, 264（Sir Harry Wildair）；Paula R. Backscheider and Douglas Howard, eds., *The Plays of Samuel Foote*（New York, 1983），Ⅰ, "Epilogue"（The Author）；Ⅱ, 18（The Mayor of Garret）；Ⅱ, 2（The Lyar）；David Garrick, *The Country Girl. A Comedy*（Altered from Wycherley）（1766），27；Peter A. Tasch, ed., *The Plays of Isaac Bickerstaffe*（New York, 1981），Ⅰ, 68（Love in a Village）；Ⅱ, 60（Lionel and Clarissa）；James Carlile, *The Fortune Hunters, or, Two Fools Well Met*（1689），67；Thomas Baker, *Hampstead Heath. A Comedy. As it was Acted at the Theatre Royal in Drury Lane*（1706），20；Susannah Centlivre, *The Platonick Lady*（1707），60；John Breval, *The Play is the Plot*（1718），32；William Popple, *The Double Deceit, or A Cure for Jealousy*（1736），62.

③ 可对比托马斯·沙德韦尔和约翰·德莱顿对伦敦的描述。Robert W. McHenry, "Dryden and the 'Metropolis of Great Britain'," in W. Gerald Marshall, ed., *The Restoration Mind*（1997），177–92.

剧空间，那么伦敦本身的自然背景也就至关重要了。剧院坐落于人口密集的地区，煤烟早已成为那里日常生活的一个部分。威廉·戴夫南特的《普利茅斯新闻》在河岸边的酿酒厂和染坊附近演出。他的《拉特兰庄园首日娱乐》在奥尔德斯盖特大街（Aldersgate Street）演出，对面住着布里奇沃特伯爵那恼人的邻居。该剧还在多塞特花园剧场上演，该剧场坐落于布里德韦尔（Bridewell）和怀特弗里斯（Whitefriars）之间的密集区域，多塞特伯爵四世 1630 年代就是在这里被酿酒商惹恼的。因此，城镇喜剧用来象征城市生活的烟雾，既是戏剧和文本的惯例，也是城市空间的一个真实面向。

"安静、无害、乡村乐趣"：烟雾与退隐的诗学

体裁决定了城市烟雾将为诗歌提供一个有用的隐喻，就像对戏剧一样，方式却几乎相反。戏剧中提及烟雾往往是喜剧揶揄城市的表里不一，诗学中的烟雾在更加道德和说教的语境中却表示城市的道德败坏。如果城市喜剧使用烟雾来帮助营造空间，让邪恶和贪婪，或者说社交能力和文化定义社会关系，那么 17、18 世纪的许多田园诗也描绘了类似的景象，以庆祝退隐带来的功绩。

最近一项关于英国文艺复兴时期田园文学的研究认为，环境变化是该体裁的中心内容，但它非常的短暂、多变，只能比画而不能描述。[①] 然而对于许多诗人来说，这只是城市而不是乡村，注定会变化的是城市，而不是乡村，因此乡村就成了人

204

---

① Hiltner, *What Else is Pastoral?*, 21.

们冥想趋之若鹜的选择，或者是一个人们平静思考适度田园生活的地方。当然，伦敦的诗人在这个时期创作了大量的诗歌，不过在烟雾弥漫的大气环境中，城市的商业及由此产生的忧虑使得这座城市不能再赋予人们真正的灵感。

> 呜呼！阁下，
> 伦敦并非诗意地，
> 益智文雅与简洁。
> 时代虽然不认错，
> 烟雾却将人包裹。
> 天籁之声若有知，
> 罪恶商业使之窒。
> 美诗真正之所在，
> 希望快乐与欢愉。
> 人们真正之所求；
> 宁静悠闲与安逸。[①]

在烟雾弥漫的城市，诗歌简直是不可能的，这在 18 世纪已经人所共知。将近一个世纪后，《伦敦杂志》（*London Magazine*）上的一首诗重复了这样的说法，认为伦敦生活因其商业、匆忙和肮脏的环境，根本无法成就真正的诗歌。"你，我的弗洛里奥（Florio），呼吸着未受污染的空气，还有令缪斯女神怦然心动的夜色修复；而我却沉浸在烟雾之中，被永恒的喧嚣吵得头

---

① Alexander Brome, *Songs and Other Poems* (1664), 185.

昏脑涨，努力调整自己刺耳、嘶哑的声音，但徒劳无功。"①
这里最具讽刺意味的是，这些居住在城市里的诗人选择的是反
城市的立场。他们都是伦敦人，在书写一些关于伦敦不可能产
诗的诗。

不过这并不是虚伪，而是一种试图通过摒弃某种城市化来
实现某种退隐的尝试，两者都是恢复美德的先决条件。在这一
传统中，人们对城市的反复描写，为的都是要使其被人唾弃。
这里一部重要的奠基性作品是约翰·德纳姆的《库珀山》
（Cooper's Hill），最早写于 1642 年的内战前夕。② 保皇党人德
纳姆在他萨里郡（Surrey）的"帕纳塞斯"（Parnassus）庄园
俯瞰伦敦，从道德和地形的高地谴责叛逆者。

> ……
> 于喧嚣拥挤的人群之上，
> 见伦敦罩于重重商业云雾之中，
> 越过浓浓烟雾；
> 人有如蝼蚁，
> 辛劳难以想象；

---

① *London Magazine*, XIII（1743），43. 另见 Mary Wortley Montagu, " Now with fresh vigour Morn her Light Displays"（1729），in Robert Halsband and Isobel Grundy, eds., *Lady Mary Wortley Montagu Essays and Peoms and Simplicity*, *A Comedy*（Oxford, 1977），252。

② 其他同时代诗人也把作品的关注点放在烟雾弥漫的城市，参见 Sir Richard Fanshawe, "An Ode, upon occasion of His Majesties Proclamation in the Year 1630. Commanding the Gentry to reside upon their Estate in the Country," in H. J. C. Grierson and G. Bullough, eds., *The Oxford Book of Seventeenth Century Verse*（Oxford, 1938），451；Francis Kinnaston, "To Cynthia," in *Leoline and Sydanis*（1642），137 – 8。

徒增许多财富，

欲望茫茫无边；

多食却无益，

虽讨好胃口，

只把病情加剧；

世事归一有殊途，

何以只求速；

此处无为似有为，

彼处有为却无为。①

首版《库珀山》展示了烟雾隐喻城市生活的可能性，让诗人得以将伦敦独有的烟"云"与道德的沦丧、无果的繁忙、过度的贪婪、病态的躯体，以及随之而至的反叛政治相提并论。1642年内战的政治背景在这里显然是至关重要的，但是作者更为笼统的说法是，城市烟雾充斥着贪得无厌和不合理的欲望，这种说法在整个时期都是一以贯之的。

借鉴了贺拉斯《颂诗集》第3部第29首（29th Ode of Book Ⅲ）的传统，烟雾与工作和忧虑、贪婪和无度之间的联系成为这些诗歌的中心特征。在约翰·德莱顿的译本中，诗人请求朋友道：

速速离开，速速离开，

---

① Sir John Denham, *Cooper's Hill. A Poeme* (1642), 2–3. 为了回应当时的政治变动，德纳姆不断修改自己的文本。1655年他回到克伦威尔时期的英国时做了修改，删去了谴责伦敦的那部分内容。W. H. Kelliher, "Sir John Denham," *ODNB*.

> 手头生意，心中忧虑，
> 不值得留恋凡尘与俗利……
> 罗马城之烟雾财富与喧嚣，
> 喧嚣盛典如无物。
> 智者不屑一顾，
> 愚者盲目四顾。
> 松懈灵魂来放飞，
> 品尝穷人乐滋味。

贺拉斯接着描述了退隐简单而卑微的乡村生活在道德和精神上的裨益。"幸福之人，幸福在他独自一人，只有他才能称今天为自己拥有"，人们很快就会发现，这样的幸福包括了对厄运的平静接受。① 贺拉斯因此将城市烟雾与噪音和财富，以及都市政治的浮华和财富的变幻莫测联系到了一起，与之相对的是极好而简单的食物、温和与平静。如马伦－苏菲·罗斯维格（Maren-Sofe Røstvig）的经典著作《快乐之人》（*The Happy Man*）展示的那样，对这些主题的重复和阐述是文艺复兴与浪漫主义之间新古典主义文学的一个重要组成部分。罗斯维格批评道，这种文学的大部分仅仅是对崇高传统的"滥用"，"事实上是写给一位赞助人的乞讨信"，而非真正的贺拉斯式的"清醒的建议"。② 这里的重点不是要将伟大的文学与乏味的文学区分开来，而是要认识到伦敦的烟雾是多么根深蒂固地融入

206

---

① 此诗英文译本，参见 Paul Hammond, ed. , *The Poems of John Dryden, Volume* Ⅱ *1682 - 1685*（1995），370 - 1，374。

② Maren-Sofie Røstvig, *The Happy Man*: *Studies in the Metamorphoses of a Classical Ideal. Volume* Ⅱ *1700 - 1760*（Oslo, 1971 ed. ），11。

复杂的哲学立场和文学惯例。正是这些立场和惯例，将烟雾与一个品行不端但最终仍可容忍的都市世界联系在一起。

马伦－苏菲·罗斯维格认为，在 17 世纪，"乡村养老的幸福感这一古典主题实际上为保皇派和英国圣公会所垄断"。或许没人比亚伯拉罕·考利更是这些圈子里的一员，也没人像他一样受到读者的喜爱。《花园》（The Garden）是考利写给约翰·伊夫林的一部短篇作品，所以收入考利文集和伊夫林后来版本的《森林志》。考利认为花园是上帝送给人类的第一份礼物，甚至"在妻子之前"。相比之下，这座城市最初是由该隐建造的，更加剧了世俗雄心的虚荣和破坏性。①因此，考利的花园就成了一个抵御过度和不当欲望的避风港，完美地顺应了我们的纯真天性。然而与此相反的环境是一个有悖理性与感性的地方，一个性别倒错和非自然创造的地方。

> 污垢烟雾中，
> 呼吸灵性无所从。
> 谁有智与觉，
> 嗅闻玫瑰茉莉花香浓？
> 不洁无净处，
> 烟雾缭绕之所住。
> 熙熙攘攘城，
> 瘟疫烟雾没其中。

---

① *The Works of Mr. Abraham Cowley* (1668), 116; "The Garden," in John Evelyn, *Sylva* (4th ed., 1706).

园中土地乃天然，

自有芳香赋。

城中众男女，

谁能生香于无故。①

亚伯拉罕·考利诗中的"熙熙攘攘城"从根本上说是混乱不堪的，生活在瘟疫般的烟云、灰尘和烟雾中的娘娘腔不时给自己喷香水。就像《库珀山》所描述的那样，伦敦的烟雾是对其基本道德缺陷的隐喻和物质创造。对约翰·德纳姆来说，这一切的主要起因就是贪婪和不义，于考利却是非理性的野心和骄傲；于德纳姆来说，这一切明明就发生在伦敦，于考利却发生在一个"人口众多的小镇"，这个小镇毫不含糊地指向那个他所生长的大都市。

在整个 17 世纪末和 18 世纪，这些主题被广泛采用、改编、挪用或颠覆。1728 年，爱德华·杨的一部讽刺作品与《名望之爱》（*The Love of Fame*）一起出版，该作品认为女性在日常城市生活中显得非常愚蠢，这在当时舞台剧中司空见惯。但是，杨的诗歌将对城市愚行的谴责与隐退后高雅乐趣的说教式颂扬结合起来。杨说道，"大不列颠的女儿们"禁不住都市诱惑。

207

人人奔忙于各种浮华名利之场。

聚会赏园与官员之粗茶淡饭，

讲演审判剧场会议还有舞场，

---

① *The Works of Mr. Abraham Cowley*, 117.

　　　　选举疯人院行刑处外加肉市场……
　　　　小酒馆交易所拘留所沙龙，
　　　　分期还债游街示众加冕仪式和葬礼现场。

这部讽刺作品随后通过总结这些空间与环境的兴盛，更加有效地呈现了这份详尽的列表。

　　　　新鲜空气有奇效，
　　　　湿润了名利场；
　　　　青青田野、郁郁葱葱树林、晶晶泉水，
　　　　百灵与夜莺歌唱，
　　　　皆面目可憎；
　　　　然烟雾、灰尘、噪音、人声鼎沸令人愉悦，
　　　　只有死亡能驱赶。

面对如此肮脏和堕落的城市之乐，爱德华·杨高度赞扬乡村的美德。

　　　　喜欢风雨人生或宁静？
　　　　喜欢众声喧哗或独处？
　　　　隐退可踏上康庄大道，
　　　　歧途则历经荆棘泥沼。①

---

① Edward Young, *Love of Fame*, *The Universal Passion. In Seven Characteristical Satires* (4th ed., 1741), 84, 99.

在这里，贺拉斯式的退隐成了女性静修，使这座烟雾弥漫的城市承载起亚伯拉罕·考利和约翰·德纳姆赋予的所有权重，但也意味着一种完全不适宜于女性的公共性。①

爱德华·杨是一位牧师，他将退隐的经典主题与基督徒对"现世"的谴责融为一体，这种古典的和基督教反城市退隐模式的融合对其他人也很有吸引力。② 在马伦－苏菲·罗斯维格看来，没有人能比虔诚的、持异议的牧师艾萨克·沃茨（Isaac Watts）更加背离亚伯拉罕·考利的保皇派传统了。③ 在一首献给亡友的非凡挽诗中，沃茨想象着他们将会在他位于伦敦城北几英里的斯托克纽因顿（Stoke Newington）新房子享受平静的退隐生活。在那里，他们将谈论"神圣的事情"（heavenly things），直到有时他们的思想，

208　　　　降低高度不再翱翔，
　　　　　渐渐低飞悦目景象。
　　　　　赏一望无垠之平原，
　　　　　富饶河流随从环绕。
　　　　　烟雾弥漫这座城市，
　　　　　碌碌人群为之繁忙。④

---

① 有关 18 世纪把花园视为女性静修优质空间的论述，参见 Stephen Bending, *Green Retreats：Women，Gardens and Eighteenth-century Culture*（Cambridge，2013）。

② 有关基督教放弃"现世"的深入讨论，参见 Peter Brown, *Through the Eye of a Needle：Wealth，the Fall of Rome，and the Making of Christianity in the West*，350 – 550（Princeton，2012）。

③ Røstvig, *Happy Man*, 15, 102 – 8.

④ Isaac Watts, *Horæ lyricæ. Poems，Chiefly of the Lyric Kind*（1715 ed.），295.

然而"降低"思想，只为拒绝因野心和财富滋生的"傲慢和自负的"虚荣心，让沉思的观察者与城市的弱点保持一定距离。同样，这些恶习都为城市所特有，但也是固有的人性使然，因为艾萨克·沃茨继而认为"人类是不安分的，依然虚荣而狂野"。透过烟雾，从郊区别墅清晰可见，这座城市就是人类罪恶的化身，基督徒必须对此保持警惕。人们可以从沃茨那里得出结论，这座烟雾弥漫的城市简直就是堕落和脆弱人性的真实写照。因此，沃茨的立场在某种程度上与伯纳德·曼德维尔非常接近，后者同样把城市污垢看作贪婪人性的结果。曼德维尔的激进主义在于他对这种人性的颂扬，而沃茨则更倾向于与之抗争。①

在马伦-苏菲·罗斯维格看来，艾萨克·沃茨代表的是将赞美田园生活（*beatus ille*）的传统变作了不同的虔诚，而斯蒂芬·达克（Stephen Duck）是众多下层作家中最杰出的一位，他在对归隐园田的颂扬中融入了穷人的"渴望"。② 尽管达克本人很熟悉农村劳动力的现实情况，用雷蒙德·威廉斯（Raymond Williams）的话来说，他还是受到了他王家赞助人的"社会关注"，随后又用与亚伯拉罕·考利或爱德华·杨极为相似的传统术语赞扬了乡村的道德优势。③ 例如，"有两位离开乡村的年轻女士"，被建议避开城市的"烟雾、车辆、花花公子和马车夫"而选择一片"快乐的小树林"。④ 同样地，

① 有关曼德维尔的情况可参见本书第 8 章。

② Røstvig, *Happy Man*, 157, 11, 152 – 61.

③ Raymond Williams, *The Country and the City* (1973), 89.

④ "On Two Young Ladies leaving the Country," in *Poems on Several Occasions By the Reverend Mr. Stephen Duck* (1753 ed.), 111 – 2.

他对考利译本的改编相当荒谬地描述了"贝斯纳尔格林(Bethnal Green)的乡村青年"适度而温和的愿望。尽管这个乡村青年生活在伦敦东郊的边缘地带,但他被认为与这座现代城市所有的诱惑、恶习、宫廷、丰富的食物、股票市场和帝国贸易完全格格不入。"(他)从未进入这座烟雾弥漫的小镇,但呼吸了更纯净的空气。"①

对于马伦-苏菲·罗斯维格来说,斯蒂芬·达克的作品以及其他同时代中下阶层诗人最值得注意的是一种"令人震惊的精确"方式,他们就是以此借"一种真正愉悦的白日梦狂欢"表达对物质幸福的渴望,这与他们古典模式的超然精神格格不入。② 也许如此吧,尽管存在这种分歧,这些作者对城市环境道德意义的态度完全是传统的。例如,"帕森的愿望"让罗斯维格感到大吃一惊,他要求"减免所得税,年纯收入200英镑左右",但他梦想的舒适生活是"远离城市烟雾和纷争",这倒更加正统。③ 这些作品大部分不是什么伟大的诗歌,但其非常平庸地说明了伦敦的烟雾得到了广泛的接受,它象征着虚荣、世俗的贪婪和野心,以及这一传统的可及性和适用性。

这种象征是新古典主义流派的核心内容,但是这个流派非常宽泛,足以为不同的甚至颠覆性的用途提供空间。像艾萨克·沃茨这样严谨的道德家将烟雾看作花花世界,退隐田园有

---

① "On Two Young Ladies leaving the Country," in *Poems on Several Occasions By the Reverend Mr. Stephen Duck*, 221 - 3.

② Røstvig, *Happy Man*, Ⅱ, 159.

③ "The Parson's Wish," in *The London Magazine*, Volume 11, October, 1742, 506 - 7. 另见 "The Annual Recess," in *The London Magazine*, Volume 3, December 1734, 661。

益健康，以及对贪婪、野心、都市时尚、匆忙和易变性的谴责。其他人意识到这项计划的难度并加以嘲讽。例如，议员索姆·詹尼斯（Soame Jenyns）写了一首反对世俗野心的诗，质疑逃避的可能性。

> 所谓何事我等须来到伦敦谋生，
> 所谓何事我等放弃乡村之乐趣，
> 却换得生意场肮脏及城市烟尘？
> 我等本可以换个地方以及空气，
> 令自身得以轻松解脱不再忧虑；
> 如欲吐真言一切尽在笑谈之间。①

其他人对放弃这座城市则漠不关心，认为它的快乐不可避免地与烦恼共存，这两者都应该适度地加以考虑。根据塞缪尔·约翰逊的说法，诗人吉尔伯特·韦斯特（Gilbert West）在自己的乡村别墅上题写了一首诗，赞美这种乡间休憩与城市愉悦相互交替的模式。

> 寒舍不为伦敦煤烟所困，
> 不为离城太远所苦，
> 不为人群喧闹所忧，
> 不为友好太远所虑。
>
> 幽居太久人易怒，

---

① Soame Jenyns, *Poems*, By ＊ ＊ ＊ ＊ ＊ (1752), 135.

久居闹市太荒芜；

变换场所正其时，

城乡风景皆别致。①

210 因此，这样的诗歌将伦敦的烟雾环境看作各种城市危机的实际体现。它来自，或指向，或可能意味着贪婪与野心、忙碌与忧虑、身心过度的激情、时尚与多变、反复变换与斗转星移、性别倒错与纵欲过度、政治上的背信弃义与乌合之众的爱。与此相反，或者更确切地说通过这样的结构，诗人们想象出一种乡村反类型，其特征是基督教的与哲学上的温和、压抑的激情、明显体现在自然创造中的神圣仁慈、政治美德、稳定的社会关系和健康的身体。在 17 世纪和 18 世纪，这是非常具有影响力的意识形态，然而不应该将其视为对城市的直接否定。这类诗歌对城市乐趣反对太多，反而让人变得越来越不能抗拒。

"温和的诅咒"：选择伦敦

显而易见的是，上文那些赞美乡村俭朴生活的作者，大都可以被指责为虚伪地抹黑他们自己无意回避的城市生活，这个观察也至关重要。② 此外，许多作者只有遭到政治挫折才发现退隐的好处，当他们命运得到改善时又再次忘记了。1691 年，原坎特伯雷大主教威廉·桑克罗夫特最终接受了"空气清新、

---

① Gilbert West, "Imitation of Ausonius, 'Ad Villam'," in Samuel Johnson, *Works of the English Poets* (1790), LVII, 324.

② Thomas, *Man and the Natural World*, 251.

安静……远比伦敦之烟雾和噪音更受人青睐"的好处，他在25 年前曾回应了布里奇沃特伯爵对巴比肯烟雾工业的投诉。桑克罗夫特是在被迫退休后写下这些话的，离他被免职后从伦敦回到家乡萨福克仅仅 12 个月。他的职业生涯将近半个世纪，大部分时间在伦敦，并在将煤炭税用于圣保罗大教堂重建方面发挥了重要作用。① 因此，他对无烟的乡村空气的接纳可能被人们解读为另一种"补偿性神话"，这点倒与 21 世纪的一位政治家极为相似。当地位变得岌岌可危时，他们都渴望含饴弄孙，尽享天伦之乐。② 虽然我们不需要质疑这些人是否真的珍视和平与健康，但很显然，拒绝世俗的野心和繁荣的烟雾城市是必然的立场。从桑克罗夫特的情况看，这是强加在他这位毕生帮助伦敦发挥政教首都功能的人身上。

此外，对于许多人而言，上文分析的诗歌以及本章没有讨论的许多散文资料描绘的退隐田园的语言，都是用来赞美一个非常短暂、非常有限的退出城市的现象。吉尔伯特·韦斯特在肯特郡的别墅赞美了郊区梦想，既可进入城市，又可进入乡村，而不是待在城里。1710 年，极受欢迎的杂志《闲谈者》（*The Tatler*）描述了一种乡村退隐生活，开头引用了贺拉斯的话，这显然是暂时的，甚至是短暂的。讲述者从伦敦走进了一个可疑的、繁花似锦的乡村，"这对于一个在噪音和烟雾中度

211

---

① William Sancroft, *Familiar Letters of Dr. William Sancroft, Late Lord Archbishop of Canterbury* (1757), 10; R. A. P. J. Beddard, "Sancroft, William," ODNB.

② 托马斯·基思（Thomas Keith）大量借用了马伦－苏菲·罗斯维格的《快乐之人》，参见 Thomas Keith *Man and the Natural World*, 252。

过了整个冬天的人来说简直就是世界上最宜人的景色"。① 他发现自己像（伦敦人）约翰·弥尔顿（John Milton）笔下的撒旦："有如久笼在人口稠密的都市中，住屋毗连，阴沟纵横污了空气，一旦在夏天的早晨走出近郊，呼吸在快乐的乡村和田野中。"② 这是撒旦首次在《失乐园》中邂逅夏娃的一个非凡瞬间。打理着"美妙"花园的夏娃，天真而脆弱，隐藏着的撒旦偷偷凝视着她，"他十分喜爱这地方，更喜爱这人"。对弥尔顿来说，在恶魔的陪伴下由地狱进入伊甸园与夏娃的相伴，最好通过一个城市居民在乡村散步的经历来解释。《闲谈者》引用了这个比喻，却未道明所指。它把叙述者定位为像撒旦一样在花园里跟踪夏娃，却又表现得像在花丛中漫步一样纯真和愉悦。这位叙述者很享受他的哲学之旅，回家的途中仍在沉思自然之美和"上帝的恩赐"，而不是没那么高尚的城市商业。

无论《闲谈者》选择的典故有多大张力，这里的关键点在于，对退隐这一经典主题的探索都始于和终于伦敦本身。无论是在《闲谈者》还是在其他许多文本中，烟雾弥漫的伦敦都被描述为一个可以逃离，但也可以回来的地方。对于那些劝人离开的作家而言，这座城市与人类激情之间有着非常紧密的联系，以至离开变得更加令人向往和美好，因为这几乎是不可

---

① 伦敦郊区的实际环境虽然毫无疑问比市内绿化更好，但也存在集约管理的农场、市场花园以及作坊、工厂、垃圾堆放场。18 世纪就有人讨论了文学对美丽乡村的传统描述与伦敦郊区污秽现实之间的紧张关系，参见 Charles Jenner, "The Poet," *Town Eclogues* (1772)。

② *The Tatler*, no. 218. 31 August 1710; John D. Jump, ed., *The Complete English Poems of John Milton* (New York, 1964), 274 (*Paradise Lost* IX, 445–51). （相关译文出自朱维之的译本。——译者注）

能的。18 世纪末的一位作者如是说：

> 我仿佛听到一位好人如此说道，虽然生意需要我生活在工业和商业中，我的大部分时间用于副业，或是范围有限之零售商店，但我不得不承认，未来从此人口密集、烟雾弥漫、充满喧嚣之城隐退，回归宁静祥和的乡下，光是想想就令人开心。①

烟雾弥漫的伦敦因此成了一个基督徒希望逃离的世界，但是这位作者的那些哲学素养不高的邻居既不能够也不愿意离开。

伦敦居民选择烟雾弥漫的城市工业来消解乡村的可能性，对诗歌和喜剧来说至关重要，尽管两者的方式截然相反。如果未来的贺拉斯们劝告其读者远离烟雾和噪音，那么喜剧就会讨论这是否真的算得上金玉良言。在《艾普森的韦尔斯》中，乡巴佬克洛德帕特谴责伦敦的"罪恶与海煤"，但该剧本身以美满的婚姻回报了放荡的都市人而不是克洛德帕特，让他们拥有一段美好婚姻。克洛德帕特求爱的受害者露西娅告诉他，"除了伦敦，没有生活可言"，她简直说出了许多喜剧角色的心声。②

在某些方面，当代反城市诗歌表达了相同的观点，将城市与忙碌、忧虑、工作、公共生活和社交联系在了一起。如果 17 世纪的田园诗歌中"任何人在乡村的所作所为几乎都是禁忌"是真的话，那么对此的一种解释可能是，这样的乡村被

---

① "On Solitude and Retirement," *The London Magazine* 49（March 1780），112.

② *Works of Shadwell*，Ⅱ，121.

想象成了忙碌城市的对立面。① 对诗歌和戏剧来说，烟雾弥漫的伦敦常常被描绘成行动的场所，无论从勤劳的意义上来说，还是从生产的意义上来说都是如此。因此，许多关于城市烟雾的作品也总是城市生活本身的这些愿景。在文学作品中，对这座肮脏城市唯一合理的反应就是走进乡村，生活经验和社会实践大量地借鉴了这种远离城市烟雾的理想以及它所代表的一切，这是下一章讨论的内容。

① James Turner, *The Politics of Landscape* (Oxford, 1979), 165. 引文出自 Thomas, *Man and the Natural World*, 251。

13　迁徙：避开这烟雾弥漫之城

才女之空气观

在第 12 章中，笔者对几首诗歌和几部戏剧再现的女性进行了分析，她们都比较喜欢这座烟雾弥漫的城市，喜欢其愚蠢的时尚、外在的喧哗、商业和剧场。18 世纪中期现实生活中的女性，尤其是一些受过很好教育、知性且雄心勃勃的女性都意识到性别的内在含义，甚至还以此来描绘她们与伦敦的关系。1779 年，一位叫伊丽莎白·卡特的才女给她的朋友写了一封信，收信人也是一位作家和有名的沙龙女主人伊丽莎白·蒙塔古（Elizabeth Montagu）。她在信中叮嘱蒙塔古照顾好自己的身体，"劳累之余，在桑德福德（Sandleford）的树荫下"小憩片刻。她指的是蒙塔古那奢华的乡村别墅。该别墅的建设资金源于她的巨额财产，其中包括纽卡斯尔附近的几座煤矿。这样的巨额财富让蒙塔古成为英格兰知识女性的主要赞助人。因而卡特写给蒙塔古的信恰好重复了贺拉斯对麦凯纳斯说的话：罗马夏季实在是太炎热了，令人产生了从罗马的烟雾、财富和喧嚣解脱出来的冲动。卡特接着说："桑德福德的树荫就像是天狼星的避难所，因为对人口稠密、烟雾浓浓和住屋毗连感到愤怒。"① 第二年，卡特又在另一封信中旧事重提，认为蒙塔古位于波特曼广场（Portman Square）的新豪宅附近繁忙的建筑施工对她的健康是致命的威胁。这项明确的烦扰融入了烟雾和噪音的熟悉联想，造成这些烦扰的是"商业"。为对抗这种威胁，蒙塔古到田园乡村躲避，卡特对此感到"喜悦"："在桑德福呼吸新鲜空气，享受宁静生活，在草坪上沐浴阳光，或在树荫下乘凉。"② 在这类信件中，卡特以成型的田园模式，将伦敦描绘成一座肮脏不堪、充满危险、烟雾缭绕和忙碌喧嚣的城市，主张逃离它。

相比于诗歌中对雾都的再现，伊丽莎白·卡特的信及许多类似的信都显得既有趣又严肃。之所以有趣是因为这些信件与某些诗歌和喜剧一样，有选择地使用耳熟能详的语言，忽而赞同其含义，忽而颠覆其含义。在田园世界里，伦敦的烟雾只是需要避开和逃避的东西。但斯蒂芬·本丁（Stephen Bending）最近却认为，这种传统惯例对伦敦女性而言成了问题，因为她们希望能够有社交活动，也希望过着田园生活，但又不愿与世隔绝。③ 伦敦的烟雾及其包含的知识、道德和情感共同体，因此可以被某位作者作为欲望对象呈现在某个安静、无趣和偏僻的乡村。例如，1765 年卡特写信给蒙塔古说，她在肯特郡海岸的美宅正处于"夏日阳光最耀眼之时，处于美景之中，我

---

① Pennington Montagu, ed., *Letters from Mrs. Elizabeth Carter, to Mrs. Montagu, Between the Years 1755 and 1800. Chiefly Upon Literary and Moral Subjects* (1817), Ⅲ, 105. 编者是卡特的教子兼学生，注中引用了贺拉斯的诗句。

② Montagu Pennington, ed., *Letters from Mrs. Elizabeth Carter*, Ⅲ, 137.

③ Bending, *Green Retreats*.

殷切盼望一月的阴天及伦敦之烟雾"。① 这种故意正话反说，
在某种程度上是由于伦敦并不总是一个忙碌喧嚣、行色匆匆和
迎来送往的地方。恰恰相反，精英住地的季节性变动，夏天在
乡下、冬天在城市，对于卡特而言意味着"伦敦烟雾"既象
征着社交之乐，也体现着"隐居"之苦。② 同样，伊丽莎白·
蒙塔古致信波特兰公爵夫人（Duchess of Portland）时说，乡村
肯定会比伦敦的"罪恶和海煤"更好，只是因为能与"德拉
尼夫人和汉密尔顿小姐亲密交往"才将城里的知识和社交优
势带到乡下。③

　　健康乡村与危险城市之间的差别并不比归田园居的理想更
加稳定。卡特 1764 年写道，伦敦"令人窒息"的烟雾确实是
一种"有好处的恶"，乡下的天气也并不总是让人满意。她写
道，肯特郡的天气"忽而烈日炎炎，忽而西北寒风阵阵"。④
卡特曾在夏天的信中称赞了桑德福的空气，但到了 10 月发现，　215
相比于她伯克利广场（Berkeley Square）附近房屋的"温暖空
气"，那里的空气太潮湿了。在这类信件中，像蒙塔古和卡特
这样的作者能够运用既传统又说教式的乡村话语来表达高度矛
盾，甚至是完全相反的城市生活态度。因此在卡特看来，伦敦

---

① Montagu Pennington, ed., *Letters from Elizabeth Carter*, I, 270.

② Carter to Susanna Highmore, 8 June 1748, Gwen Hampshire, ed., *Elizabeth Carter, 1717–1806: An Edition of Some Unpublished Letters* (Cranbury, NJ, 2005), 136. A Series of Letters Between Mrs. Elizabeth Carter and Miss Catherine Talbot from the Year 1740 to 1770. *To Which Are Added*, *Letters from Mrs. Elizabeth Carter to Mrs. Vesey, Between the Years 1763 and 1767* (1809), IV, 66, 364.

③ Montagu to the Duchess of Portland, 6 December 1783 HMC Longleat, I, 351. 另见 Letters Between Carter and Talbot, I, 251。

④ Montagu Pennington, ed., *Letters from Elizabeth Carter*, I, 223.

烟雾及其代表的一切既是人们憧憬的对象，也是令人不悦的烦恼；对国家而言，不是一件更加有益的事，就是一件更加危险的事。

尽管态度很认真且完全符合实际，以城市空气为隐喻的手法多变而有趣，具有很高的文学品位。卡特和蒙塔古并非建造空中楼阁，或者在关心城市空气时对乡村幸福生活想入非非。恰恰相反，无论心情多么自相矛盾，退隐田园的理想都是某种重要的模式，由此模式，女性知识分子以及包含许多社会阶层的伦敦人都明白他们进出都市这种活动的真正含义。由肮脏之城逃避到乡下，这种临时的、一年一度的、社交受限的古典理想不仅影响了人们的行为，还影响了诗歌、房地产交易和风景画的创作。因此，城市烟雾表现的并非毫无根基的文化产品。正是通过这些表征并基于这些表征，人们才真正地构建、质疑和理解自己的行为，以及自己进出城市、在城市周边活动的原因。

本章将分析这种城乡迁徙，因为它连同描述和理解这种迁徙的语言和观念，都是对现代早期伦敦空气污染最常见和最重要的反应。许多历史学者发现，现代人对污染的反应不过是通过发动环境运动来定义，但对现代早期社会人们日常行为的关注，让笔者对城市烟雾所处的地位有了另一种理解。在前面的章节中，我们已经看到人们对烟雾的厌恶有着强烈的美学、政治学和医学意义上的原因，而且很多人都是这样的。但我们也看到，他们对伦敦烟雾的反应只是解决问题的部分方法，并且这些所谓的方法受制于政治文化和政治偶然性、法律程序、科学认知模式以及等级社会中固有的区别。因此，没有任何措施能够消除由煤炭消费所产生的强大且具有积极作用的因果联系，也无法争取到 20 世纪后期类似的政治胜利。

然而，现代环境政治的缺位并非意味着对环境问题漠不关心。如果说现代早期的伦敦人从未成功改善过他们烟雾缭绕的空气，那么他们的确找到了适应这种空气的方法。这些策略中最重要的是找到归田园居理想的现实版，以摆脱《观察家》中所谓城里的"烟雾与勇气……罪恶与海煤"而归隐乡村，216 去享受"微风、树荫、花朵、草地及潺潺流水"。① 城乡之间的绝对差异扭曲了社会现实，但获得了这个理想的某种版本，无论它多么脆弱和有限，的确影响了 17、18 世纪伦敦及周边民众的行为。②

"烟雾与砖屋"：精英与西区之环境

从 17 世纪中叶开始，伦敦西区变得焕然一新，成了很大的居民区，把大部分工业排除在外，居民大都为社会精英。正如本书第 6 章所写的那样，业主与租户之间私下商谈租约，以此为主要手段将制造烟雾、有害、喧嚣产业逐出新区。出现这种情况的理由是贵族和上流社会人士每年越来越多地在西区度过大部分时间，因而希望拥有一个既能过优雅的城市生活，又能呼吸洁净空气的空间，尽可能避开被认为妨害他们的烟雾和人。

---

① Donald F. Bond, ed., *The Spectator* (Oxford, 1965), Ⅳ, 390.
② 有关城乡虚伪与模糊之间区别的经典论述，参见 Williams, *The Country and the City* (1973)。近期较有意义的深入讨论还有 Bending, *Green Retreats*; Elizabeth McKellar, *Landscapes of London: The City, The Country and the Suburbs, 1660 – 1840* (New Haven, 2013)。

　　因此，优质空气使得西区举足轻重、独树一帜，便于全国各地精英在此相聚考察、模仿竞争、议论争执，甚至通婚。人们通常把这样优质的空气视为既天然自成又人为创造。如威廉·佩蒂所言：大自然带来西风，"一年之中有近 3/4 的时间吹送，西区建筑因而免于整个东部的烟尘、雾气与恶臭。彼处燃烧海煤，是为患事"。① 查理二世的一位外科医生认为西郊有优质空气，既有天然优势，又可免于烟煤之害。② 18 世纪初，类似约翰·麦基（John Macky）的《英格兰之旅》《外人指南》等书籍告诉读者，西区的广场享有"八面来风之空气"，"纯净之空气"和"伦敦最优之空气"。③

217　　18 世纪时，人们使用环境的和社会化的词汇来表述中心城区与西区"小镇"之间的区别，且二者相辅相成。因此，有钱市民试图逃避城市空间的行为有时也被视为社会地位攀升的结果。1755 年，爱德华·莫尔（Edward Moore）在杂志《世界》（The World）中将此相互攀比的消费现象与过程视为社会通病而加以嘲讽，这些行为意味着"每位买卖人均是商人，每位商人均是绅士，每位绅士均是贵族"。该杂志称，城市社会与文化地位在过去的半个世纪本有明确界限，而今已被商业财富所模糊。"圣殿门（Temple Bar）一侧，（人们的）发型文雅卷曲，所结之发髻在奇普萨德雾气中显得特别巨大，与洁净之格罗夫纳广场（Grosvenor Square）和希尔街（Hill Street）的

---

① Hull, ed. , *Economic Writings*, 41.

② Wiseman, *Severall Chirurgicall Treatises* (1676), 255.

③ John Macky, *A Journey through England*, *In Familiar Letters from a Gentleman here to his Friend Abroad* (1714), 121; *The Foreigner's Guide*, 122, 132. 此处分别指的是布鲁姆伯利广场（Bloomsbury Square）、卡文迪什广场（Cavendish Square）和圣詹姆斯广场（St James Square）。

（高贵居民）不相上下。"① 凯瑟琳·塔尔博特（Catherine Talbot）则反过来强调说，自己位于圣保罗大教堂辖区的住所处于重重烟雾中，感觉自己处于"下层社会"。② 对于此类作者，烟雾意味着商业的、繁华的、资产阶级城市，而土地闲置的乡镇也仅剩"纯净空气"这一亮点了。③

因此，向西移居意味着回避烟雾，过上上流社会的生活，但威廉·佩蒂也意识到，这只不过是权宜之计，因为城市的发展目标使其边界正在稳步西移。④ 随着西区的发展，许多精英人士都梦想着生活在城市的外围地带，这导致了一些问题。烧制砖块产生的大量烟雾，曾被基思·托马斯（Keith Thomas）和艾米丽·科凯恩（Emily Cockayne）作为城市工业的典型案例，事实上生活在市区边缘的人对此尤为抱怨。制砖需要在接近开阔地带、便于取土、尚未开发的城市边缘，⑤　218

---

① Adam Fitz-Adam（Edward Moore），*The World*，Number 125，22 May 1755（Dublin，1755－7），Ⅲ，105，107.

② Catherine Talbot to Elizabeth Carter，8 June 1751，14 March 1752，and 23 September 1759，*Letters Between Carter and Talbot*，Ⅱ，33，68，297；Margaret Heathcote to Catherine Talbot，18 December 1754，BLARS L30/21/4/3. 值得注意的是，虽然凯瑟琳·塔尔博特认为城市与上流社会为两个不同的世界，但玛格丽特·希思科特（Margaret Heathcote）自己的家庭则属于社会流动中最华丽家庭的典型，《世界》讽刺了这种典型。她丈夫的祖父吉尔伯特·希思科特（Gilbert Heathcote）男爵，是现代早期最富有的伦敦商人，而她的父亲则是菲利普·约克（Philip Yorke），即哈德威克第一伯爵（First Earl of Hardwicke），是一位著名律师和辉格党政府的首脑。

③ Hannah Greig，*Beau Monde：The Fashionable Society in Georgian London*（Oxford，2013），10－1.

④ 但是，这类扩张并非持续不断。有关 18 世纪伦敦周边建设的兴旺与衰退周期的问题，参见 White，*London in the Eighteenth Century*，ch. 1－2。

⑤ Thomas，*Man and the Natural World*，245；Cockayne，*Hubbub*，207－8.

而特别富有之人如果居住于此，就不愿忍受砖窑产生的妨害，如钱多斯公爵在 1741 年抱怨说："每晚均被砖窑之烟雾和这一带的其他恶臭毒害。"① 一般来说，"这一带"并不属于伦敦这个大都市的范围，城市化程度当然不高，反而属于尚未完工的卡文迪什广场，紧邻其北部的郊区也尚未建成。几年前，伯克利广场（Berkeley Square）以东地区的居民包括一位公爵、两位未来的伯爵以及一位议员等人向法院提起诉讼，投诉附近制砖产生的烟雾"令空气非常不健康，并让邻居之房屋家具受损"。② 正如钱多斯案件中基思·托马斯暗示的那样，烧制砖块燃烧并未"在市中心进行"。③ 恰恰相反，包括制砖匠斯蒂芬·惠特克（Stephen Whitaker）、木匠弗朗西斯·希利亚德（Francis Hillyard）和爱德华·科克（Edward Cock）以及泥水匠威廉·佩里特（William Perrit）在内的被告都参与了梅费尔的建造。④ 同样，伊丽莎白·卡特向伊丽莎白·蒙塔古就城市中的"人群、烟雾和砖厂"发出警告后，蒙塔古就从西区边缘附近希尔街的房子搬到波特曼广场（Portman Square）的一栋新房。这房子与钱多斯的大房子一样，北面有一片开阔地。⑤

---

① HEHL, Chandos MSS, ST 57, Vol. 55, 262.

② Duke of Grafton v. Hilliard (1736), TNA C 11/2289/87. 原告包括 Charles FitzRoy Second Duke of Grafton; Hendrick [Henry] van Ouwerkerk, First Earl of Grantham; James Brudenell, future Fifth Earl of Cardigan; and William Townshend, MP for Great Yarmouth。

③ Thomas, *Man and the Natural World*, 245.

④ TNA C 11/2289/87. 他们的建设活动，参见 *The Survey of London*, 36 (Covent Garden), 32 (St. James Westminster), and 40 (Grosvenor Estate)。（梅费尔是伦敦西区的高级住宅区。——译者注）

⑤ *Letters Between Carter and Talbot*, Ⅲ, 105.

因此，这类投诉并不是将工业建在城市的证据，而恰恰证明了某种工业总是在城乡接合部繁荣兴旺，这里也刚好是精英喜欢建造连排房屋的地方。他们的通信和法律诉讼档案都有投诉砖窑烟雾的文献，因为砖窑确实排放了大量烟雾，也因为英格兰的精英住在西区很大程度上是为了避免烟雾的妨害。在很多方面，这是一个难以实现的目标。城市边缘地区的房屋肯定会被进一步发展的城市所包围，而城市的发展本身就依赖于通过烧煤生产砖块、石灰和瓷砖。安妮女王在位期间，白金汉公爵的说辞并不夸张。他在圣詹姆斯公园附近的新建住房位于西区开发的边缘地带，于是他给新房子的题词是"城里的乡村"（*rus in urbe*）。到了那个世纪末白金汉宫成为皇家住处时，城市扩张已将其包围，而他的题词就沦为不合时宜的幻想。① 这样，完全摆脱城市污染，比脱贫致富还难。② 对伦敦的系统性环境问题而言，这也绝非有效之道，因为西区房东定义的环保是排他的。不过这种努力也并非完全徒劳无功，因为西区在 18 世纪时建了很多大公园，比伦敦城拥挤的区域和贫穷的南部及东部郊区多得多。③ 因此，对于少数享有特权的人来说，在这个现代早

219

---

① John Macky, *A Journey through England*, *In Familiar Letters from a Gentleman here to his Friend Abroad*, 125 – 6.

② 有关威斯敏斯特穷人的论述，参见 Malcolm Smuts, "The Court and its Neighborhood: Royal Policy and Urban Growth in the Early Stuart West End," *Journal of British Studies* 30 : 2 (1991), 117 – 49; Jeremy Boulton, "The Poor Among the Rich: Paupers and the Parish in the West End, 1600 – 1724," in Paul Griffiths and Mark S. R. Jenner, eds., *Londinopolis*: *Essays in the Cultural and Social History of Early Modern London* (Manchester, 2000), 197 – 226。

③ Dan Cruickshank and Neil Burton, *Life in the Georgian City* (1990), 190 – 203.

期的都市里，西区作为"更纯净区域"的确提供了比其他地方更干净的空气。①

"空气清新与环境安静"：中等阶层与临时迁徙

尽管梅费尔有通风的广场，但对于绝大多数伦敦人来说，逃避烟雾空气并非逃往西区，而是前往郊区的小屋和田野。当很多英国精英家庭每年在城市居屋与乡村庄园之间迁徙时，伦敦的常住居民却在不同的时间和空间寻求不一样的安排。富裕的商贾、工匠以及一大帮穷工人，总之包括我们概念里属于城市中等阶级的那群人，常常出入伦敦以求得快乐、放松、丰富多彩和健康。② 他们出入伦敦通常比拥有土地的居民更为频繁，只不过时间更短。因此，他们周末远足并不一定是到遥远的乡间住宅，而是去离伦敦最近的郊区景点。这些地方现在大部分在地铁系统二区段内，可能会被归类为伦敦市中心的一部分。在现代早期，这些地方不是今天的样子，完全在都市之外，但步行、乘坐马车或者短途航行就可以抵达。用约翰·斯托（John Stow）的话来说就是，"于

220

---

① Moore, *The World*, Ⅲ, 107; John Fransham, *The World in Miniature: or, The Entertaining Traveller* (1740), Ⅱ, 131.

② 有关城市中产阶级的总体研究，参见 Peter Earle, *The Making of the English Middle Class: Business, Society and Family Life in London, 1660 – 1730* (Berkeley, 1989); Margaret Hunt, *The Middling Sort: Commerce, Gender, and the Family in England, 1680 –1780* (Berkeley, 1996)。有关他们对住房和城市空间的使用，参见 McKellar, *Landscapes*; Peter Guillery, *The Small House in Eighteenth Century London* (2004)。

清新与健康空气中再造灵魂或使呆滞无趣之灵魂重新充满活力"。①

人们或前往郊区别墅和乡下居屋，或前往西区住宅，不过很难在两者之间划清界限，兴许是随意划分的。部分原因是最富有的人不需要在两种居住模式之间进行选择。例如，斯宾塞伯爵一世（The First Earl Spencer）在格林公园（Green Park）拥有壮丽的别墅、在温布尔顿（Wimbledon）有一个郊区庄园，还在奥尔索普（Althorp）拥有壮丽的乡村居所，供全家人轮流使用。② 此外，一些文学作品也越来越多地描述到，躲避到距离适中的乡村是介乎陷于城市罪恶与海煤和乡下隐居之间的最佳手段。第 12 章引用过吉尔伯特·韦斯特镌刻在自己郊区别墅的一首诗，其中就强调无论是走进城市还是步入乡村，均非理想。"如我改变愿望般迅速，我改变场景。彼时在乡村，此时在城市享受。"③

某个特定的"场景"是否应该归类为"乡下""市区"或是"郊区"，很难说得清楚。对于许多观察者来说，有些情况

---

① Charles Lethbridge Kingsford, ed., *A Survey of London by John Stow*（Oxford, 1908），I，127. 另见 Laura Williams，"'To Recreate and Refresh Their Dulled Spirites in the Sweet and Wholesome Ayre': Green Space and the Growth of the City," in Julia Merritt, ed., *Imagining Early Modern London: Perceptions and Protrayals of the City from Stow to Strype, 1598 – 1720*（Cambridge, 2001），185 – 213. 值得注意的是，约翰·斯托在此并非描述由农村到城市的过渡，而是从"田野"到郊区设施的过渡，这些设施如"附带花园的住房和小屋……有可设置花园的地块、可宿营的院子、可打球的场地"。参见 Hiltner, *What Else is Pastoral?*, 63 – 4。

② Accounts, Spencer papers, BL Add MS 75, 765.

③ Samuel Johnson, *Works of the English Poets*（1790），LVII，324；Gilbert West to Philip Dodderidge, 26 April 1751, Thomas Stedman, ed., *Letters to and From the Rev. Philip Doddridge, D. D.*（1790），451.

看起来却是很明确的，特别是伦敦城外的村庄，除了伦敦人的小别墅之外便别无其他。笛福（Daniel Defoe）在《大不列颠全岛游》一书中重点关注了沿泰晤士河上游到伦敦绵延几英里的豪宅。他认为，每栋豪宅均有独特之美，合起来则"特别宏伟"，尤其是它们并非房产，

> 而是绅士的避暑房屋或市民的乡间房子。在此他们可从繁忙的生意场，从挣钱谋生的匆忙抽身，在晴空之下呼吸清新空气。在炎热天让自己分心片刻，享受天伦；而一到冬季则关门闭户，仿佛被剥夺居住权一般，实际上他们回到了那座烟雾弥漫、肮脏邪恶、忙碌的海煤之城（只能这样粗鄙地表达了）。①

市民归田园居的做法不仅限于西部。据《外人指南》（1729）所载，哈克尼的东部也有很多城市商人的住宅，尤其是持不同政见者的住宅很多。② 多卷本《维多利亚郡史》（*Victoria County History*）中关于米德尔塞克斯郡的部分记录了非常多的伦敦人姓名，不仅有朝臣还有专业人才，他们在伦敦郊外都有土地和房产，毫无疑问许多人都把那里当作周末休憩之地。③

虽然笛福说市民和绅士的"乡村别墅"有着相似的用途，但其他人还是注意到了二者的区别。《外人指南》中说，绅士

---

① Daniel Defoe, *Tour Thro' the Whole Island of Great Britain* (1968), Ⅰ, 167, 169.

② *Foreigner's Guide*, 138.

③ *A History of the County of Middlesex*, 13 volumes (1969 – 2009).

和"商人"在"伦敦周围的乡村"都有私人住宅，但商人有时候只有一处"私人住所"，他们在"周六下午到此休息，呼吸乡村的清新空气，周一返回城里经营生意"。① 佩尔·卡尔姆（Pehr Kalm）注意到住在富勒姆（Fulham）和切尔西"巨大砖房"里的人有类似的日程安排，"绅士及他人……不时地，尤其在周六下午，来呼吸新鲜空气，体验乡村生活之乐"。②

城里的中产阶层通常都会采用这种周末逃离的方式，却采用贵族式的话语来解读或表现这种乡村隐居，他们将其称为"归田园居"，给了嘲笑这种社会攀比和瘟疫般时尚消费的机会。查尔斯·詹纳（Charles Jenner）的《城镇田园诗》（*Town Eclogues*）开始将星期天描述成"城里人每周吃一次空气的日子。同时在圣保罗大教堂的东边，衣着光鲜的城市精英开车行驶了两英里，只为在公园里漫步"。③ 然而，这一观察导致了长期对攀高结贵和有样学样的嘲弄，认为中产阶级根本不适合模仿"归田园居"，这样的做法更适合上流社会。

18 世纪中叶，杂志《鉴赏家》（*The Connoisseur*）对中产阶级追逐这样的时尚特别感兴趣。它多次暗示小市民（cits），即城里的中产阶级市民多少有些可笑。他们把钱和时间花费在公园，公园是城市的对立面，他们的财富却来自城市。这对矛盾作为讽刺对象实在是再恰当不过。正如一首诗歌描述的那样，"节俭爵士"在距离城市三四英里处寻求"乡间一席之地"，以便能够"进行运动、呼吸乡村空气"，他的妻子却想方设法使所有的亲朋好友对此印象深刻。因此，隐居乡村成为

①　*Foreigner's Guide*, 128.
②　Kalm, *Account*, 35.
③　Jenner, *Town Eclogues*, 8.

女性化城市商业、消费和社会攀比的另一个对象，而不是对这些世俗关怀进行贺拉斯式或基督教式的否定。① 《鉴赏家》中的小市民针对这种隐居模式玩起荒谬可笑的游戏，他们想过上"归田园居"的生活，却压根不想抛弃资产阶级价值观，甚至不想逃离城市的环境。他们"每周到城市附近乡村远足"，但也仅限于旺兹沃斯（Wandsworth）和汉普顿（Hampton）郊区，甚至视线也很少"脱离伦敦烟雾"。② 从肯宁顿公地（Kennington Common）一处即将建成乡间别墅的地方，一位小市民看到的不是风景优美的庄园，而是被处决犯人的腐尸，以及"圣保罗大教堂圆顶笼罩于烟雾之中的远景"。正如这篇文章开头的那条警句所说的那样，"如此乡里，无须拥有，此处无非城外之伦敦也！"③ 在这类讽刺中，煤烟已成为资产阶级财富和价值的象征。这种认识中有一点很重要，市民以自我否定的方式急于寻求市郊的优质空气。他们花自己的钱逃离乌烟瘴气的环境，而正是那样的环境让他们致富从而在乡村建度假房。④

222

---

① George Colman, *The Connoisseur. By Mr. Town*, *Critic and Censor-General* (1757 – 1760), number 135, 26 August 1756, Ⅳ, 233 – 8, 'country air' at 235.（贺拉斯式否定指的是古罗马诗人贺拉斯经常采用轻松调侃的语调对社会丑恶现象进行讽刺，从而达到否定的效果。——译者注）

② George Colman, *The Connoisseur*, number 79, 31 July 1755, Ⅲ, 58 – 9.

③ George Colman, *The Connoisseur*, number 33, 12 September 1754, Ⅰ, 255 – 62, quotes at 258 and 255.

④ George Colman, *The Connoisseur*, number 93, 6 November 1755, Ⅲ, 165. 这类小市民也为自身进行辩护："可为嘲讽之热门对象并不存在，现代人平庸无奇，机智嬉戏之才尽数耗尽，唯有伦敦口音尚可博乡下人一笑。路边之屋肮脏、半英亩公园、与洗手盆一般大的运河，如此等等尽显幽默之语又不失公道。然而这对一个商人来说是正常的，其陷于城市狭窄之街道、人口密集之小巷，自然希望呼吸新鲜空气，或居于乡村以度悠闲时光。" *The Annual Register*, *or a View of the History*, *Politicks*, *and Literature of the Year 1761* (1762), 208.

　　对于乔治·科尔曼来说，"小市民"都是实实在在的商人或生意人，只要出售一部分股票就能买下一处郊区房产。他也嘲讽了另一种形式的郊区休闲方式，即到伦敦周边的花园游乐，特别是西边和北边的花园。当英格兰各乡镇都在效仿伦敦的礼仪文化时，伦敦自身却"几乎窒息在烟尘中"，居民似乎最渴望乡村的味道，科尔曼认为这实在荒谬可笑。① 虽然如此嘲弄，其他人并不需要为游乐花园的呼声道歉。1763年，流行男高音歌手托马斯·洛（Thomas Lowe）租用了马里波恩（Marylebone）早已建好的花园，他宣布此郊区音乐场地为乡村休闲胜地。

> 夏日即将来临，
> 欢悦作别雾都；
> 田野与小树林，
> 许我再现欢颜。②

几年之后，诗歌《伦敦的生活艺术》认为"令人愉悦的空气" 223
是人们去参观像巴尼格奇·韦尔斯（Bagnigge Wells，今 King's
Cross station 南）或克伦威尔花园（Cromwell's Gardens，今肯
辛顿 Gloucester Road station 附近）那样的商业机构的主要原
因，"在这里，人们不受城市烟雾和噪音的影响，能让人心旷
神怡、无拘无束"。③ 干净的空气是这些商业花园的吸引力之

---

① George Colman, *The Connoisseur*, number 23, 4 July 1754，Ⅰ，180.
② *The Gentleman's Magazine*（May 1763），ⅩⅩⅩⅢ, 252. 有关托马斯·洛与花园史的论述，参见 William Wroth and Arthur Edgar Wroth, *The London Pleasure Gardens of the Eighteenth Century*（1896），93 – 110，esp. 101。
③ ［William Cooke］James Smith of Tewkesbury, *The Art of Living in London*（1785），21.

一，以及反城市、田园式的轻松语言和小树林都吸引着人们的
到来，这些可以掩饰现实生活中的诸多不安，如消遣中的不
安、商业娱乐中的不安以及两性之间的不安。①

　　乔治·科尔曼对"归田园居"这一经典语言的质疑，让
小市民觉得压力更大，因为花园的文雅之地同样也对市民和休
闲男女开放。科尔曼和其他评论家却更少关注更谦逊的商人、
工匠和他们的家人，他们也寻求郊区社交与乐趣。不过有证据
表明，更多人在追求呼吸清新的空气。有一份对一天典型行程
的讽刺性描述写道："手工艺品商人拖家带口在伊斯灵顿
（Islington）与切尔西之间来回。"② 当时流行的一本地理书特
别区分了一些地方，如律师协会、萨默塞特宫（Somerset
House）花园和卡尔特修道院（Charterhouse），只有"看起来
像上流社会的人"才有资格进入； "斯特普尼场（Stepney
Fields）、莫尔场（Moor Fields）、伊斯灵顿、红狮场（Red
Lion Fields）、圣詹姆斯公园、切尔西和肯辛顿"却没有提到
这样的限制。③ 从东到西都有地名出现在这份清单上，甚至有
可能延伸到南华克和南部周边的旷野和花园。伦敦及其郊区满
是旷野和露天地，任何能走路的人都能去。即使到了 18 世纪
中叶，当时伦敦约有 75 万人，每人距空旷地的距离都不到 1
英里。考虑到这一点，"在夏天的黄昏，很多伦敦人涌入附近
的旷野"，这句 1751 年的文字描述也许是相当轻描淡写的。④

---

① Wroth and Wroth, *London Pleasure Gardens*; *Ogborn, Spaces of Modernity*, ch. 4.
② *Hell upon Earth: or The Town in an Uproar* (1729), 8 - 9.
③ *The Present State of Great Britain, and Ireland ...... Begun by Mr. Miege* (1745), 103.
④ Corbyn Morris, *Observations on the Past Growth and Present State of the City of London* (1751), 24.

对于大多数人来说，啤酒、葡萄酒和托特纳姆（Tottenham）的乔治与秃鹫（the George and Vulture）酒馆宣传的"家酿麦芽酒"等简单饮品就可以让人度过愉快的一天。① 伦敦周围有 ₂₂₄ 着数不胜数的酒馆和小旅馆，为客人提供了大花园、绿地、空间，供客人散步、聊天、玩耍、看风景和成为风景。乔治与秃鹫酒馆（位于伦敦以北约 5 英里）甚至使用田园语言来描绘自己，连乔治·科尔曼这样的人都认为这种描绘只能属于乡村别墅才恰当。

> 夏季漫游何处寻，
> 托特纳姆荫凉处。
> 此处休憩空气清，
> 恰是宾至如归时。
> 科尔欢迎众朋友，
> 躲避城市之烟雾。
> 各式美景心相悦，
> 无以言表情难抑。②

事实上，对于在托特纳姆中心的这家小酒馆来说，所谓的树荫、清新空气、翠绿的田野似乎有点夸张。不过夸大其词的广告却突出了一个重点，即田园式语言用在中产阶级身上是可行的。因为在某种程度上，他们和西区的富人一样认为需要逃离城市，哪怕只有周末的一个下午。

---

① Jacob Larwood and John Camden Hotten, *The History of Sign-Boards, From the Earliest Times to the Present Day* (1866), 291.

② *London Advertiser and Literary Gazette*, 1 April 1751, Issue 25.

"十足的恶"：药物、健康与避开伦敦

尽管诗歌传统颂扬的"无以言表情难抑"可以在乡村隐居地获得，但对于许多人来说，他们之所以决定避开伦敦，既考虑到乡村显而易见的好处，也考虑到城市空气明显的危害。当我们考虑城市空气污染所造成的严重医学后果以及它们对众多生命产生的实质影响时，空气和迁徙的言辞似乎是一种残酷的委婉语。对于很多人而言，躲避伦敦的环境不是为了追求更好的感受，而只是为了保持基本的健康，或者说只是为了生存。1748 年夏，伊丽莎白·卡特在一封信中照例描述了自己的身体状况，她说伦敦烟雾对她的身心健康均造成了损害。"本不愿在（米德尔塞克斯郡的）恩菲尔德之荨麻丛中奔跑，然伦敦之烟雾令人难以呼吸。"实际上，她的呼吸并没有受到太大的影响。"伦敦烟雾限制了我的文思，只好通过读书、写作、唱歌、玩耍、跳跃来自娱自乐。并且每天下午都要散步，仿佛着了魔一般，以此保持身心健康。"[①] 卡特写下这封信时已是 30 岁了，尚有 58 年的寿命。对于那些身体没那么健壮的人来说，伦敦的空气不是那么容易忍受的。

正如本书第 6 章讨论的那样，医生常说煤烟有害健康，对患有呼吸系统疾病的人尤为如此。1660 年代，伦敦肺痨患者非常普遍，一位很有成就的医生吉迪恩·哈维解释了其中的原因。

[①]　Elizabeth Carter to Catherine Talbot, 5 August 1748, *Letters Between Carter and Talbot*, Ⅰ, 287.

含硫烟雾令肺部受到极大挤压，导致呼吸困难，而乡村的空气更容易呼吸。对此，人们能够立即发现空气的变化。呼吸困难、肺部挤压、呼吸道阻塞使肺部损耗至深，致功能受到削弱。[1]

很多人认同哈维的观点，因为人们看到伦敦烟雾尤其对肺痨或哮喘病患者危害很大。医生理查德·莫顿（Richard Morton）曾给威廉三世（患有哮喘）治病，他出版了极具影响的肺痨研究著作，多次强调煤烟的消极作用，无论是从整体来说，还是就个体病史而言。[2] 其他著名的医生认同他的观点，认为伦敦烟雾不仅引发或恶化肺痨和哮喘，还认为移居乡村对这两类病人是一种重要的治疗手段。[3]

在学术论文里很容易看到的是，这些医生和其他医生断言，煤烟会危害人体，健康的乡村空气有助于有效的治疗。虽然临床效果有待厘清，得出这样的结论却具备充分的理由。这个断言不仅限于浩如烟海的学术著作，也常常传达给患者。理查德·莫顿在病例分析中描述了那些接受易地疗养（change of air）的病人，如"福斯特先生，伦敦药剂师"，通过远离"烟雾弥漫之伦敦"前往"海格特之旷野"，加上常服用镇痛剂，使得其严重的肺病得到了有效控制。[4] 一位叫勒夫的先生

---

[1] Gideon Harvey, *Morbus Anglicus*: *or*, *The Anatomy of Consumptions* (1666), 166.

[2] Morton, *Phthisiologia*, 75, 96, 152, 214, 235, 237. 有关理查德·莫顿的生平及其影响，参见 Stephen Wright, "Morton, Richard," *ODNB*。

[3] John Pechey, *The Store-house of Physical Practice Being a General Treatise of the Causes and Signs of All Diseases Afflicting Human Bodies* (1695), 128, 156, 458; Pitcairn, *The Whole Works*, 126–7; Arbuthnot, *An Essay*, 208.

[4] Morton, *Phthisiologia*, 245–6. 海格特位于伦敦城以北五英里处，地势较高。

（Mr. Luff）从乡村回到"我们充满煤烟空气"的城市没几周
就肺痨病严重发作，"比预想的快多了"。这对勒夫先生打击
太大，几周后就"撒手人寰"了。① 莫顿推荐人们前往乡村
康复静养或预防肺部进一步受损，这种做法并不特别。事实
上，1770 年代杰出的贵格会医生约翰·福瑟吉尔（John
Fothergill）认为，究竟哪些乡村更适合患者康复，医生需要
细细思量。虽然哮喘患者的经历各不相同，但对于肺痨患者
而言，"所有大城市的空气均特别有害，此乃经验之谈"，因
此在有益于健康的郊区实施康复疗法的做法很普遍。福瑟吉
尔却认为，在众多的乡村中选择哪一个用于病人康复，不应
该忽视这个问题。

> 烟雾无时无刻不吞噬着伦敦，夹杂着其他气体，形成
> 团雾，或浓或淡，远眺可见。巨大雾团绵延几英里，超出
> 了市区及周边郊区，四季之风从不同方向将其吹动。夏时
> 南风盛行，将巨大雾团吹至市郊或东北部，牧草树木及一
> 切，无论生死，均被黑色烟尘笼罩。冬春季节北风盛行，
> 西南部及西部之村庄烟雾浓浓。②

因此，医生不仅应该建议病人远离那"巨大雾团"，还应根据
当地特征和季节性气候规律，精心为病人选择康复之地。

这样的医疗建议很容易被接受，因为乡下空气优于城市烟

---

① Morton, *Phthisiologia*, 236 – 7.

② "Further Remarks on the Treatment of Consumptions, &c. by John Fothergill,
M. D. F. R. S. ," *Medical Observations and Inquiries. By a Society of Physicians
in London* (1776), V, 362 – 3.

雾这样的常识已经得到了人们的广泛认可。如前面章节所述，在17、18世纪的大部分时间里，人们通过田园诗歌与城市喜剧普遍认定了乡村空气的优越性。此外在第4章和第5章的讨论中，煤烟的危害已经成为政治规则、妨害诉讼、私下协商的基本前提。在少数例外情况下，还可以观察到特定人群是如何将一般的想法付诸具体的行动，并借此理解人们为伦敦有害健康的空气付出的代价。约翰·洛克对这方面的记载也许是最为详细的。早年进行过医学研究的经历，使他特别有资格认定城市空气对他的身体有哪些影响。他非常肯定地认为，这些危害是毁灭性的。1689年初，流放的洛克返回英格兰后立即写信给一位荷兰人，说他的老毛病"肺疾"又犯了，"咳嗽不止、气喘吁吁"。他非常确定地说，这肯定是由"这个城市有害之烟雾"引起的。① 随着春天的到来，洛克写信称自己的身体状况有所改善。但在随后数年里，他只能在空气相对干净的夏季定期在伦敦逗留。② 他在埃塞克斯奥茨（Oates）朋友弗朗西斯（Francis）和达默里斯·马沙姆（Damaris Masham）家度过了余生，此处位于伦敦东北25英里。在光荣革命到1704年去世这15年间，洛克的这种"半退休"状态很有可能限制了他对政事的参与。不过也无法证明，如果他呼吸得更顺畅些，就一定可以在政治领域发挥更重要的作用。无论如何，洛克的第一批传记作者认为伦敦烟雾对他的"哮喘障碍"影响极大，从

227

---

① Locke to Egbertus Veen, 8 and 12 March, 1689. De Beer, ed., *Correspondence*, Ⅲ, 577, 583.

② Isabella Duke to Locke 5 April 1689; Locke to Philippus van Limborch 12 April 1689, De Beer, ed., *Correspondence*, Ⅲ, 595, 599.

而在事实上阻碍他的政治生涯。①

因无法忍受伦敦空气致使事业受挫的人不止约翰·洛克一人。在某些情况下，这并非主要障碍。1772 年，出生于马里兰的商人约书亚·约翰逊（Joshua Johnson，后来美国驻伦敦领事）汇报说，"伦敦令人不快的湿气和烟雾"导致他患病，迫不得已去乡村休养。他很快就恢复了，又回到伦敦忙生意。② 与此同时，地方议员弗雷德里克·康沃尔（Frederick Cornewall）曾希望没有他在议会，内阁能正常运行，因为他发现"乡村空气"比"伦敦烟雾"更加有益健康。③ 约翰逊的身体康复迅速，康沃尔却无论如何也不愿意来伦敦，他们都经历了伦敦不健康的空气带来的不便。

与这些案例相反的是另外一群人，他们怀有雄心壮志，却因伦敦空气有害健康而空遗恨。约翰·洛克曾经的学生、沙夫茨伯里伯爵三世（the 3rd Earl of Shaftesbury）与自己导师拥有同样的哲学抱负、辉格党政治思想并患有肺病。他在 1707 年写道："本人因身体欠佳，无法参与公共事务，冬季为参与事务之主要季节令我无法留在伦敦或伦敦附近，因为城里在烧煤，所以我过着半流放半参与政事的生活。"④ 他所居住的切

① Jean Le Clerc, *The Life and Character of Mr. John Locke* (1706), 10, 17; *Memoirs of the Life and Character of Mr. John Locke* (1742), 8; Thomas Birch, *The Heads of Illustrious Persons of Great Britain* (1743), 140.

② Jacob M. Price, ed., *Joshua Johnson's Letterbook 1771 – 1774: Letters From a Merchant in London to his Partners in Maryland* (1979), 55.

③ Lewis Namier, "Cornewall, Frederick (1706 – 88)," in History of Parliament, Common 1754 – 90. Accessed at www.historyofparliamentonline.org/research/members/members – 1754 – 1790.

④ Rex A. Barrell, *Anthony Ashley Cooper Earl of Shaftesbury (1671 – 1713) and "Le Refuge Français" – Correspondence* (Lewiston, MA, 1989), 54.

尔西位于伦敦最西端的郊区，不过上文约翰·福瑟吉尔描述的
冬季东风还是肆虐这里。① 在安妮女王统治时期，政治、哲学　228
等因素限制了沙夫茨伯里的政治活动，但伦敦那"烟雾笼罩
之地令我既不能融入其中也无法与之接近"，无疑是重要原因
之一。② 在其他情况下，无法忍受城市烟雾便成为发起某种运
动的借口，这个借口很可能提供更政治敏感的解释。例如，著
名眼科医生约翰·伍尔豪斯（John Woolhouse）称他已移居巴
黎，因为"伦敦海煤之烟"令他患上肺结核。情况可能如此，
因为他离开伦敦后又活了45年，并且还对詹姆斯党（Jacobitism）
加以指责。③ 光荣革命前，安妮公主并不在宫廷，法国特使想
方设法弄清其中的原因：究竟是因为有人反对她那位具有天主
教信仰的父亲，还是因为担心"伦敦空气"会伤及她腹中胎
儿。④ 上述案例，无论是哪种情况都说明伦敦的烟雾空气的确
对伦敦政治要人的行为和事业都产生了影响。

　　不过，受城市环境影响最大的人，他们的生活可能无法以
此方式得以记录。像古董商人威廉·斯蒂克利（William
Stukeley）那样的老年人都希望"摆脱伦敦烟雾之影响"，因为

①　Anthony Ashley Cooper, Earl of Shaftesbury, *Letters from the Right Honourable the late Earl of Shaftesbury, to Robert Molesworth, Esq.* (1721), 6, 12. 18, 36.

②　Anthony Ashley Cooper, Earl of Shaftesbury, *Letters from the Right Honourable the late Earl of Shaftesbury*, 6; TNA PRO 30/24/21/189. 有关其生平的总体论述，参见 Lawrence Klein, "Cooper, Anthony Ashley, Third Earl of Shaftesbury," *ODNB*。

③　Letter to Hans Sloane, 11 June 1724, BL Sloane MS 4047, f. 191; Anita McConnell, "Woolhouse, John Thomas," *ODNB*.

④　TNA PRO 31/3/170. 安妮女王刚刚有过一次流产，这次怀孕以死胎告终。

老人如婴儿一般脆弱，经不起劣质空气的摧残。[①] 发现自己无法忍受伦敦空气而搬走的老人究竟有多少不得而知，但很有可能不在少数。烟雾让父母把婴儿送往潮湿的乡下进行养育，这种做法非常普遍，究竟有多少人这样做也无法精准判断。然而，18 世纪中期伦敦的劣质空气却在促使人们进行改革的努力中起到了重要作用。无论是 1662 年的人口学者约翰·格朗特，还是 1767 年的人口学者托马斯·肖特，均认为儿童特别容易受到城市中"烟雾、臭味及不流通空气"的影响。[②] 正如约翰·阿布斯诺特指出的那样，"城市空气于婴幼儿之成长极其不利"，因为他们缺乏忍耐肮脏、"人造"空气的"习惯"。[③] 多数伦敦人虽没有读过此文，却表现得好像真的读过似的，幼儿需要优质空气的观点深入人心。[④]

到了 18 世纪中叶，很多人感觉到伦敦的空气变得洁净、健康，个别特殊的时间除外。1739 年出版的一部百科全书的附文写道："伦敦并非一座不健康之地，孩童和难以呼吸

[①] *The Family Memoirs of the Rev. William Stukeley*, M. D. （Durham，1887），Ⅲ，20；W. J. Hardy，ed.，*Middlesex County Records. Calendar of Sessions Books 1689 – 1709*，British History Online，www. british – history. ac. uk/ report. aspx? compid = 66121；William Penn，*A collection of the works of William Penn* (1726)，Ⅰ，148；John Hill，*The Old Man's Guide to Health and Longer Life* （Dublin，1760），20.

[②] Graunt，*Natural and Political Observations*，45. 此话题本书第 6 章已讨论。另见 Jonas Hanway，*Serious Considerations on The Salutary Design of an Act of Parliament for a Regular*，*Uniform Register of the Parish Poor* （1762），17。

[③] Arbuthnot，*An Essay*，208 – 9.

[④] Laura Gowing，*Common Bodies*：Women，*Touch and Power in Seventeenth-Century England* （New Haven，2003），199 – 200. 此观点是正确的，有关世界卫生组织就空气污染对儿童影响的结论，参见 www. who. int/ceh/ risks/cehair/en。

者除外。"① 另一篇参考文献的说法更为详细，使其中的模糊得以厘清。伦敦的空气虽然"甜美且清新"，可伦敦也确实充满了"恶臭与烟雾"。虽然"山之一侧环境洁净"，但

> 商家熔炉排放出大量污秽与令人作呕之蒸气，使空气难以适于人之呼吸，也是很多哮喘患者无法在此待一天的原因，其他人或是感冒，或是多痰，勉强过冬，此皆因冬季大量用煤取暖造成烟雾浓浓。但在离伦敦四五英里处，空气很是优良，据医者言，可将患者安置于肯辛顿砾石矿场（Kensington Gravel Pits）、格林尼治公园、汉普斯特德西斯公园（Hampstead Heath）等离伦敦不远之地。②

本杰明·富兰克林也注意到这种模棱两可的说法。他向妻子解释说："整座城市恰如大烟房，条条街道均为座座烟囱，空气中飘满海煤烟尘，若非乘车几英里走进乡村，则永远无法呼吸到纯净甜美之空气。"③ 但他也认为，尽管如此，至少对于"肺部能承受烟雾笼罩之成人"而言，伦敦的空气基本上还是健康的。④

照此逻辑，伦敦劣质空气并非每个人的梦魇，亦非普遍的

---

① Salmon, *Modern History*, Ⅳ, 489; John Mottley, *A Survey of the Cities of London and Westminster, and the Borough of Southwark* (6th ed., 1754 – 5), Ⅱ, 562.

② Thomas Cox, *Magna Britannia antiqua & nova* (1738), Ⅲ, 52.

③ Benjamin to Deborah Franklin, 19 February 1758, accessed at franklinpapers. org.

④ Jared Sparks, ed., *The Works of Benjamin Franklin; Containing Several Political and Historical Tracts* (Boston, 1844), Ⅵ, 320.

公共卫生问题。对身体健康的成年男女而言，尤其是那些偶尔还可以呼吸得上几口郊区新鲜空气的人来说，大都市的恶劣环境尚可勉强忍受。但于儿童、老人、哮喘患者、肺痨患者、感冒者、体弱多病或尚未习惯伦敦空气的人来说，伦敦烟雾的威胁就相当严重。这些人不能寄希望于通过自身能力改变城市，只好选择避而远之。

230　伦敦生活之技艺

　　初到伦敦的人需要引导，至少 1768 年《伦敦生活之技艺》这首诗歌的作者是那么说的。他假定读者是年轻人，有点本事，但没有方向，也没有多少钱财，通过引导即可避开都市里为初来乍到的人设下的现实伦理陷阱。作者以教皇般的口吻宣称，诗的首要职责是从哲学上"理解人性"，以避免人生中常见的错误。① 由此，读者可以获取"武器"而免于道德毁灭、资财散尽，尤其是要力避卖淫和赌博的诱惑。这些诱惑主要发生在夜里，但白天抵御诱惑的难度更大，因为不仅要避免因为虚荣而花钱，也要避免"因为吝啬而狭隘"。② 这首诗歌还以几个页面的篇幅专门讨论一个有节制的年轻人在哪里吃得到有益健康、价格合理的饭菜。事实上，都市生活的技艺主要在守财吝啬与挥霍无度、声色犬马与枯燥无趣之间求得中庸。这首诗鲜有描述在实际生活中究竟如何做到节制有度，不过还是明白无误地推荐了城市生活的四大去处：到小酒馆喝酒交

---

① Cooke, *Art of Living*, 6.
② Cooke, *Art of Living*, 9.

友，"花点小钱，娱乐内心"；到戏院看场演出，以"教化人性"；到咖啡馆喝杯咖啡，以"知悉天下大事"；到悦目的花园赏花，以"躲避城市的烟雾与喧嚣，随心畅想"。①

　　实际上，这是诗人具体描述在伦敦应该做什么（而不是避免什么）少有的几个片段之一。"如若夏季晴朗之夜，切勿错过芬芳空气。"在郊外的花园里，可以随心所欲，放纵心情，因为"翠绿风景"令人心暖、赏心悦目。在这种地方，人们尤其可用身居城市的姿态享受"广阔自然"带来的福分。"农夫"劳作在大自然中，"市民"却不参与劳作，只是"远避辛劳，坐享其成"。花园与咖啡馆成为伦敦的哲学空间，在这些地方人们能"身心放松"或"思绪随心"。咖啡馆里，人们喋喋不休地议论政治，人们在花园里也可以暗中讨论国家大事、党派斗争和军事问题。② 在花园中，年轻健壮的伦敦人温文尔雅、性情稳定，过着受人尊敬、事业有成的生活。在此，"躲避城市烟雾与喧嚣"与前两章提及的许多说法一样，本质上不过是补充说明了城市之中的事业有成而已。劣质空气对伦敦人行为模式影响深远，也表明了归田园居迁徙之重要性是通过逃避城市生活里势必所然的恶劣环境来得到强调。在许多这类诗歌里，身居伦敦的技艺包括知道如何离开它。

231

---

① Cooke, *Art of Living*, 36, 33, 20, 21.

② 这些花园包括切尔西残废军人院（Chelsea hospital）、威廉三世的肯辛顿宫以及布朗顿花园（Brompton Garden），这些地方均被认为是"大暴君克伦威尔之居所"。Cooke, *Art of Living*, 19–20.

结　语

　　1802 年的一个早上，威廉·华兹华斯（William Wordsworth）赞美伦敦那静谧的壮丽，"船舶、尖塔、剧院、教堂、华屋""在烟尘未染的天空下粲然闪耀"。他的赞美建立在伦敦 200 年的历史上，这段历史将烟雾放在比较中心的位置，此时伦敦已然是一个不断扩张的全球帝国的中心城市。这座城市所代表的是持续不断的工作、运动、做事、丰富的社交活动、令人目眩的商业，而在华兹华斯眼里，此时此刻这一切都完全静止。伦敦似婴儿般入睡了，这个"如此壮丽动人的景象"，恰恰是因为并不常见。"这整个宏大的心脏仍然在歇息"而不是跳动着，这是伦敦的写照，但"烟尘未染"的天穹拒绝了这种写照。①

　　此刻诗意般的沉静充满了张力，部分原因是这种沉静如此清晰，必然会稍纵即逝。如读者所知，伦敦巨大的心脏即将再

---

　　① "Composed upon Westminster Bridge, 3 September 1802," *The Works of William Wordsworth*（Ware, Herts. , 1994）, 269.（相关译文引自杨德豫译本。——译者注）

次跳动。如果烟尘未染的景象让华兹华斯用来描绘静止的话，那么 20 年后烟雾在拜伦的笔下是一个同样方便的隐喻，彼时伦敦的喧嚣嘈杂更加为人所知。第一次到伦敦的唐璜在俯瞰泰晤士河时所看到的景象是：

> 大量砖房、烟雾、船舶
> 污浊而昏暗，但极尽目力
> 那样广阔，随处都可以看见
> 有船只在掠过，以后就迷失
> 在桅杆的丛林中；无尽的楼塔
> 跷着脚，从煤烟的华盖窥出去。
> 还有一个巨大的、暗褐的圆顶
> 像小丑的帽子：这就是伦敦城！①

与华兹华斯很不一样，拜伦笔下的伦敦繁华喧嚣、充满活力、日夜无眠、肮脏而又烟雾茫茫。他俩都引用了可以回溯到 17 世纪的文学传统，《向东啰》将煤烟与商贸社会紧密联系，或者约翰·伊夫林声称工业烟尘损害了公共空间以及本可以使伦敦成为一座伟大城市的丰碑。拜伦看不上伦敦，让人想起了约翰·德纳姆的诗歌《库珀山》，但是伦敦诗意的道德堕落为物质性，对这种观点说得最明白的人是雪莱（Percy Bysshe Shelley）。他在 1819 年写道："伦敦与地狱十分相像，人满为

233

---

① Frederick Page, ed., *Bryon Poetical Works*（Oxford, 1970）, 788（Canto X, LXXXII）. 写于 1822 年末，参见 Jerome McGann, "Byron, George Gordon Noel," *ODNB*.（译文参照了查良铮译本。——译者注）

患，烟雾迷蒙；多少人在此名败身亡。"①

浪漫主义诗人善于利用人们耳熟能详的比喻把城市污染与针对现代社会的道德批判结合起来。② 对他们来说，一如在他们前面好几个时代的诗人、剧作家、文人，伦敦的烟雾就是一个使英国的都城显得与众不同的象征：体量与财富的巨大、重要性与妄尊自大的彰显、商业与工业的无可比拟、规模的无限扩张、挥霍无度与复杂程度的体现。人们常说浪漫主义者的新奇之处是对自然的赞美而不是对人间奇迹的颂扬，但是他们对伦敦污染的利用，与缺乏独创相比更无革新之处，或者至少可以说这种利用是建立在悠久传统的基础上。

威廉·华兹华斯的诗歌以威斯敏斯特桥为背景，距离1630 年代妨害查理一世的酿酒厂、1661 年约翰·伊夫林抱怨烟雾填满白厅的酿酒厂、1706 年议会法案批评的酿酒厂和玻璃制品厂不过几百米远。他本可以把目光移到上游，可以看见1665 年沃克斯豪尔附近居民向枢密院投诉的玻璃制品厂；③ 也可以把目光移向下游，在泰晤士河拐弯处，可以看见圣保罗大教堂的尖顶。一百年前建成的、詹姆士一世时期墙面被烟尘熏得惨不忍睹的圣保罗大教堂取代了中世纪的宏伟建筑。华兹华斯笔下的河水 "徐流，由着自己的心意"，引发了埃德蒙·斯

---

① "Peter Bell the Third," Donald H. Reiman and Sharon B. Powers, eds., *Shelley's Poetry and Prose* (New York, 1977), 30. 《库珀山》中 "他们采取各种措施：有人有为，有人无为"。参见 Denham, *Cooper's Hill* (1642), 3。有关《库珀山》、《向东啰》、约翰·伊夫林，可参见本书第 11、12 章。（译文出自顾子欣译本。——译者注）

② William Sharpe, "London and nineteenth-century poetry," in Lawrence Manley, ed., *The Cambridge Companion to the Literature of London* (Cambridge, 2011), 126 – 7.

③ 相关讨论参见本书第 4、5、11 章。

宾塞（Edmund Spenser）柔情地流淌的"美妙泰晤士"，这些诗行几乎是在其《仙后》（Queen）发表 20 年后写的。在《仙后》中，斯宾塞告诉伦敦的酿酒厂商，他们的烟煤令他的仙女"对流水失去了好感"。① 1802 年的一个早晨，华兹华斯眼中的伦敦可能是碧水蓝天吧，但其实早在此前的二百年，这样的日子就已经很少有了。

拜伦笔下的唐璜同样以游客的视角和思维把伦敦说成 234 "污浊而昏暗"。170 年前，路德维杰克·惠更斯（Lodewijck Huygens）说过当时圣保罗大教堂尚没有加上雷恩的"灰褐色尖顶"，往下可以看见"大团大团的烟雾"把伦敦城藏起来了。② 几年之后，大量的船只和大团的烟雾让他的哥哥克里斯蒂安·惠更斯震惊。③ 拜伦笔下的唐璜从舒特山（Shooter's Hill）顶俯瞰伦敦，本来可以看见德普特福德，160 年前约翰·伊夫林曾经思忖着移走这"巨大的煤烟穹顶"。如果往右看，他可以看见伍尔维奇，伊夫林曾认为这个地方适合伦敦烟雾腾腾的工厂。伦敦城往东是诸如怀特教堂的工业区，曼斯菲尔德勋爵针对这个地区提出的防止烟尘和异味妨害的法律并没有得到通过。④ 雪莱把地狱与伦敦类比的做法同样由来已久，从托马斯·德克尔的 1610 年代，经过约翰·弥尔顿发表《失

---

① Edmund Spenser, *Prothalamion or a spousall verse*（1596）. 关于伊丽莎白一世的相关讨论，参见本书第 4 章。

② Lodewijck Huygens, *The English Journal 1651 – 1652*, A. G. H. Bachrach and R. G. Collmer, trans. and eds.（Leiden, 1982）, 65, 110, 134.

③ C. D. Andriesse, *Huygens*：*The Man Behind the Principle*（Cambridge, 2011）, 209 – 10.

④ 参见本书第 5、11 章。

落园》的 17 世纪中叶直到 18 世纪初出版《闲谈者》。①

　　雪莱在佛罗伦萨书写伦敦烟雾文字的几个月前，议会下院在讨论两个不同的审查伦敦空气性质和意义的法案。第一个法案的讨论发生在 1819 年的 5 月，试图把从伦敦消费者头上征收的燃煤税加以平衡，就像 1690 年代那样。有人引用了亚当·斯密的言论，反对征收与"生活必需品"相关的税，于是这项可以增加公共收入的税种被放弃了，煤炭对于刺激或打击制造业能量受到认真对待，类似的争议经过一个世纪的讨论后依然相似。有人争辩说，改革这项税收意味着扩大伦敦的煤炭消费量，会使得"烟云更加黑暗，大气中的烟尘浓度进一步增加"，毫无疑问是一个令"大家后悔的问题"。然而"在这个进步的时代"，通过技术手段来解决这个问题变得迫在眉睫，这样烟雾就能够很快"用于某些有用的目的"。②

　　几周之后，有人又提出一项法案来审查技术手段是否能够减少烟雾排放，并要求该法案适用于迅猛增长的蒸汽机器。议员迈克尔·泰勒（Michael Angela Taylor）说，这些机器排放的烟尘"把天空都包裹住了"，"对公共卫生和公众感受造成了损害"。"所有的律师"都认为煤烟是"一种妨害，这个罪行是可以提起公诉的"，因此必须采取严厉的措施尽可能减少。假如泰勒认为有必要，他也可以像浪漫主义诗人那样引用两百年前的法律先例宣布烟雾犯了妨害罪，或者类似传统医学

235

---

①　Thomas Dekker, *A Strange Horse-Race* (1613), sig. D3; *Complete English Poems of Milton*, 274; *The Tatler*, no. 218, 31 August 1710; Hiltner, *What Else is Pastoral?*, 111 - 2.

②　Holmes Sumner, 20 May 1819, in *The Parliamentary Debates from the Year 1803 to the Present Time* (1819), XL, 569 - 72.

文献证明烟雾对肺部有害，还增加了城市的死亡率。也许他觉得没有这个必要，因为他的动议得到了议员约翰·科温（John Christian Curwen）的支持，而这位议员是威斯特莫兰（Westmoreland）的一个煤矿主。随着煤炭业对"公共卫生和公众感受"的侵害，科温本来可以倚重这样的减排技术，最终将其作为手段来向煤炭业无可置疑的商业、工业、税收和战略利益妥协。兴许泰勒的法案令科温想起了自己的朋友亚瑟·杨，杨可以兴高采烈地逃离烟雾重重的伦敦，到乡村享受"新鲜而又甜美的空气"，还能够"感谢上帝赐予伦敦烟煤之火"。[①]

　　迈克尔·泰勒的法案，即便其向往的是在 19 世纪建设一个非常不同的世界，但是正如浪漫主义诗人的反城市语言那样，都是建立在现代早期英国背景下伦敦所具有的特殊空间意涵基础之上。该法案接纳了其他许多人表达过的对科学、医学和美学的诉求。像伊丽莎白女王、查理一世、查理二世以及那些追求法制矫正或者认为政府应该禁止具体的妨害一样，泰勒把反对烟尘的想法建立在自身的经验和自己家人利益的基础之上。在 1821 年对该法案的讨论过程中，泰勒因为无法"在没有不被烟雾笼罩的天气中"从兰贝斯的河流走到白厅花园表达了自己的不满，引起了站在他身边的英国首相利物浦勋爵的共鸣。1642 年，查理一世在议会推进一项反对酿酒厂排放烟雾的法案。一百多年后，在本来可以让威斯敏斯特新的烟雾排放工业成为非法的 1706 年法案讨论时，英国最有权势的人依

---

① Young, *Travels*, I, 128, 503; Matilda Betham-Edwards, ed., *The Autobiography of Arthur Young, With Selections from His Correspondence* (Cambridge, 2012), 352.

然在考虑通过中央政府来减少伦敦空气中的污物。

但是在一个至关重要的方面，迈克尔·泰勒的法案与17、18世纪的先例是有差异的。虽然他提的意见是直接针对威斯敏斯特的现状，然而却引发了全国居民的广泛兴趣，因为他提出的技术解决方案"有可能普遍适用于城市和乡村"。① 后来的议会辩论清楚地表明，这样的妨害的确普遍存在于城市和乡村，存在于这个全世界工业化和城市化进展最快的国家。纽卡斯尔的议员陈述说在诺森伯兰已经采取措施解决这些问题，但是也有人怀疑西南部、中部和威尔士大量的蒸汽机车是否受到该项法案的管辖。虽然泰勒自身的经验是基于大都市，但是他这项法案的视角及为该项法案的辩护却具有全国意义。有人建议，由于康沃尔郡的煤矿拥有自身的利益，并没有人对烟雾妨害提起诉讼，因而此法案的适用性只局限于伦敦。泰勒回应说，每个地方的穷人阶层都会受到烟雾的侵害但缺乏寻求法律赔偿的手段。他说，烟雾污染不是强调大都市的问题，也不是城市的具体问题。"凭什么一位管理乡村学校的牧师就应该受到外来烟雾的侵害？凭什么曼彻斯特、利物浦、利兹因为康沃尔的煤矿就该受到烟雾的妨害？"② 况且空气中的烟雾已经无处不在。

正如现代早期那样，19世纪早期的煤烟与空气污染再也不仅仅是英国首都因其独一无二地扩张和繁荣所带来的问题了。它们已经成为新时代的典型问题，因为在这个时代工业生

---

① The Parliamentary Debates. New Series (1822), V, 440 (18 April 1821) and 439 – 41 passim.

② The Parliamentary Debates. New Series (1822), V, 537, and 535 – 8 passim (7 May 1821) and 654 – 5 (10 May 1821).

产可以在任何一个地方展开，城市、城镇、乡村只要具备必要的资本、劳动力和交通网络即可。燃烧煤炭的磨粉厂、泵厂、制造厂都雇用了大批的劳动力，这些人在自己家里燃煤取暖、乘坐烟雾四射的火车或轮船相互来往，这种方式首先在国内然后大量复制到国外。工业化在之后几个世纪的普及或多或少都仿照了英国的模式。对于多数人来说，似乎进入现代社会，争取国家繁荣昌盛、经济增长、政治权力，其代价就是烟雾滚滚的天空和污浊的空气。纵观整个欧洲、美国、日本，无约束的技术驱动增长似乎必然以牺牲环境为代价，观察者忽视、容忍甚至赞美这种代价。

　　20 世纪驱动的方式已经改变了，甚至成为全球模式。虽说在中国空气污染依然不可避免，但浓烟滚滚的烟囱不再是经济生产唯一的或者说占主导的印象。其他种类的有毒物质及威胁，无论是水银还是辐射，抑或气候变暖和海平面上升，都是令人担忧的现代社会的产物。雷切尔·卡森（Rachel Carson）让世人知道了现在的污染常常是隐蔽的，其污染过程难以觉察，其威胁缓慢增强。① 伯纳德·曼德维尔在三百年前就认识到发展与环境恶化之间的因果关系，认为在一个"繁荣昌盛的城市"，"洁净的"环境是不可能的。如今这种因果关系具有了全球化的特点，人们经常将其看作换取现代性的浮士德式的讨价还价。② 所谓"可持续性发展"的需要可能被解读为解

237

---

①　Rob Nixon, Slow Violence and the Environmentalism of the Poor（Cambridge, MA, 2011）.

②　本书第 8 章讨论了曼德维尔的观点。［浮士德式的讨价还价（Faustian bargain），意思是一个人放弃了自己的精神价值或道德原则，以换取财富或其他利益。——译者注］

开曼德维尔的二元论，既追求环境美好，又追求经济发展。

　　显然，17、18 世纪的伦敦人无法预料到 21 世纪北京的天空也会变灰，更不要说是全球变暖了。但是在现代早期，伦敦人、官员及那些对城市生活进行思考的英国人逐渐意识到以煤炭为驱动城市的方式会给后来普遍的工业化提供强有力的模板。正如本书开篇论述的那样，在 1600 年左右现代早期伦敦的能量大部分来自煤炭，于是几乎可以肯定，伦敦在整个现代早期的燃料消耗量是全世界最大的。这之所以成为可能，是因为从英格兰东北部进口了丰富而易得的煤炭。烧煤使得伦敦的空气充满了污染物，现代环境监管机构会认为不可接受。之后的章节论述了一系列主张，君主、大臣、富有中产阶层、医生和自然哲学家均以各自的方式批评伦敦烟雾重重的空气。反对烟雾排放的理由各自不同，但又相互渗透，因为大家都一致认为其有害于健康、财产及富有政治意味空间的尊严。尽管存在反对的声音，煤炭却比以往更加深刻地嵌入伦敦的社会关系以及国家的政治经济和安全战略。到了 1703 年，英国女王为烟雾影响到自己家人的健康而忧虑，于是向议会宣布控制伦敦的燃煤供应是政府的头等大事。据一位富有敌意的观察者说，每一个伦敦人因而得出结论：虽然煤烟是 "污染城市空气" 的罪魁祸首，但是 "并不希望" 禁止煤炭贸易。① 于是伦敦人的反应是，学会在他们无法改变的环境中生存。适应这种生存方式的办法是：富人在郊区建别墅，隐居乡村；中产阶层偶尔去城外来一次短途旅行；穷人和弱势群体则几无良策。对乡村的赞美使得人们普遍产生了某种根深蒂固的印象，即城市难免是

---

① "Orvietan," f. 8v. 参见本书第 1 章。

一个肮脏之地。言下之意是，有道德的人宁可逃避也不愿改革它。

　　受到污染的城市被描绘成人类激情，贪求金钱、权力和新奇的天然之家。在这个意义上，伦敦那烟雾重重的天空被看作人性的自然产物。到了现代早期的末尾，伦敦的烟雾似乎不可避免地成了这座城市伟大的经济和政治成就，并奠定了其自由、贸易和现代性的地位。它给这个世界提供了一个模式，即至少在技术革新最终允许无须通过付出巨大环境代价就能获得增长之前，发展、能源和环境退化将携手并行。

参考文献

MANUSCRIPTS

Bedfordshire and Luton Archives and Record Service

L   Lucas MSS
X 800/7   Antonie Papers

Bodleian Library, University of Oxford

Bankes MSS
Carte MSS
Clarendon MSS
Rawlinson MSS

British Library, London

Additional MSS
Cotton MSS
Egerton MSS
Lansdowne MSS
Sloane MSS
Stowe MSS

Cambridge University Library Manuscripts

Ch(H) Political   Cholmondeley (Houghton), Walpole Papers

Cambridgeshire Record Office

P23   St Andrew's Parish Records
P26   St Botolph's Parish Records
P28   St Edward King and Martyr Parish Records
P30   Great St Mary's Parish Records
P52   Croxton Parish Records

Cumbrian Record Office

D LONS/W1   Lowthers of Whitehaven Papers

Folger Library

MS L.a.   Bagot Papers

Gloucestershire Record Office

GBR/B3   Gloucester Borough Minutes
P170   Hawkesbury Parish

Guildhall Library, London

MS 3018   St Dunstan's in the West, Wardmote Presentments
MS 3047   Tylers' and Bricklayers' Company Search Books
MS 5442   Brewers Company Warden's Accounts
MS 5445   Brewers Company Court Minute Books
MS 5491   Brewers Company Charity Account Books
MS 5570   Fishmongers Company Court Books
MS 12,830   Christ's Hospital, Carmen's Records
MS 17,872   Ironmongers Company Charities and Estates
MS 25,240   St Paul's Cathedral Dean and Chapter Estates
MS 34,010   Merchant Taylors Company Court of Assistants

Henry E. Huntington Library, San Marino CA

EL   Ellesmere MSS
ST   Stowe MSS

Hertfordshire Archives and Local Studies

AH   Ashridge Collection, Egerton Family Estates and Letters

Kent History and Library Centre

U269/1   Cranfield Papers

Lambeth Palace Library

MS 748   Coal Accounts

London Metropolitan Archives

CLA/47/LJ/1   City of London, Sessions of the Peace
CLA/43/1   City of London, Manor Records

COL/CHD/PR/3/11   City of London, Chamberlain's Department, Poor Relief
COL/AD/1   Corporation of London, Letterbooks
COL/AD/4   Corporation of London, Wardmote Presentments
COL/CA/1/1   Corporation of London, Court of Aldermen Repertories
COL/CC/1/1   Corporation of London, Court of Common Council Journals
COL/RMD/PA/1   Remembrancer's Department Papers
COL/SJ/27   Corporation of London, Viewers Reports
E/BER/CG/L22   Bedford Estate, Covent Garden, Leases
MJ/SBR   Middlesex Sessions of the Peace
P92/SAV   St Saviour's, Southwark Parish Records
LMA WJ/SP   Westminster Quarter Sessions

The National Archives, London

ADM 3   Admiralty: Minutes
ADM 106   Navy Board: Records
C 8   Court of Chancery: Six Clerks Office: Pleadings before 1714
C 11   Court of Chancery: Six Clerks Office: Pleadings 1714 to 1758
C 66   Chancery and Supreme Court of Judicature: Patent Rolls
C 114   Chancery Master's Exhibits
C 115   Chancery Master's Exhibits, Duchess of Norfolk's Deeds (Scudamore MSS)
E 134   Exchequer: King's Remembrancer: Depositions Taken by Commission
E 214   Exchequer: King's Remembrancer: Modern Deeds
KB 27   Court of King's Bench: Plea and Crown Sides: Coram Rege Rolls
LC 5   Lord Chamberlain's Department: Miscellaneous Records
LS 13   Lord Steward's Department: Miscellaneous Books
PC 2   Privy Council Registers
PRO 30   Domestic Records of the Public Record Office, Gifts, Notes, and Transcripts: Original Records Acquired as Gifts or on Deposit
PRO 31   Domestic Records of the Public Record Office, Gifts, Notes, and Transcripts: Transcripts of Records and Scholars' Notes
PROB 11   Prerogative Court of Canterbury and related Probate Jurisdictions: Will Registers
SP 12   State Papers Domestic, Elizabeth I
SP 14   State Papers Domestic, James I
SP 16   State Papers Domestic, Charles I
SP 29   State Papers Domestic, Charles II
SP 42   State Papers Naval
STAC 8   Court of Star Chamber: Proceedings, James I

Norfolk Record Office

PD629   Holme-next-the-Sea Parish Records

Northamptonshire Record Office

E(B)   Ellesmere Brackley Collection

Parliamentary Archives, London

HL/PO/JO/10   House of Lords, Main Papers

Tyne and Wear Archives

GU.TH/21   Trinity House, Newcastle Cash Books

City of Westminster Archive Centre

Acc. 1815   Craven Estate Map
1049   Grosvenor Papers
E   St Margaret Parish Records

PRINTED PRIMARY SOURCES

Periodicals

The Annual Register
The Connoisseur
Exact Diurnall
The Gentleman's Magazine
Le Journal des Sçavans
Lloyd's Evening Post
London Advertiser and Literary Gazette
London Evening Post
The London Gazette
The London Magazine
Mercurius Aulicus
The Tatler
Weekly Account
Weekly Journal or British Gazetteer

Books and pamphlets

An Account of a Dangerous Combination and Monopoly Upon the Collier-Trade (1698).
An Account of the Constitution and Present State of Great Britain (1759).
Acts of the Privy Council of England: New Series, 46 vols. (1890–1964).
Additional Collections Towards the History and Antiquities of the Town and County of Leicester (1790).
An Answer to the Coal-Traders and Consumptioners Case (1689).
Arbuthnot, John. *An Essay Concerning the Effects of Air on Human Bodies* (1733).
Augustine. *Of the Citie of God with the Learned Comments of Io. Lodouicus Viues* (1620).
Baker, J. H. and S. F. C. Milsom, eds. *Sources of English Legal History: Private Law to 1750* (1986).

Baker, Richard. *A Chronicle of the Kings of England, from the Time of the Romans Goverment [sic] unto the Raigne of our Soveraigne Lord, King Charles* (1643).

Baker, Thomas. *Hampstead Heath. A Comedy. As It was Acted at the Theatre Royal in Drury Lane* (1706).

'The Ballad of Gresham College' Stimson, Dorothy, ed. *Isis* 18 (July 1933), 103–17.

Betts, John. *De Ortu et Natura Sanguinis* (1669).

Bibliotheca Digbeiana, sive, Catalogus Librorum in Variis Linguis Editorum quos post Kenelmum Digbeium Eruditiss (1680).

Bickerstaffe, Isaac. *The Plays of Isaac Bickerstaffe*, Peter A. Tasch, ed. (New York, 1981).

Bidwell, William B. and Maija Jansson, eds. *Proceedings in Parliament 1626*, 4 vols. (New Haven, 1991).

Birch, Thomas. *The Heads of Illustrious Persons of Great Britain* (1743).

Birch, Thomas, ed., *A Collection of the Yearly Bills of Mortality, from 1657 to 1758 Inclusive* (1759).

Birch, Thomas and Robert Folkestone Williams, eds. *The Court and Times of Charles the First*, 2 vols. (1848).

Blackstone, William. *Commentaries on the Laws of England* (Oxford, 1765–9).

Boate, Arnold. 'To the Second Letter of the Animadversor' in Samuel Hartlib, ed. *Samuel Hartlib, His Legacy of Husbandry* (1662).

Bohun, Ralph. *Discourse of Winds* (1671).

Bolton, Solomon. *The Present State of Great Britain, and Ireland ... Begun by Mr. Miege; and Now Greatly Improved, Revised and Completed to the Present Time, By Mr. Bolton* (10th ed., 1745).

Bond, Donald F., ed. *The Spectator* (Oxford, 1965).

Boothman, Lyn and Sir Richard Hyde Park, eds. *Savage Fortune: An Aristocratic Family in the Early Seventeenth Century* (Woodbridge, 2006).

Boswell, James. *Boswell's Life of Johnson*, George Birkbeck Hill, ed. 6 vols. (Oxford, 1887).

—— *The Correspondence of James Boswell with James Bruce and Andrew Gibb, Overseers of the Auchinleck Estate*, Nellie Pottle Hankins and John Strawhorn, eds. (New Haven, 1998).

Botelho, Lynn, ed. *Churchwardens' Accounts of Cratfield 1640–1660* (Woodbridge, 1999).

Bowman, William. *An Impartial View of the Coal-Trade* (1743).

Boyer, Abel. *The History of King William the Third*, 3 vols. (1702–3).

Boyle, Robert. '*Some Considerations touching the Vsefulnesse of Experimental Naturall Philosophy*' in Hunter and Davis, eds. *Works* (1663).

—— 'An Experimental Discourse of Some Little Observed Causes of the Insalubrity and Salubrity of the Air and its Effects' in Hunter and Davis, eds. *Works* (1685).

—— 'The General History of Air' in Hunter and Davis, eds. *Works*.

—— *The Works of Robert Boyle*, 14 vols. Michael Hunter and Edward B. Davis, eds. (2000).

Breval, John. *The Play is the Plot* (1718).

A Briefe Declaration for what Manner of Speciall Nusance Concerning Private Dwelling Houses ... (1639).

Brome, Alexander. *Songs and Other Poems* (1664).

Bromley, J. S. ed. *The Manning of the Royal Navy: Selected Public Pamphlets 1693–1873* (1974).

Brooke, Humphrey. *YΓIEINH, or a Conservatory of Health* (1650).

Brookes, Richard. *The General Practice of Physic* (1754).

Bullein, William. *The Government of Health* (1595).

Burrow, James. *Reports of Cases Argued and Adjudged in the Court of King's Bench, During the Time of Lord Mansfield's Presiding in that Court* (4th ed., 1790).

Burton, John. *A Treatise on the Non-Naturals. In which the Great Influence They Have on Human Bodies Is Set forth, and Mechanically Accounted for* (York, 1738).

Byron, George Gordon. *Byron. Poetical Works*, Frederick Page, ed. (Oxford, 1970).

Calendar of State Papers Domestic – Anne, 4 vols. (1916–2006).

Calendar of State Papers Domestic – Charles I, 23 vols. (1858–97).

Calendar of State Papers Domestic – Charles II, 28 vols. (1860–1939).

Calendar of State Papers Domestic – Edward, Mary and Elizabeth, 1547–80 (1856).

Calendar of State Papers Domestic – Interregnum, 13 vols. (1875–86).

Calendar of State Papers Domestic – James I, 4 vols. (1857–9).

Calendar of State Papers Domestic – William and Mary, 11 vols. (1895–1937).

Calendar of State Papers Foreign Series, of the Reign of Elizabeth, 23 vols. (1863–1950).

Calendar of State Papers Relating to English Affairs in the Archives of Venice, 38 vols. (1864–1947).

Camden, William. *Britain, or A Chorographicall Description of the Most Flourishing Kingdomes, England, Scotland, and Ireland, and the Ilands Adjoyning, Out of the Depth of Antiquitie* (1637 ed.).

Carlile, James. *The Fortune Hunters, or, Two Fools Well Met* (1689).

Carter, Elizabeth. *Elizabeth Carter, 1717–1806: An Edition of Some Unpublished Letters*, Gwen Hampshire, ed. (Cranbury, NJ, 2005).

The Case of the Glass-Makers in and about the City of London [n.d., c. 1711].

The Case of the Glass-Makers, Sugar-Bakers, and Other Consumers of Coals (1740).

The Case of the Owners and Masters of Ships Imployed in the Coal-Trade (1729).

The Case of the Poor Skippers and Keel-Men of New-Castle, Truly Stated (n.d., c. 1711).

A Catalogue of the Library, Antiquities, &c. of the Late Learned Dr. Woodward (1728).

Centlivre, Susannah. *The Platonick Lady* (1707).

Chamberlayne, Edward. *Angliae Notitia: Or the Present State of England* (1702 ed.).

Chapman, George, Ben Jonson, and John Marston. *Eastward Ho*, in James Knowles, ed. *The Roaring Girl and Other City Comedies* (Oxford, 2001).

Cheyne, George. *The English Malady: Or a Treatise of Nervous Diseases of All Kinds* (1733).

——— *An Essay of Health and Long Life* (10th ed., 1745).

Clavering, James. *The Correspondence of Sir James Clavering*, H. T. Dickinson, ed. (Gateshead, 1963).

Cogan, Thomas. *The Haven of Health* (1634 ed.).

Colman, George. *The Connoisseur. By Mr. Town, Critic and Censor-General*, 4 vols. (1757–60).

(Cooke, William). 'James Smith of Tewkesbury' *The Art of Living in London* (1785 ed.).

Cooper, Anthony Ashley, Earl of Shaftesbury, *Letters from the Right Honourable the Late Earl of Shaftesbury, to Robert Molesworth, Esq.* (1721).

Cowley, Abraham. *The Works of Mr. Abraham Cowley* (1668).

Cox, Thomas. *Magna Britannia Antiqua & Nova*, 6 vols. (1738).

Davenant, Charles. *Discourses upon the Publick Revenues, and Trade of England* (1698).

—— *Essay upon the Probable Methods of Making a People Gainers in the Ballance of Trade* (1699).

Davenant, William. *The Shorter Poems, and the Songs from the Plays and Masques,* A. M. Gibbs, ed. (Oxford, 1972).

—— *The Works of Sir William Davenant,* 2 vols. (1673, reissued; New York, 1968).

Defoe, Daniel. *Tour Thro' the Whole Island of Great Britain,* 2 vols. (1968).

De la Bédoyère, Guy, ed. *Particular Friends: The Correspondence of Samuel Pepys and John Evelyn* (Woodbridge, 1997).

De Saussure, Cesar. *A Foreign View of England in 1725–1729; The Letters of Monsieur Cesar de Saussure to his Family,* Madame van Muyden, ed. (1995).

Dekker, Thomas. *Nevves from Graues-End Sent to Nobody* (1604).

—— *A Strange Horse-Race at the End of Which, Comes in the Catch-Poles Masque* (1613).

Delaune, Thomas. *The Present State of London* (1681).

Dendy, F.W., ed. *Extracts from the Records of the Company of Hostmen of Newcastle-upon-Tyne* (Durham, 1901).

Denham, John. *Cooper's Hill. A Poeme* (1642).

Digby, Kenelm. *A Late Discourse Made in a Solemne Assembly of Nobles and Learned Men at Montpellier in France* (1658).

Dilke, Thomas. *The Lover's Luck* (1696).

Dodsley, Robert. *The footman: An Opera* (1732).

Drayton, Michael. *The Second Part, or a Continuance of Poly-Olbion* (1622).

Dryden, John. *The Poems of John Dryden,* 5 vols., Paul Hammond, ed. (1995).

Duck, Stephen. *Poems on Several Occasions by the Reverend Mr. Stephen Duck* (3rd ed., 1753).

Dudley, Dud. *Metallum Martis OR, IRON Made with Pit-coale, Sea-coale, &c.* (1665).

Dugdale, William. *The History of St Pauls Cathedral in London, from its Foundation untill these Times* (1658).

Ellis, J. M., ed. *The Letters of Henry Liddell to William Cotesworth* (Leamington Spa, 1987).

England's Remarques (1682)

The Englishmans Docter. Or, The Schoole of Salerne (1607).

Eward, Suzanne, ed. *Gloucester Cathedral Chapter Act Book 1616–1687* (Bristol, 2007).

Evelyn, John. *Parallel of the Antient Architecture with the Modern* (1664).

—— *Sylva* (4th ed., 1706).

——*Fumifugium Or, the Inconvenience of the Aer and Smoake of London Dissipated* (1772)

—— *The Diary of John Evelyn,* 6 vols., E. S. De Beer, ed. (Oxford, 1955).

—— *The Writings of John Evelyn,* Guy De la Bédoyère, ed. (Woodbridge, 1995).

Farley, Henry. *The Complaint of Paules to all* (1616)

—— *St. Paules-Church her bill for the Parliament* (1621).

—— *Portland-stone in Paules-Church-yard Their Birth, Their Mirth, Their Thankefulnesse, Their Aduertisement* (1622).

Farquhar, George. *The Works of George Farquhar,* 2 vols., Shirley Strum Kenny, ed. (Oxford, 1988).

A Farther Case Relating to the Poor Keel-men of Newcastle (n.d., c. 1711).

Firth, C. H. and B. S. Rait, eds. *Acts and Ordinances of the Interregnum, 1642–1660,* 3 vols. (1911).

Foote, Samuel. *The Plays of Samuel Foote*, Paula R. Backscheider and Douglas Howard, eds. (New York, 1983).

The Foreigner's Guide: Or, a Necessary and Instructive Companion Both for the Foreigner and Native (1729).

Foster, Elizabeth Read. *Proceedings in Parliament 1610*, 2 vols. (New Haven, 1966)

Fothergill, John. 'Further Remarks on the Treatment of Consumptions, &c. by John Fothergill, M.D. F.R.S' in *Medical Observations and Inquiries. By a Society of Physicians in London*, 6 vols. (1757–84).

Franklin, Benjamin. *The Works of Benjamin Franklin; Containing Several Political and Historical Tracts*, 10 vols., Jared Sparks, ed. (Boston, 1844).

Fransham, John. *The World in Miniature: Or, the Entertaining Traveller* (1740).

Frauds and Abuses of the Coal-Dealers Detected and Exposed: In a Letter to an Alderman of London (3rd ed., 1747).

Fuller, Thomas. *Exanthematologia: Or, An Attempt to Give a Rational Account of Eruptive Fevers* (1730).

Garrick, David. *The Country Girl. A Comedy. (Altered from Wycherley)* (1766).

The Gentleman's Assistant, Tradesman's Lawyer, and Country-man's Friend (1709).

Glapthorne, Henry. *The Lady Mother* (Oxford, 1958).

Graunt, John. *Natural and Political Observations Mentioned in a Following Index, and Made upon the Bills of Mortality* (1662).

Grey, Anchitell. *Debates of the House of Commons, from the Year 1667 to the Year 1694*, 10 vols. (1763).

Grierson, H. J. C. and G. Bullough, eds. *The Oxford Book of Seventeenth Century Verse* (Oxford, 1938).

Grosley, Pierre-Jean. *A Tour to London: Or, New Observations on England, and its Inhabitants*, Thomas Nugent, trans. (1772).

Gwynn, John. *London and Westminster Improved, Illustrated by Plans* (1765).

Hampshire, Gwen, ed. *Elizabeth Carter, 1717–1806: An Edition of Some Unpublished Letters* (Cranbury, NJ, 2005).

Hanway, Jonas. *Serious Considerations on The Salutary Design of an Act of Parliament for a Regular, Uniform Register of the Parish Poor* (1762).

―― *Letters to the Guardians of the Infant Poor* (1767).

Hardy, W. J., ed. *Middlesex County Records. Calendar of Sessions Books 1689–1709* (1905).

Harrison, G. B., ed. *Advice to his Son: By Henry Percy Ninth Earl of Northumberland (1609)* (1930).

Harrison, William. *Harrison's Description of England in Shakspere's Youth*, Frederick J. Furnivall, ed. (1877).

Harvey, Gideon. *Morbus Anglicus: Or, The Anatomy of Consumptions* (1666).

―― *The Art of Curing Diseases by Expectation* (1689).

Harvey, William. *The Works of William Harvey, M.D. Physician to the King, Professor of Anatomy and Surgery to the College of Physicians*, Robert Willis, ed. and trans. (1847).

Hell upon Earth: Or The Town in an Uproar (1729).

Her Majesties Most Gracious Speech to Both Houses of Parliament, on Tuesday the Ninth Day of November, 1703 (1703).

Heylyn, Peter. *Eroologia Anglorum. Or, An Help to English History* (1641).

―― *Cyprianus anglicus, or, The History of the Life and Death of the Most Reverend and Renowned Prelate William, by Divine Providence Lord Archbishop of Canterbury* (1668).

Hill, John. *The Old Man's Guide to Health and Longer Life: With Rules for Diet, Exercise, and Physick* (Dublin, 1760).

His Majesties Declaration to his City of London, Upon Occasion of the Calamity by the Lamentable Fire (1666).

Hodges, Sir William. *Great Britain's Groans: Or, An Account of the Oppression, Ruin, and Destruction of the Loyal Seamen of England* (1695).

Hooke, Nathaniel. *The Secret History of Colonel Hooke's Negotiations in Scotland, in Favour of the Pretender; in 1707* (1760).

Hooke, Robert. *The Posthumous Works of Robert Hooke: With an Introduction by Richard S. Westfall*, The Sources of Sciences, no. 73 (1705; reprint, New York, 1969).

Hopwood, Charles Henry, ed. *Middle Temple Records: Minutes of Parliament Vol. III 1650–1703* (1905).

Houghton, John. *Collection for Improvement of Agriculture and Trade* n. 1 (1692) – n. 305 (1698).

―――― *Husbandry and Trade Improv'd: Being a Collection of many Valuable Materials Relating to Corn, Cattle, Coals, Hops, Wool, &c.* (1727).

Howell, James. *Londinopolis* (1657).

―――― *Epistolæ Ho-Elianæ. Familiar Letters, Domestick and Foreign* (7th ed., 1705).

Howes, Edmond. *The annales, or a generall chronicle of England, begun first by maister Iohn Stow, and after him continued ... vnto the ende of this present yeere 1614* (1615).

Hull, Charles Henry. *The Economic Writings of Sir William Petty, Together with the Observations Upon the Bills of Mortality, More Probably by Captain John Graunt* (Cambridge, 1899).

Hutton, Richard. *The Reports of that Reverend and Learned Judge, Sir Richard Hutton Knight; Sometimes on of the Judges of the Common Pleas* (1656).

Huygens, Lodewijck. *The English Journal 1651–1652*, A. G. H. Bachrach and R. G. Collmer, eds. and trans. (Leiden, 1982).

Inderwick, F. A., ed. *A Calendar of the Inner Temple Records Vol. II, James I. (1603) – Restoration (1660)* (1898).

Isham, Sir Gyles, ed. *The Correspondence of Bishop Brian Duppa and Sir Justinian Isham, 1650–1660* (Northampton, 1955).

Jacob, Giles. *A New Law-Dictionary: Containing the Interpretation and Definition of Words and Terms Used in the Law* (1756).

Jansson, Maija, ed. *Proceedings in the Opening Session of the Long Parliament House of Commons*, 7 vols. (Rochester, 2000).

Jeaffreson, John Cordy, ed. *Middlesex County Records Volume II. 3 Edward VI to 22 James I* (1887).

Jenner, Charles. *Town Eclogues* (1772).

Jenyns, Soame. *Poems, By* ***** (1752).

Jevons, W. Stanley. *The Coal Question: An Inquiry Concerning the Progress of the Nation, and the Probably Exhaustion of our Coal-mines*, A. W. Flux, ed. (3rd ed., 1906).

Johnson, Joshua. *Joshua Johnson's Letterbook 1771–1774: Letters from a Merchant in London to his Partners in Maryland*, Jacob M. Price, ed. (1979).

Johnson, Robert C., Mary Frear Keeler, Maija Jansson Cole, and William B. Bidwell, eds. *Commons Debates 1628*, 4 vols. (New Haven, 1977–1983).

Johnson, Samuel. *Works of the English Poets. Volume LVII* (1790).

―――― *The Yale Edition of the Works of Samuel Johnson*, 23 vols. (New Haven, 1958–).

Jones, Inigo and William Davenant. *Britannia Triumphans a masque, presented at White Hall, by the Kings Majestie and his lords, on the Sunday after Twelfth-night, 1637* (1638).

Journals of the House of Commons (1802–).

Journals of the House of Lords (1767–).

Kalm, Pehr. *Kalm's Account of his Visit to England on his Way to America in 1748*, Joseph Lucas, trans. (1892).

Kayll, Robert. *Trade's Increase* (1615).

Keeler, Mary Frear, Maija Jansson Cole, and William B. Bidwell, eds. *Proceedings in Parliament 1628, Volume 6: Appendixes and Indexes* (New Haven, 1983).

King, John. *A Sermon at Paules Crosse, on behalfe of Paules Church, March 26 1620* (1620).

Kinnaston, Francis. *Leoline and Sydanis* (1642).

Larkin, John F., ed. *Stuart Royal Proclamations; Vol. II Royal Proclamations of King Charles I 1625–1646* (Oxford, 1983).

Laud, William. *The Works of the Most Reverend Father in God, William Laud, D.D.*, 7 vols. (Oxford, 1847–60).

Le Clerc, Jean. *The Life and Character of Mr. John Locke* (1706).

Le Hardy, William, ed. *County of Middlesex. Calendar to the Sessions Records*, 4 vols. (1935–41).

A Letter to Sir William Strickland, Bart. Relating to the COAL TRADE (1730).

Lithgow, William. *The Present surveigh of London and Englands State* (1643).

Livock, D. M. ed. *City Chamberlains' Accounts in the Sixteenth and Seventeenth Centuries* (Bristol, 1966).

Locke, John. *The Correspondence of John Locke*, 8 vols., E. S. De Beer, ed. (Oxford, 1976–89).

de Longeville Harcouet, M. *Long Livers: A Curious History of Such Persons of both Sexes Who Have liv'd Several Ages, and Grown Young Again*, Robert Samber, trans. (1722).

Lowndes, Thomas. *A State of the Coal-Trade to Foreign Parts, by Way of Memorial to a Supposed very Great Assembly* (1745).

McIlwain, Charles Howard, ed. *Political Works of James I* (Cambridge, MA, 1918).

Macky, John. *A Journey through England, In Familiar Letters From a Gentleman Here to his Friend Abroad* (1714).

Malynes, Gerald. *Consuetudo, vel lex mercatoria, or the Ancient Law-merchant* (1622).

Mandeville, Bernard. *The Fable of the Bees: And Other Writings*, E. J. Hundert, ed. (Indianapolis, 1977).

Mathew, Francis. *A Mediterranean Passage by Water, from London to Bristol* (1670).

Maynard, Sir John. *The Copy of a Letter Addressed to the Father Rector at Brussels* (1643).

Memoirs of the Life and Character of Mr. John Locke (1742).

Merriman, R. D., ed. *Queen Anne's Navy: Documents Concerning the Administration of the Navy of Queen Anne, 1702–1714* (1961).

Middleton, Thomas. *The Triumphs of Truth* (1613).

Miege, Guy. *The New State Of England Under Their Majesties K. William and Q. Mary* (1693).

―――― *The Present State of Great Britain and Ireland* (1723 ed.).

Milton, John. *The Complete English Poems of John Milton*, John D. Jump, ed. (New York, 1964).

The Mischief of the Five Shillings Tax upon COAL (1698)

M.Misson's *Memoirs and Observations in his Travels over England* (1719).

Moffett, Thomas. *Health's Improvement or, Rules Comprizing and Discovering the Nature, Method and Manner of Preparing all Sorts of Foods used in this Nation* (1655 ed.).

Montagu, Mary Wortley. *Lady Mary Wortley Montagu: Essays and Poems and Simplicity, A Comedy*, Robert Halsband and Isobel Grundy, eds. (Oxford, 1977).

(Moore, Edward), ed. 'Adam Fitz-Adam'. *The World* (Dublin, 1755–7).

Morris, Corbyn. *Observations on the Past Growth and Present State of the City of London* (1751).

Morton, Richard. *Phthisiologia, or, A Treatise of Consumptions Wherein the Difference, Nature, Causes, Signs, and Cure of all Sorts of Consumptions are Explained* (1694).

Moryson, Fynes. *Itinerary* (1617).

Motteux, Peter Anthony. *Love's a Jest. A Comedy: Acted at the New Theatre in Little-Lincoln's Inn-Fields* (1696).

Mottley, John. *A Survey of the Cities of London and Westminster, and the Borough of Southwark*, 2 vols. (1754–5).

Mountagu, Edward. *The Journal of Edward Mountagu First Earl of Sandwich Admiral and General at Sea 1659–1665*, R. C. Anderson, ed. (1929).

Muralt, Louis Béat de. *The Customs and Character of the English and French Nations* (1728).

Nixon, George. *An Enquiry into the Reasons of the Advance of the Price of Coals, Within Seven Years Past* (1739).

Noorthouck, John. *A New History of London, Including Westminster and Southwark* (1773).

Notestein, Wallace, Frances Helen Relf, and Hartley Simpson, eds. *Commons Debates 1621*, 7 vols. (New Haven, 1935).

Nourse, Timothy. *Campania Fœlix; or A Discourse of the Benefits and Improvements of Husbandry* (1700).

Oldham, James. *The Mansfield Manuscripts and the Growth of the English Law in the Eighteenth Century*, 2 vols. (Chapel Hill, 1992).

An Order concerning the Price of Coales and the Disposing Thereof, Within the City of London, and the Suburbs, &c. Die Jovis 8. Junii 1643.

An Ordinance … That no Wharfinger, Woodmonger, or Other Seller of New-Castle Coales … Shall after the Making Hereof Sell any New-Castle Coales, above the Rate of 23s. The Chaldron (1643).

Ordonaux, John, trans. and ed. *Code of Health of the School of Salernum* (Philadelphia, 1871).

Palmer, Geoffrey. *Les Reports de Sir Gefrey Palmer, Chevalier & Baronet; Attorney General a Son Tres Excellent Majesty le Roy Charles Le Second* (1678).

The Parliamentary Debates from the Year 1803 to the Present Time [Hansard], 41 vols. (1819).

The Parliamentary Debates. New Series, 25 vols. (1820–30).

The Parliamentary History of England, from Its Earliest Period to the Year 1803, 36 vols. (1806–20).

Pechey, John. *The Store-House of Physical Practice being a General Treatise of the Causes and Signs of all Diseases Afflicting Human Bodies* (1695).

―――― ed. and trans., *The Whole Works of that Excellent Physician, Dr Thomas Sydenham* (1696).

Penn, William. *A Collection of the Works of William Penn*, 2 vols. (1726).

Pennington, Montagu, ed. *Letters from Mrs. Elizabeth Carter, to Mrs. Montagu, Between the Years 1755 and 1800. Chiefly Upon Literary and Moral Subjects,* 3 vols. (1817).

Pepys, Samuel. *The Diary of Samuel Pepys,* 10 vols., Robert Latham and William Matthews, eds. (Berkeley, 1974).

———— *Samuel Pepys and the Second Dutch War: Pepys's Navy White Book and Brooke House Papers,* Robert Latham, ed., transcribed by William Matthew and Charles Knighton. (Aldershot, 1995).

Petty, William. *A Treatise of Taxes and Contributions* (1662).

Philalethes. *A Free and Impartial Enquiry into the Reason of the Present Extravagent Price of Coal* (1729).

Pitcairn, Archibald. *The Whole Works of Dr. Archibald Pitcairn* (1727).

Pix, Mary. *The Innocent Mistress a Comedy* (1697).

A Plan for the Better Regulating the Coal Trade to London, by Preventing the Fluctuation of the Price (n.d., *c.* 1750).

Plat, Hugh. *A Discoverie of Certain English Wants* (1595).

———— *A New, Cheape and Delicate Fire of Cole-Balles* (1603).

Pöllnitz, Karl Ludwig, Freiherr von, *The Memoirs of Charles-Lewis, Baron de Pollnitz* (1739).

Popple, William. *The Double Deceit, or A Cure for Jealousy* (1736).

Powell, J. R. and E. K. Timings, eds. *The Rupert and Monck Letter Book 1666* (1969).

The Present State of England. Part III and Part IV Containing; I. An Account of the Riches, Strength, Magnificence, Natural Production, Manufactures of this Island … II. The Trade and Commerce within It Self (1683).

Pulteney, William (Earl of Bath). *Some Considerations on the National Debts, the Sinking Fund, and the State of Publick Credit: In a Letter to a Friend in the Country* (1729).

Raithby, John. *The Statutes Relating to the Admiralty, Navy, Shipping, and Navigation of the United Kingdom* (1823).

R.C. [Rooke Church], *An olde thrift nevvly reuiued* (1612).

Reasons Humbly Offer'd for Continuing the Clause against Mixing at the Staiths the Coals of Different Collieries (1711).

Reasons Humbly Offer'd to the Honourable the House of Commons, against the Bill for Laying a Duty of 5s per Chaldron upon Coals (n.d. *c.* 1695).

Reasons Humbly Offered against the Bill for Laying Certain Duties on Glass Wares (n.d., *c.* 1700).

Reasons Humbly Offered; to Shew, that a Duty upon In-Land Coals, will be no Advantage to His Majesty (n.d., *c.* 1725).

Reasons, Humbly Offered to the Honourable House of Commons, by the Dyers, against Laying a Further Duty upon Coals (n.d., *c.* 1696?).

The Records of the Honorable Society of Lincoln's Inn. The Black Books Vol. III From A.D. 1660 to A.D. 1775 W. Pailey Baildon, ed. (1899).

Revolution Politicks: Being a Compleat Collection of all the Reports, Lyes, and Stories Which were the Fore-Runners of the Great Revolution in 1688 (1733).

Robbins, Caroline, ed. *The Diary of John Millward* (Cambridge, 1938).

Royal Commission on Historical Manuscripts. *The Manuscripts of His Grace the Duke of Rutland … Preserved at Belvoir Castle,* 4 vols. (1888–905)

———— *The Manuscripts of S.H. le Fleming, Esq. of Rydal Hall* (1890)

———— *The Manuscripts of the Corporations of Southampton and King's Lynn* (1887).

—— *The Manuscripts of the Duke of Beaufort, K.G., The Earl of Donoughmore, and Others* (1891).

—— *The Manuscripts of the Earl Cowper, Preserved at Melbourne Hall*, 3 vols. (1888–9).

—— *The Manuscripts of the Earl of Buckinghamshire, the Earl of Lindsey, etc.* (1895).

—— *The Manuscripts of the Marquess Townshend* (1887).

—— *Calendar of the Manuscripts of the Earl of Bath, Preserved at Longleat, Wiltshire*, 5 vols. (1904–80).

—— *Calendar of the Stuart Papers Belonging to His Majesty the King, Preserved at Windsor Castle*, 7 vols. (1902–23).

Rushworth, John, ed. *Historical Collections. The Second Volume of the Second Part* (1721).

Rutt, John, ed. *Diary of Thomas Burton* (1828).

Salkeld, William, ed. *Reports of Cases Adjudg'd in the Court of King's Bench; with Some Special Cases in the Court of Chancery, Common Pleas and Exchequer, from the First Year of K. William and Q. Mary, to the Tenth Year of Queen Anne*, 2 vols. (1717).

Salmon, Thomas. *Modern History: Or, the Present State of all Nations*, 5 vols. (Dublin, 1739).

Sancroft, William, *Familiar Letters of Dr. William Sancroft, Late Lord Archbishop of Canterbury* (1757).

Sea-Coale, Char-Coale, and Small-Coale: Or a Discourse betweene A New-Castle Collier, a Small-Coale-Man, and a Collier of Croydon (1643/4).

The Second Part of the Present State of England Together with Divers Reflections upon the Antient State Thereof (1671).

A Series of Letters Between Mrs. Elizabeth Carter and Miss Catherine Talbot from the Year 1740 to 1770. To Which Are Added, Letters from Mrs. Elizabeth Carter to Mrs. Vesey, Between the Years 1763 and 1767, 4 vols. (1809).

Shelley, Percy Bysshe. *Shelley's Poetry and Prose*, Donald H. Reiman and Sharon B. Powers, eds. (New York, 1977).

Short, Thomas. *A Comparative History of the Increase and Decrease of Mankind in England, and Several Countries Abroad* (1767).

Shower, Bartholomew. *The Second Part of the Reports of Cases and Special Arguments, Argued and Adjudged in the Court of King's Bench* (1720).

Sinclair, George. *Natural Philosophy Improven by New Experiments* (Edinburgh, 1683).

Smith, Adam. *An Inquiry into the Nature and Causes of the Wealth of Nations*, R. H. Campbell and A. S. Skinner, eds. (Oxford, 1976).

Some Considerations Humbly offered to the Honourable House of Commons Against Passing the Bill for Laying a Further Duty of Coals (n.d., c. 1695)

Some Memorials of the Controversie with the Wood-Mongers, or, Traders in Fuel (1680).

Spenser, Edmund. *Prothalamion or a spousall verse* (1596).

Sprat, Thomas. *History of the Royal Society by Thomas Sprat*, Jackson I. Cope and Harold Whitmore Jones, eds. (St. Louis, 1959).

Standish, Arthur. *The Commons Complaint* (1611).

The Statutes at Large, from the Second to the 9th Year of George. [VOL XVI] (Cambridge, 1765).

The Statutes at Large, from the 15th to the 20th Year of King George II. [Vol. XVIII] (1765)

The Statutes of the Realm, 11 vols. (1810–28)

Stedman, Thomas, ed. Letters to and From the Rev. Philip Doddridge, D.D. (1790).

Stocks, Helen, ed. Records of the Borough of Leicester. Being a series of Extracts from the Archives of the Corporation of Leicester, 1603–1688 (Cambridge, 1923).

Stow, John. A Survey of London by John Stow, 2 vols., Charles Lethbridge Kingsford, ed. (Oxford, 1908).

Stukeley, William. The Family Memoirs of the Rev. William Stukeley, M.D. (Durham, 1887).

Sturtevant, Simon. Metallica (1612).

Summers, Montague, ed. Roscius Anglicanus by John Downes (n.d.).

Tate, Nahum. Cuckolds-haven (1685).

Taylor, John. The Old, Old, Very Old Man (1635).

Thirsk, Joan and J. P. Cooer, eds. Seventeenth Century Economic Documents (Oxford, 1972).

Tremaine, Sir John, John Rice, and Thomas Vickers. Pleas of the Crown in Matters Criminal and Civil (Dublin, 1793).

Tryon, Thomas. Monthly Observations for the Preserving of Health with a Long and Comfortable Life (1688).

———Miscellania: Or, A Collection of Necessary, Useful, and Profitable Tracts (1696).

———Tryon's Letters upon Several Occasions (1700).

Tucker, Josiah. A Brief Essay on the Advantages and Disadvantages, Which Respectively Attend France and Great Britain, with Regard to Trade. (1749).

———The Case of the Importation of Bar-Iron from our own Colonies of North America (1756).

———Instructions for Travellers (Dublin, 1758).

Shadwell, Thomas, The Complete Works of Thomas Shadwell, Montague Summers, ed. (1968, ed.).

Uffenbach, Zacharias Conrad von. London in 1710 From the Travels of Zacharias Conrad von Uffenbach, eds. and trans. W. H. Quarrell and Margaret Mare (1934).

(Vanbrugh, John) Colley Cibber. The Provok'd Husband, or, A Journey to London (1728).

Vanbrugh, John. The Provok'd Wife a Comedy: As It is Acted at the New Theatre in Little Lincolns-Inn-Fields (1698).

Venner, Tobias. Via Recta ad Vitam Longam (1650).

Walpole, Robert. Some Considerations Concerning the Publick Funds: The Publick Revenues, and The Annual Supplies, Granted by Parliament (1733).

Ward, Ned. British Wonders: Or, a Poetical Description of the Several Prodigies and Most Remarkable Accidents that have happen'd in Britain since the Death of Queen Anne (1717).

Warwick, Sir Philip. Memoires of the Reign of King Charles I (1701).

Watts, Isaac. Horæ lyricæ. Poems, Chiefly of the Lyric Kind (1715 ed.)

Well-willer to the prosperity of this famous Common-wealth. The Two Grand Ingrossers of Coles: viz. the Wood-Monger, and the Chandler (1653).

Willis, Thomas. Dr. Willis's Practice of Physick, Being the Whole Works of that Renowned and Famous Physician (1684).

Wiseman, Richard. Severall Chirurgicall Treatises (1676).

The Woman turn'd Bully (1675).

Wordsworth, William. *The Works of William Wordsworth* (Ware, Herts., 1994).
Wren, Christopher. *Life and Works of Sir Christopher Wren. From the Parentalia or Memoirs by His Son Christopher* (1903).
Wroth, William and Arthur Edgar Wroth. *The London Pleasure Gardens of the Eighteenth Century* (1896).
The York-Buildings Dragons (1726).
Young, Arthur. *The Farmer's Letters to the People of England* (1768).
——*Travels During the Years 1787, 1788, and 1789* (Dublin, 1793).
——*The Autobiography of Arthur Young, With Selections from His Correspondence*, Matilda Betham-Edwards, ed. (Cambridge, 2012).
Young, Edward. *Love of Fame, The Universal Passion. In Seven Characteristical Satires* (4th ed., 1741).

SECONDARY SOURCES

Allen, Robert C. *The British Industrial Revolution in Global Perspective* (Cambridge, 2009).
Andriesse, C. D. *Huygens: The Man Behind the Principle* (Cambridge, 2011).
Appadurai, Arjun, ed. *The Social Life of Things: Commodities in Cultural Perspective* (Cambridge, 1986).
Appuhn, Karl. *A Forest on the Sea: Environmental Expertise in Renaissance Venice* (Baltimore, 2009).
Archer, Ian. *The Pursuit of Stability: Social Relations in Elizabethan London* (Cambridge, 1991).
Ashton, T. S. and Joseph Sykes. *The Coal Industry of the Eighteenth Century* (Manchester, 1929).
Ashworth, William J. *Customs and Excise: Trade, Production and Consumption in England 1640–1845* (Oxford, 2003).
Baker, T. F. T. *A History of Middlesex, Volume VII, Acton, Chiswick, Ealing, and Willesden Parishes* (Oxford, 1982).
——*A History of Middlesex Vol. IX, Hampstead and Paddington Parishes* (Oxford, 1989).
Barber, Alex. "'It is Not Easy What to Say of our Condition, Much Less to Write It": The Continued Importance of Scribal News in the Early 18th Century' *Parliamentary History* 32:2 (2013), 293–316.
Barnes, T. G. 'The Prerogative and Environmental Control of London Building in the Early Seventeenth Century' *California Law Review* LVIII (1970), 1332–63.
Barrell, Rex A. *Anthony Ashley Cooper Earl of Shaftesbury (1671–1713) and 'Le Refuge Français' – Correspondence* (Lewiston, MA, 1989).
Barton, Gregory A. *Empire Forestry and the Origins of Environmentalism* (Cambridge, 2002).
Batchelor, Robert. *London: The Selden Map and the Making of a Global City, 1549–1689* (Chicago, 2014).
Baugh, Daniel A. *British Naval Administration in the Age of Walpole* (Princeton, 1965).
——'The Eighteenth Century Navy as a National Institution 1690–1815' in J. R. Hill and Bryan Ranft, eds. *The Oxford Illustrated History of the Royal Navy* (Oxford, 1995), 120–60.
van Bavel, Bas and Oscar Gelderblom, 'The Economic Origins of Cleanliness in the Dutch Golden Age' *Past and Present* 205 (2009), 41–69.

Bending, Stephen. *Green Retreats: Women, Gardens and Eighteenth-Century Culture* (Cambridge, 2013).

Benedict, Philip. *Cities and Social Change in Early Modern France* (1989).

Bennett, Judith M. *Ale, Beer, and Brewsters in England: Women's Work in a Changing World, 1300-1600* (New York, 1996).

Bernhardt, Christoph and Geneviève Massard-Guilbaud, eds. *Le Démon Moderne: La Pollution dans les Sociétés Urbaines et Industrielle d'Europe/ The Modern Demon: Pollution in Urban and Industrial European Societies* (Clermont-Ferrand, 2002).

Bernofsky, Karen. 'Respiratory Health in the Past: A Bioarchaeological Study of Chronic Maxillary Sinusitis and Rib Periostitis from the Iron Age to the Post Medieval Period in Southern England' (Durham University: PhD Thesis, 2010).

Blackbourn, David. *The Conquest of Nature: Water, Landscape, and the Making of Modern Germany* (New York, 2006).

Bohstedt, John. *The Politics of Provisions: Food Riots, Moral Economy, and Market Transition in England, c. 1550-1850* (Farnham, 2010).

Borlik, Todd. *Ecocriticism and Early Modern English Literature: Green Pastures* (New York, 2011).

Borsay, Peter. *The English Urban Renaissance: Culture and Society in the Provincial Town, 1660-1760* (Oxford, 1989).

Boulton, Jeremy. 'The Poor among the Rich: Paupers and the Parish in the West End, 1600-1724' in Paul Griffiths and Mark S. R. Jenner, eds. *Londinopolis: Essays in the Cultural and Social History of Early Modern London* (Manchester, 2000), 197-226.

Boyar, Ebru. 'The Ottoman City: 1500-1800' in Peter Clark, ed. *The Oxford Handbook of Cities in World History* (Oxford, 2013), 275-91.

Brenner, J. F. 'Nuisance Law and the Industrial Revolution' *Journal of Legal Studies* 3 (1974), 403-33.

Brewer, John. *The Sinews of Power: War, Money, and the English State, 1688-1783* (Cambridge, 1988).

—— *The Pleasures of the Imagination: English Culture in the Eighteenth Century* (New York, 1997).

Brimblecombe, Peter. 'London Air Pollution, 1500-1900' *Atmospheric Environment* 11 (1977), 1157-62.

——*The Big Smoke: A History of Air Pollution in London Since Medieval Times* (1987).

Brimblecombe, Peter and Carlotta M. Grossi. 'Millennium-Long Damage to Building Materials in London' *Science of The Total Environment* 407 (February 2009), 1354-61.

Broad, John. 'Parish Economies of Welfare, 1650-1834' *The Historical Journal* 42 (1999), 985-1006.

Brooks, C. W. *Pettyfoggers and Vipers of the Commonwealth: The 'Lower Branch' of the Legal Profession in Early Modern England* (Cambridge, 1986).

Brown, Peter. *Through the Eye of a Needle: Wealth, the Fall of Rome, and the Making of Christianity in the West, 350-550* (Princeton, 2012).

Bruce, Scott G., ed. *Ecologies and Economies in Medieval and Early Modern Europe: Studies in Environmental History for Richard C. Hoffmann* (Leiden, 2010).

Bruijn, J. R. 'Dutch Privateering during the Second and Third Anglo-Dutch Wars' *Acta Historiae Neerlandicae: Studies on the History of the Netherlands* 11 (1978), 79-93.

Burke III, Edmund. 'The Big Story: Human History, Energy Regimes, the Environment' in Edmund Burke III and Kenneth Pomeranz, eds. *The Environment and World History* (Berkeley, 2009), 33–53.

Bushaway, Bob. *By Rite: Custom, Ceremony and Community in England 1700–1880* (1982).

Capp, Bernard. *Cromwell's Navy: The Fleet and the English Revolution, 1648–1660* (Oxford, 1989).

Carpenter, Audrey T. *John Theophilus Desaguliers: A Natural Philosopher, Engineer and Freemason in Newtonian England* (2011).

Cavallo, Sandra and Tessa Storey. *Healthy Living in Late Renaissance Italy* (Oxford, 2013).

Cavert, William. 'The Environmental Policy of Charles I: Coal Smoke and the English Monarchy, 1624-40' *Journal of British Studies* 53:2 (2014), 310–33.

———'The Politics of Fuel Prices' (forthcoming).

———'Industrial Coal Consumption in Early Modern London', *Urban History* (forthcoming).

———'Villains of the Fuel Trade' (forthcoming).

Clark, Gregory and David Jacks. 'Coal and the Industrial Revolution, 1700–1869' *European Review of Economic History* 11 (April 2007), 39–72.

Clark, Peter. *The English Alehouse: A Social History 1200–1830* (1983).

———'"The Ramoth-Gilead of the Good" Urban Change and Political Radicalism at Gloucester 1540–1640' in P. Clark, A. Smith, and N. Tyacke, eds. *The English Commonwealth 1547–1640: Essays in Politics and Society Presented to Joel Hurstfield* (Leicester, 1979), 167–87.

———'The Civic Leaders of Gloucester 1580–1800' in Peter Clark, ed. *The Transformation of English Provincial Towns, 1600–1800* (1984), 311–45.

Claydon, Tony. *William III and the Godly Revolution* (Cambridge, 1996).

Coates, Ben. *The Impact of the English Civil War on the Economy of London, 1642–50* (Aldershot, 2004).

Cockayne, Emily. *Hubbub: Filth, Noise, and Stench in England, 1600–1770* (New Haven, 2007).

Coffman, D'Maris. *Excise Taxation and the Origins of Public Debt* (Basingstoke, 2013).

Coffman, D'Maris, Adrian Leonard, and Larry Neal. *Questioning Credible Commitment: Perspectives on the Rise of Financial Capitalism* (Cambridge, 2013).

Cogswell, Thomas. *The Blessed Revolution: English Politics and the Coming of War, 1621–1624* (Cambridge, 1989).

Coleman, D. C. 'The Economy of Kent under the Later Stuarts' (University of London: PhD Dissertation, 1951).

———'Naval Dockyards under the Later Stuarts' *Economic History Review* 2nd ser. 6:2 (1953), 134–55.

———*Industry in Tudor and Stuart England* (1975).

———'The Coal Industry: A Rejoinder' *Economic History Review* 30 (1977), 343–5.

———*The Economy of England 1450–1750* (Oxford, 1977).

Coquillette, Daniel R. 'Mosses from an Olde Manse: Another Look at Some Historic Property Cases about the Environment' *Cornell Law Review* 74 (1979), 765–72.

Corbin, Alain. *The Foul and the Fragrant* (Cambridge, MA, 1994).

Cowan, Brian. *The Social Life of Coffee: The Emergence of the British Coffeehouse* (New Haven, 2005).

————'Geoffrey Holmes and the Public Sphere: Augustan Historiography from the Post-Namierite to the Post-Habermasian' *Parliamentary History* 28:1 (February 2009), 166–78.

Cronon, William. *Changes in the Land: Indians, Colonists, and the Ecology of New England* (New York, 1983).

————'The Trouble with Wilderness: Or, Getting Back to the Wrong Nature' in William Cronon, ed. *Uncommon Ground: Rethinking the Human Place in Nature* (New York, 1996), 69–90.

Crosby, Alfred. *The Columbian Exchange: Biological and Cultural Consequences of 1492* (Westport, CT, 1972).

Cruickshank, Dan and Neil Burton. *Life in the Georgian City* (1990).

Cruickshanks, Eveline, Stuart Handley, and D. W. Hayton, eds. *The House of Commons, 1690–1715*, 5 vols. (Cambridge, 2002).

Dabhoiwala, Faramerz. *The Origins of Sex: A History of the First Sexual Revolution* (Oxford, 2012).

Dale, Hylton B. *The Fellowship of the Woodmongers: Six Centuries of the London Coal Trade* (n.pub. info, *c.* 1923).

Darley, Gillian. *John Evelyn: Living for Ingenuity* (New Haven, 2006).

Davidson, Andrew, 'John Jones', in Andrew Thrush and John P. Ferris, eds. *The House of Commons 1604–1629* (Cambridge, 2010).

Davis, James. *Medieval Market Morality: Life, Law, and Ethics in the English Marketplace* (Cambridge, 2012).

De Krey, Gary. *London and the Restoration, 1659–1683* (Cambridge, 2005).

————*A Fractured Society: The Politics of London in the First Age of Party, 1688–1715* (Oxford, 1985).

Denton, Peter. '"Puffs of Smoke, Puffs of Praise": Reconsidering John Evelyn's *Fumifugium* (1661)' *Canadian Journal of History* 35 (2000) 441–51.

Dickson, P. G. M. *The Financial Revolution in England: A Study in the Development of Public Credit, 1688–1756* (1967).

Dobbs, Betty Jo. 'Studies in the Natural Philosophy of Sir Kenelm Digby' *Ambix* 18 (1971), 1–25.

Douglas, Mary. *Purity and Danger: An Analysis of Concepts of Pollution and Taboo* (New York, 2006).

Downes, Kerry. 'Wren and Whitehall in 1664' *The Burlington Magazine* 113:815 (February 1971), 89–93.

Dupuis, Melanie, ed. *Smoke and Mirrors: The Politics and Culture of Air Pollution* (New York, 2004).

Earle, Peter. *The Making of the English Middle Class: Business, Society and Family Life in London, 1660–1730* (Berkeley, 1989).

Edmond, Mary. *Rare Sir William Davenant: Poet Laureate, Playwright, Civil War General, Restoration Theatre Manager* (Manchester, 1987).

Elvin, Mark. *Retreat of the Elephants: An Environmental History of China* (New Haven, 2004).

Fewster, J. M. *The Keelmen of Tyneside: Labour Organization and Conflict in the North-east, 1600–1830* (Woodbridge, 2011).

Fincham, Kenneth and Peter Lake. 'The Ecclesiastical Policies of James I and Charles I' in Kenneth Fincham, ed. *The Early Stuart Church 1603–1642* (Basingstoke, 1993), 23–50.

Findlen, Paula, ed. *Early Modern Things: Objects and Their Histories* (New York, 2012).

Flinn, Michael W. *The History of the British Coal Industry. Volume 2 1700-1830: The Industrial Revolution* (Oxford, 1984).

Forbes, Thomas R. 'Weaver and Cordwainer: Occupations in the Parish of St. Giles without Cripplegate, London, in 1654-1693 and 1729-1743' *Guildhall Studies in London History* 4 (1980), 119-32.

Fournier, Patrick. 'De la souillure à la pollution, un essai d'interpretation des origines de l'idee de pollution' in Bernhardt and Massard-Guilbaud, eds. *Le Démon Moderne*, 33-56.

Freese, Barbara. *Coal: A Human History* (Cambridge, MA, 2002).

Fressoz, Jean-Baptiste. *L'Apocalypse Joyeuse: Une Histoire du Risque Technologique* (Paris, 2012).

Galloway, James, Derek Keene, and Margaret Murphy. 'Fuelling the City: Production and Distribution of Firewood in London's Region, 1290-1400' *Economic History Review* 49 (1996), 447-72.

Geltner, Guy. 'Healthscaping a Medieval City: Lucca's Curia viarum and the Future of Public Health History' *Urban History* 40:3 (2013), 395-415.

Gibson, John. *Playing the Scottish Card* (Edinburgh, 1988).

Glacken, Clarence J. *Traces on the Rhodian Shore: Nature and Culture in Western Thought from Ancient Times to the End of the Eighteenth Century* (Berkeley, 1967).

Glass, D. V. 'Two Papers on Gregory King' in D. V. Glass and D. E. C. Eversley, eds. *Population in History: Essays in Historical Demography. Volume I: General and Great Britain* (1965), 159-220.

Golinski, Jan. *British Weather and the Climate of Enlightenment* (Chicago, 2007).

Gowing, Laura. *Common Bodies: Women, Touch and Power in Seventeenth-Century England* (New Haven, 2003).

Greengrass, Mark, Michael Leslie, and Timothy Raylor, eds. *Samuel Hartlib and the Universal Reformation: Studies in Intellectual Communication* (Cambridge, 1994).

Gregg, Edward. *Queen Anne* (New Haven, 2001).

Greig, Hannah. *The Beau Monde: Fashionable Society in Georgian London* (Oxford, 2013).

Griffiths, Paul. *Lost Londons: Crime, Change, and Control in the Capital City 1550-1640* (Cambridge, 2008).

Grove, Richard H. *Green Imperialism: Colonial Expansion, Tropical Island Edens, and the Origins of Environmentalism, 1600-1860* (Cambridge, 1995).

Gugliotta, Angela. '"Hell with the Lid Taken Off:" A Cultural History of Pollution – Pittsburgh' (University of Notre Dame: PhD Dissertation, 2004).

Guillery, Peter. *The Small House in Eighteenth century London* (2004).

Habermas, Jürgen. *The Structural Transformation of the Public Sphere: An Inquiry into a Category of Bourgeois Society*, trans. Thomas Burger (Cambridge, MA, 1989).

Hamlin, Christopher. 'Public Sphere to Public Health: The Transformation of 'Nuisance"' in Steve Sturdy, ed. *Medicine, Health, and the Public Sphere in Britain 1600-2000* (London, 2002), 189-204.

Hammersley, G. 'Crown Woods and Their Exploitation in the Sixteenth and Seventeenth Centuries' *Bulletin of the Institute for Historical Research* 30 (1957), 136-61.

———'The Charcoal Iron Industry and Its Fuel, 1540-1750' *Economic History Review* 26 (1973), 593-613.

Hancock, David. *Citizens of the World: London Merchants and the Integration of the British Atlantic Community, 1735-1785* (Cambridge, 1995).

Hanson, Craig Ashley. *The English Virtuoso: Art, Medicine, and Antiquarianism in the Age of Empiricism* (Chicago, 2009).

Harding, Vanessa. 'The Population of London, 1550–1700: A Review of the Published Evidence' *London Journal* 15 (1990), 111–28.

Harkness, Deborah. *The Jewel House* (New Haven, 2007).

Harris, Tim. *The Politics of the London Crowd in the Reign of Charles II* (Cambridge, 1987).

Hatcher, John. *The History of the British Coal Industry. Volume 1, Before 1700; Towards the Age of Coal* (Oxford, 1993).

Hattendorf, John B. *England in the War of the Spanish Succession: A Study in the English View and Conduct of Grand Strategy, 1702–1712* (New York, 1987).

Hausman, William John. 'Public Policy and the Supply of Coal to London, 1700–1770' (University of Illinois at Urbana-Champaign: PhD Thesis, 1976).

Healy, Simon. 'The Tyneside Lobby on the Thames: Politics and Economic Issues, c. 1580–1630' in Diana Newton and A. J. Pollard, eds. *Newcastle and Gateshead before 1700* (Chichester, 2009), 219–40.

Hill, Marquita K. *Understanding Environmental Pollution* (Cambridge, 2010).

Hiltner, Ken. *What Else is Pastoral? Renaissance Literature and the Environment* (Ithaca, 2011)

Hindle, Steve. *On the Parish? The Micro-Politics of Poor Relief in Rural England c. 1550–1750* (Oxford, 2004).

—— *A History of the County of Essex*, 11 vols. (1903–2012).

—— *A History of the County of Middlesex*, 13 vols. (1911–2009).

—— *A History of the County of Staffordshire*, 6 vols. (1906–2014).

Hoffmann, Richard C. *An Environmental History of Medieval Europe* (Cambridge, 2014).

Hoppit, Julian. 'The Nation, the State, and the First Industrial Revolution' *Journal of British Studies*, 50:2 (April 2011), 307–31.

Howard, Jean E. *Theater of a City: The Spaces of London Comedy, 1598–1642* (Philadelphia, 2007).

Hoyle, Richard W., ed. *Custom, Improvement and the Landscape in Early Modern Britain* (Aldershot, 2011).

Hubbard, Eleanor. *City Women: Money, Sex, and the Social Order in Early Modern London* (Oxford, 2012).

Hughes, Edward. *North Country Life in the Eighteenth Century: The North East, 1700–1750* (Oxford, 1952).

Hughes, J. Donald. *An Environmental History of the World: Humankind's Changing Role in the Community of Life* (Abingdon, 2009).

Hundert, E. J. *The Enlightenment's Fable: Bernard Mandeville and the Discovery of Society* (Cambridge, 1994).

Hunt, Margaret. *The Middling Sort: Commerce, Gender, and the Family in England, 1680–1780* (Berkeley, 1996).

Hunter, Michael. 'John Evelyn in the 1650s: A Virtuoso in Quest of a Role' in Therese O'Malley and Joachim Wolscke-Bulmahn, eds. *John Evelyn's 'Elysium Britannicum' and European Gardening* (Washington, 1998), 79–106.

—— *Boyle: Between God and Science* (New Haven, 2010).

Jackson, Lee. *Dirty Old London: The Victorian Fight Against Filth* (New Haven, 2014).

Jenner, Mark S. R. 'Early Modern Conceptions of Cleanliness and Dirt as Reflected in the Environmental Regulation of London, c. 1530–1700' (Oxford: D. Phil. Thesis, 1992).

───── '"Another *epocha*"? Hartlib, John Lanyon and the Improvement of London in the 1650s' in Mark Greengrass, Michael Leslie, and Timothy Raylor, eds. *Samuel Hartlib and the Universal Reformation: Studies in Intellectual Communication* (Cambridge, 1994), 343–56.

───── 'The Politics of London Air: John Evelyn's *Fumifugium* and the Restoration' *The Historical Journal*, 38 (1995), 535–51.

───── 'Death, Decomposition and Dechristianisation? Public Health and Church Burial in Eighteenth-Century England' *English Historical Review* 120 (2005), 615–32.

───── 'Follow Your Nose? Smell, Smelling, and their Histories' *American Historical Review* 116 (2011), 335–51.

───── 'Polite and Excremental Labour: Selling Sanitary Services in London, 1650–1830', paper presented at the Cambridge Early Medicine Seminar, November 2013.

───── 'Print, Publics, and the Rebuilding of London: The Presumptuous Proposal of Valentine Knight' paper presented at the Institute for Historical Research, British History in the Seventeenth Century Seminar, January 2014.

Jones, D. W. *War and Economy in the Age of William III and Marlborough* (Oxford, 1988).

Jonsson, Fredrik Albritton. *Enlightenment's Frontier: The Scottish Highlands and the Origins of Environmentalism* (New Haven, 2013).

Jørgensen, Dolly. '"All Good Rule of the Citee": Sanitation and Civic Government in England, 1400–1600' *Journal of Urban History* 36:3 (2010), 300–15.

Joy, Neill R. 'Politics and Culture: The Dr. Franklin – Dr. Johnson Connection, with an Analogue' *Prospects* 23 (1998), 59–105.

Kander, Astrid, Paolo Malanima, and Paul Warde. *Power to the People: Energy in Europe over the Last Five Centuries* (Princeton, 2014).

Kasuga, Ayuka. 'Views of Smoke in England, 1800–1830' (University of Nottingham: PhD Thesis, 2013).

───── 'The Introduction of the Steam Press: A Court Case on Smoke and Noise Nuisances in a London Mansion, 1824' *Urban History* 42:3 (August 2015), 405–23.

Kent, Joan and Steve King. 'Changing Patterns of Poor Relief in some Rural English Parishes Circa 1650–1750' *Rural History* 14:2 (October 2003), 119–56.

Keynes, Geoffrey. *John Evelyn: A Study in Bibliophily and a Bibliography of his Writings* (Cambridge, 1937).

Knights, Mark. *Politics and Opinion in Crisis, 1678–81* (Cambridge, 1994).

Kohl, Benjamin and Ronald G. Witt. *The Earthly Republic: Italian Humanists on Government and Society* (Manchester, 1978).

Kyle, Chris. 'Prince Charles in the Parliaments of 1621 and 1624' *Historical Journal* 41:3 (September 1998), 603–24.

───── *Theater of State: Parliament and Political Culture in Early Stuart Britain* (Stanford, 2012).

Lake, Peter. 'The Laudian Style: Order, Uniformity, and the Pursuit of the Beauty of Holiness in the 1630s' in Kenneth Fincham, ed. *The Early Stuart Church, 1603–1642* (Basingstoke, 1993), 161–85.

───── and Steven Pincus, eds. *The Politics of the Public Sphere in Early Modern England* (Manchester, 2007).

Larwood, Jacob and John Camden Hotten. *The History of Sign-Boards, From the Earliest Times to the Present Day* (1866).

Le Roux, Thomas. *Le Laboratoire des Pollutions Industrielles. Paris 1770–1830* (Paris, 2011).

Levine, David and Keith Wrightson. *The Making of an Industrial Society: Whickham, 1560–1765* (Oxford, 1991).

Loengard, Janet 'The Assize of Nuisance: Origins of an Action at Common Law' *The Cambridge Law Journal* 47 (1978), 144–66.

Luu, Lien Bich. *Immigrants and the Industries of London, 1500–1700* (Aldershot, 2005).

McCann, James C. *Maize and Grace: Africa's Encounter with a New World Crop, 1500–2000* (Cambridge, MA, 2005).

McClain, James. 'Japan's Pre-Modern Urbanism' in Peter Clark, ed. *The Oxford Handbook of Cities in World History* (Oxford, 2013), 328–45.

McCloskey, Deirdre. *Bourgeois Dignity: Why Economics Can't Explain the Modern World* (Chicago, 2010).

McColley, Diane Kelsey. *Poetry and Ecology in the Age of Milton and Marvell* (Aldershot, 2007).

McCormick, Ted. *William Petty and the Ambitions of Political Arithmetic* (Oxford, 2009).

McHenry, Robert W. 'Dryden and the 'Metropolis of Great Britain'' in W. Gerald Marshall, ed. *The Restoration Mind* (1997), 177–92.

McIntosh, Marjorie. *Poor Relief in England, 1350–1600* (Cambridge, 2012).

McKellar, Elizabeth. *Landscapes of London: The City, The Country and the Suburbs, 1660–1840* (New Haven, 2013).

McLaren, J. P. S. 'Nuisance Law and the Industrial Revolution – Some Lessons from Social History' *Oxford Journal of Legal Studies* 3, no. 2 (1973), 155–221.

McNeill, J. R. *Something New Under the Sun: An Environmental History of the Twentieth-Century World* (New York, 2001).

—— *Mosquito Empires: Ecology and War in the Greater Caribbean, 1620–1914* (Cambridge, 2010).

Mallainathan, Sendhil and Eldar Shafir. *Scarcity: Why Having Too Little Means So Much* (New York, 2013).

Manley, Lawrence, ed. *The Cambridge Companion to the Literature of London* (Cambridge, 2011).

Manning, Roger B. *Village Revolts: Social Protest and Popular Disturbances in England, 1509–1640* (Oxford, 1988).

Marin, Brigitte. 'Town and Country in the Kingdom of Naples' in S. R. Epstein, ed. *Town and Country in Europe, 1300–1800* (Cambridge, 2004), 316–31.

Melville, Elinor G. K. *A Plague of Sheep: Environmental Consequences of the Conquest of Mexico* (Cambridge, 1994).

Merritt, Julia. 'Puritans, Laudians, and the Phenomenon of Church-Building in Jacobean London' *Historical Journal* 41 (1998), 935–60.

—— *The Social World of Early Modern Westminster: Abbey, Court and Community, 1525–1640* (Manchester, 2005).

—— *Westminster 1640–60: A Royal City in a Time of Revolution* (Manchester, 2013).

Mikhail, Alain. *Nature and Empire in Ottoman Egypt: An Environmental History* (Cambridge, 2011).

Mokyr, Joel. *The Enlightened Economy: An Economic History of Britain 1700–1850* (New Haven, 2009).

Morag-Levine, Noga. *Chasing the Wind: Regulating Air Pollution in the Common Law State* (Princeton, 2003).

Moran, Bruce T. *Distilling Knowledge: Alchemy, Chemistry, and the Scientific Revolution* (Cambridge, MA, 2006).

Mosley, Stephen. *The Chimney of the World: A History of Smoke Pollution in Victorian and Edwardian Manchester* (Cambridge, 2001).

Mukherjee, Ayesha. *Penury Into Plenty: Dearth and the Making of Knowledge in Early Modern England* (2014).

Muldrew, Craig. *The Economy of Obligation: The Culture of Credit and Social Relations in Early Modern England* (New York, 1998).

—— *Food, Energy, and the Creation of Industriousness: Work and Material Culture in Agrarian England, 1550–1780* (Cambridge, 2011).

Munro, Ian. *The Figure of the Crowd in Early Modern London: The City and Its Double* (Basingstoke, 2005).

Naquin, Susan. *Peking Temples and City Life, 1400–1900* (Berkeley, 2000).

Nash, Roderick. *Wilderness and the American Mind* (New Haven, 1967).

Neeson, Janet. *Commoners: Commons Right, Enclosure and Social Change in England 1700–1820* (Cambridge, 1993).

Nef, J. U. *The Rise of the British Coal Industry*, 2 vols. (1932).

Newman, Karen. *Cultural Capitals: Early Modern London and Paris* (Princeton, 2007).

Newman, William R. *Atoms and Alchemy: Chymistry and the Experimental Origins of the Scientific Revolution* (Chicago, 2006).

Nixon, Rob. *Slow Violence and the Environmentalism of the Poor* (Cambridge, MA, 2011).

North, Douglass C. and Barry R. Weingast. 'Constitutions and Commitment: The Evolution of Institutions Governing Public Choice in Seventeenth-Century England' *Journal of Economic History* 49 (1989), 803–32.

Ogborn, Miles. *Spaces of Modernity: London's Geographies, 1680–1780* (1998).

—— *Global Lives: Britain and the World 1550–1800* (Cambridge, 2008).

Ogilvie, Sheilagh and Merkus German. *European Proto-Industrialization: An Introductory Handbook* (Cambridge, 1996).

O'Neill, Lindsay. *The Opened Letter: Networking in the Early Modern British World* (Philadelphia, 2014).

Ormrod, David. *The Rise of Commercial Empires: England and the Netherlands in the Age of Mercantilism 1650–1770* (Cambridge, 2003).

Owen, John Hely. *War at Sea under Queen Anne 1702–1708* (Cambridge, [orig. 1938], 2010).

Parker, Geoffrey. *Global Crisis: War, Climate Change, and Catastrophe in the Seventeenth Century* (New Haven, 2012).

Parthasarathi, Prasannan. *Why Europe Grew Rich and Asia Did Not: Global Economic Divergence, 1600–1850* (Cambridge, 2011).

Peacey, Jason. *Print and Politics in the English Revolution* (Cambridge, 2013).

Peck, Linda Levy. *Consuming Splendor: Society and Culture in Seventeenth Century England* (Cambridge, 2005).

Perdue, Peter. *China Marches West: The Qing Conquest of Central Eurasia* (Cambridge, MA, 2005).

Perez, Louis G. *Daily Life in Early Modern Japan* (Westport, CT, 2002).

Pettit, Philip A. J. *The Royal Forests of Northamptonshire: A Study in their Economy 1558–1714* (Gateshead, 1968).

Pincus, Steven. '"Coffee Politicians Does Create": Coffeehouses and Restoration Political Culture' *Journal of Modern History* 67:4 (December 1995), 807–34.

—— *Protestantism and Patriotism: Ideologies and the Making of English Foreign Policy, 1650–1668* (Cambridge, 1996).

——— 'John Evelyn: Revolutionary' in Frances Harris and Michael Hunter, eds. *John Evelyn and His Milieu* (2003), 185–220.

———*1688: The First Modern Revolution* (New Haven, 2009).

Pomeranz, Kenneth. *The Great Divergence: China, Europe, and the Making of the Modern World Economy* (Princeton, 2000).

Ponting, Clive. *A New Green History of the World: The Environment and the Collapse of Great Civilisations* (2011).

Porter, Roy. *English Society in the Eighteenth Century* (1991).

——— *Enlightenment: Britain and the Creation of the Modern World* (2000).

——— *London: A Social History* (Cambridge, MA: Harvard University Press, 2001).

Porter, Stephen. *The Great Fire of London* (Stroud, 1996).

Principe, Lawrence. *The Secrets of Alchemy* (Chicago, 2013).

——— 'Sir Kenelm Digby and His Alchemical Circle in 1650s Paris: Newly Discovered Manuscripts' *Ambix* 60:1 (February 2013), 3–24.

Provine, D. M. 'Balancing Pollution and Property Rights: A Comparison of the Development of English and American Nuisance Law' *Anglo-American Law Review* 7 (1978), 31–56.

Rackham, Oliver. *History of the Countryside* (Dent, 1986).

Radkau, Joachim. *Nature and Power: A Global History of the Environment*, trans. Thomas Dunlap (Cambridge, 2008).

Rawcliffe, Carole. *Urban Bodies: Communal Health in Late Medieval English Towns and Cities* (Woodbridge, 2013).

Raychaudhuri, Tapan and Irfan Habib, eds. *The Cambridge Economic History of India. Vol. 1: c. 1200-c. 1750* (Cambridge, 1982).

Reinke-Williams, Tim. *Women, Work and Sociability in Early Modern London* (Basingstoke, 2014).

Richards, John F. *The Unending Frontier: An Environmental History of the Early Modern World* (Berkeley, 2006).

Righter, Robert W. *The Battle over Hetch Hetchy: America's Most Controversial Dam and the Birth of Modern Environmentalism* (Oxford, 2005).

Ritvo, Harriet. *The Dawn of Green: Manchester, Thirlmere, and Modern Environmentalism* (Chicago, 2009).

Roberts, Charlotte and Keith Manchester. *The Archaeology of Disease* (Ithaca, NY, 2007).

Robertson, J. 'Stuart London and the Idea of Royal Capital City' *Renaissance Studies* 15:1 (March 2001), 37–58.

Robertson, John. *The Case for Enlightenment: Scotland and Naples 1680–1760* (Cambridge, 2005).

Roche, Daniel. *A History of Everyday Things: The Birth of Consumption in France* (Cambridge, 2000).

Rodger, N. A. M. *The Command of the Ocean: A Naval History of Britain 1649–1815* (New York, 2006).

Rogers, Pat, ed. *The Samuel Johnson Encyclopedia* (Westport, CT, 1996).

Rome, Adam W. 'Coming to Terms with Pollution: The Language of Environmental Reform, 1865–1915' *Environmental History* 1 (1996), 6–28.

Røstvig, Maren-Sofie. *The Happy Man: Studies in the Metamorphoses of a Classical Ideal. Volume II 1700–1760* (Oslo, 1971).

Rowe, William T. 'China: 1300–1900' in Peter Clark, ed. *The Oxford Handbook of Cities in World History* (Oxford, 2013), 310–27.

Rusnock, Andrea. *Vital Accounts: Quantifying Health and Population in Eighteenth-Century England and France* (Cambridge, 2002).

——— 'Hippocrates, Bacon, and Medical Meteorology at the Royal Society, 1700–1750' in David Cantor, ed. *Reinventing Hippocrates* (Aldershot, 2002), 136–153.

Schaffer, Simon. 'Measuring Virtue: Eudiometry, Enlightenment, and Pneumatic Medicine' in Roger French and Andrew Cunningham, eds. *The Medical Enlightenment of the Eighteenth Century* (Cambridge, 1990), 281–318.

Schama, Simon. *The Embarrassment of Riches: An Interpretation of Dutch Culture in the Golden Age* (Berkeley, 1988).

Selwood, Jacob. *Diversity and Difference in Early Modern London* (Farnham, 2010).

Sharpe, Kevin. 'The Image of Virtue: The Court and Household of Charles I, 1625–1642' in *Politics and Ideas in Early Stuart England: Essays and Studies* (1989), 147–73.

——— *Image Wars: Promoting Kings and Commonwealths in England, 1603–1660* (New Haven, 2010).

——— *Rebranding Rule: The Restoration and Revolution Monarchy, 1660–1714* (New Haven, 2013).

Sharpe, William. 'London and Nineteenth-Century Poetry' in Lawrence Manley, ed. *The Cambridge Companion to the Literature of London* (Cambridge, 2011), 119–41.

Skelton, Leona, *Sanitation in Urban Britain, 1560–1700* (2015).

Slack, Paul. *The Impact of Plague in Tudor and Stuart England* (Oxford, 1990).

——— 'Great and Good Towns 1540–1700' in Peter Clark, ed. *The Cambridge Urban History of Britain. Volume II 1540–1840* (Cambridge, 2000), 347–76.

——— *The Invention of Improvement: Information and Material Progress in Seventeenth-Century England* (Oxford, 2015).

Smil, Vaclav. *General Energetics: Energy in the Biosphere and Civilization* (New York, 1991).

Smuts, Malcolm. 'The Court and its Neighborhood: Royal Policy and Urban Growth in the Early Stuart West End' *Journal of British Studies* 30:2 (1991), 117–49.

Snell, K. D. M. *Annals of the Labouring Poor: Social Change and Agrarian England, 1660–1900* (Cambridge, 1985).

Spencer, J. R. 'Public Nuisance – A Critical Examination' *Cambridge Law Journal* 48 (1989), 55–84.

Stewart, Larry. *The Rise of Public Science: Rhetoric, Technology, and Natural Philosophy in Newtonian Britain, 1660–1750* (Cambridge, 1992).

Stobbart, Jon. *Sugar and Spice: Grocers and Groceries in Provincial England 1650–1830* (Oxford, 2012).

Stolberg, Michael. *Ein Recht auf saubere Luft? Umweltkonflikte am Beginn des Industrielzeitalters* (Erlangen, 1994).

Stone, Lawrence. 'The Residential Development of the West End of London in the Seventeenth Century' in Barbara Malament, ed. *After the Reformation: Essays in Honor of J.H. Hexter* (Manchester, 1980), 167–212.

Stradling, David. *Smokestacks and Progressives: Environmentalists, Engineers, and Air Quality in America, 1881–1951* (Baltimore, 2002).

Studnicki-Gizbert, Daviken *Survey of London*, 49 vols. (1900–).

Studnicki-Gizbert, Daviken and David Schecter. 'The Environmental Dynamics of a Colonial Fuel-Rush: Silver Mining and Deforestation in New Spain, 1522–1810' *Environmental History* 15:1 (2010), 94–119.

Sweet, Rosemary. *The Writing of Urban Histories in Eighteenth-Century England* (Oxford, 1997).

Szechi, Daniel. *1715: The Great Jacobite Rebellion* (New Haven, 2006).

Tarr, Joel. *The Search for the Ultimate Sink: Urban Pollution in Historical Perspective* (Akron, OH, 1996).

Te Brake, William H. 'Air Pollution and Fuel Crises in Preindustrial London, 1250–1650' *Technology and Culture* 16 (1975), 337–59.

Temin, Peter and Hans-Joachim Voth. *Prometheus Shackled: Goldsmith Banks and England's Financial Revolution after 1700* (Oxford, 2012).

Thick, Malcolm. *The Neat House Gardens: Early Market Gardening Around London* (Totnes, 1998).

Thomas, Keith. *Man and the Natural World: Changing Attitudes in England 1500–1800* (New York, 1983).

—— 'Cleanliness and Godliness in Early Modern England' in Anthony Fletcher and Peter Roberts, eds. *Religion, Culture, and Society in Early Modern Britain: Essays in Honour of Patrick Collinson* (Cambridge, 1994), 56–83.

Thorsheim, Peter. *Inventing Pollution: Coal, Smoke, and Culture in Britain since 1800* (Athens, OH, 2006).

Thrupp, Sylvia. *A Short History of the Worshipful Company of Bakers of London* (n.p. info, 1933).

Thrush, Andrew. 'Naval Finance and the Origins and Development of Ship Money' in Mark Charles Fissel, ed. *War and Government in Britain, 1598–1650* (Manchester, 1991), 133–62.

Thrush, Andrew and John P. Ferris, eds. *The House of Commons 1604–1629*, 6 vols. (Cambridge, 2010).

Thrush, Coll. 'The Iceberg and the Cathedral: Encounter, Entanglement, and Isuma in Inuit London' *Journal of British Studies* 53:1 (2014), 59–79.

Thurley, Simon. *The Whitehall Palace Plan of 1670* (London, 1998).

—— 'A Country Seat Fit for a King' in Eveline Cruickshanks, ed. *The Stuart Courts* (Thrupp, 2000), 214–39.

Totman, Conrad. *The Green Archipelago: Forestry in Pre-Industrial Japan* (Berkeley, 1989).

—— *Early Modern Japan* (Berkeley, 1993).

—— *Japan: An Environmental History* (2014).

Travis, Toby. '"Belching Forth Their Sooty Jaws": John Evelyn's Vision of a 'Volcanic' City' *London Journal* 39 (March 2014), 1–20.

Tudor-Craig, Pamela. 'Old St Paul's' *The Society of Antiquaries Diptych, 1616* (2004).

Tyacke, Nicholas. *Anti-Calvinists: The Rise of English Arminianism* (Oxford, 1987).

Uekotter, Frank. *The Age of Smoke: Environmental Policy in Germany and the United States, 1880–1970* (Pittsburgh, 2009).

Underdown, David. *Fire From Heaven: Life in an English Town in the Seventeenth Century* (New Haven, 1985).

Unger, Richard W. 'Energy Sources for the Dutch Golden Age: Peat, Wind, and Coal' *Research in Economic History* 9 (1984), 221–253.

Walmsley, Jonathan. 'John Locke on Respiration' *Medical History* 51 (2007), 453–76.

Walter, John. 'The Social Economy of Dearth in Early Modern England' in John Walter and Roger Schofield, eds. *Famine, Disease and the Social Order in Early Modern Society* (Cambridge, 1989), 75–128.

Warde, Paul. *Energy Consumption in England and Wales, 1560–2000* (Naples, 2007).

────── 'The Environmental History of Pre-Industrial Agriculture in Europe' in Paul Warde and Sverker Sörlin, eds. *Nature's End: History and the Environment* (Houndmills, UK: Palgrave Macmillan, 2009), 70–92.

────── 'The Idea of Improvement, c. 1520–1700' in Richard W. Hoyle, ed. *Custom, Improvement, and the Landscape in Early Modern Britain* (Farnham, Surrey, 2011), 127–48.

────── 'The Invention of Sustainability' *Modern Intellectual History* 8 (2011), 153–70.

────── 'Global Crisis of Global Coincidence?' *Past and Present* 228 (2015), 287–301.

Wear, Andrew. 'Place, Health, and Disease: The *Airs, Waters, Places* Tradition in Early Modern England and North America' *Journal of Medieval and Early Modern Studies* 38:3 (Fall 2008), 443–65.

Webster, Charles. *The Great Instauration: Science, Medicine, and Reform 1620–1660* (New York, 1975).

Wennerlind, Carl. *Casualties of Credit: The English Financial Revolution, 1620–1720* (Cambridge, MA, 2011).

Wheeler, Jo. 'Stench in Sixteenth-Century Venice' in Alexander Cowan and Jill Steward, eds. *The City and the Senses: Urban Culture since 1500* (Aldershot, 2007), 25–38.

White, Jerry. *London in the Eighteenth Century: A Great and Monstrous Thing* (2013).

White, Sam. *The Climate of Rebellion in the Early Modern Ottoman Empire* (Cambridge, 2011).

Whitehead, Mark. *State, Science and the Skies: Governmentalities of the British Atmosphere* (Oxford, 2012).

Willan, T. S. *The English Coasting Trade 1600–1750* (Manchester, 1967).

Williams, Laura. '"To Recreate and Refresh their Dulled Spirites in the Sweet and Wholesome Ayre": Green Space and the Growth of the City' in Julia Merritt, ed. *Imagining Early Modern London: Perceptions and Portrayals of the City from Stow to Strype, 1598–1720* (Cambridge, 2001), 185–213.

Williams, Raymond. *The Country and the City* (1973).

Wilson, Kathleen. *The Sense of the People: Politics, Culture, and Imperialism in England, 1715–1785* (Cambridge, 1995).

Winfield, P. H. 'Nuisance as a Tort' *Cambridge Law Journal* 4 (July, 1931) 189–206.

Wing, John T. *Roots of Empire: Forests and State Power in Early Modern Spain, c.1500–1750* (Leiden, 2015).

Winn, James Anderson. *Queen Anne: Patroness of the Arts* (Oxford, 2014).

Wolhcke, Anne. *The 'Perpetual Fair': Gender, Disorder, and Urban Amusement in Eighteenth-Century London* (Manchester, 2014).

Wood, Andy. *The Memory of the People: Custom and Popular Senses of the Past in Early Modern England* (Cambridge, 2013).

Wood, Diana. *Medieval Economic Thought* (Cambridge, 2002).

Woodward, Donald. 'Straw, Bracken and the Wicklow Whale: The Exploitation of Natural Resources in England since 1500' *Past and Present* 159 (May 1998), 43–76.

Wrightson, Keith. *English Society 1580–1680* (New Brunswick, NJ, 2000).

────── *Earthly Necessities: Economic Lives in Early Modern Britain* (New Haven, 2000).

────── 'Mutualities and Obligations: Changing social relationships in early modern England' *Proceedings of the British Academy* 139 (2007), 157–94.

Wrigley, E. A. 'A Simple Model of London's Importance in Changing English Society and Economy 1650–1750' *Past and Present* 37 (1967), 44–70.

—— *Energy and the English Industrial Revolution* (Cambridge, 2010).
Zahedieh, Nuala. *The Capital and the Colonies: London and the Atlantic Colonies* (Cambridge, 2010).

DIGITAL SOURCES

The Adams Papers Digital Edition, (University of Virginia Press, 2008), http:// rotunda.upress.virginia.edu/founders/ADMS
Biomass Energy Centre, Calorific Values of Fuels, www.biomassenergycentre.org.uk/ portal/page?_pageid=75,20041&_dad=portal&_schema=PORTAL
British History Online, www.british-history.ac.uk
City of London, *2013 Air Quality Progress Report,* www.cityoflondon.gov.uk/ business/environmental-health/environmental-protection/air-quality/Pages/ air-quality-reports.aspx
Clean Air Asia, CitiesACT Database, http://citiesact.org/data/search/aq-data
The Hartlib Papers 2nd ed. (Sheffield, HROnline, 2002).
The History of Parliament. The House of Commons, 1715–54, www .historyofparliamentonline.org/research/parliaments/parliaments-1715–1754
The House of Commons, 1754–90, www.historyofparliamentonline.org/research/ parliaments/parliaments-1754–1790
Indoor Air Pollution, Cookstoves, www.epa.gov/iaq/cookstoves/index.html
National Ambient Air Quality Standards, www.epa.gov/ttn/naaqs/standards/so2/s_ so2_history.html
Oxford Dictionary of National Biography, www.oxforddnb.com
Palmer, Robert. 'The level of litigation in 1607: Exchequer, King's Bench, Common Pleas' http://aalt.law.uh.edu/Litigiousness/Litigation.html
The Papers of Benjamin Franklin, franklinpapers.org
People's Republic of China Ambient Air Quality Standards, Clean Air Asia, http:// cleanairinitiative.org/portal/node/8163
United Kingdom Department for Food, Environment, and Rural Affairs National Air Quality Objectives, http://uk-air.defra.gov.uk/assets/documents/National_air_ quality_objectives.pdf
United States Environmental Protection Agency, Air Quality Information: Six Common Pollutants, www.epa.gov/airquality
World Health Organization, Children's Environmental Health, http://www.who.int/ ceh/risks/cehair/en. Indoor Air Pollution; www.who.int/ceh/risks/cehair/en. Indoor Air Pollution; www.who.int/entity/indoorair/en

译后记

　　读威廉·卡弗特的这本书，如果只是以读者的身份给予作者最基本的尊重，那是远远不够的；如果作为学者对作者肃然起敬，这一点也不过分。其中的原因不知道是久违的那种"十年磨一剑"的精神，还是因为作者本人实在做得太好。在他的书里，你会看到他十年磨一剑，整理了几百年前的历史资料和档案，引用了各种各样的文本资料，甚至包括诗歌，试图通过"烟雾"二字还原几百年前的伦敦环境。如果觉得此处环境仅指大气环境，那就误解了历史的存在。政治环境、文化环境、社会环境、法制环境，甚至伦敦人当时的心理环境均在本书的讨论之列。不唯如此，本书对当时战争、法庭、中产阶级、弱势群体、官员等具体事例也均有深度论述。

　　我们是带着上述认识、理解、感受和崇敬来翻译这本书的。为了忠实地转换其中的历史事实、文化概念、语体风格、文字表述等，我们查阅了相关历史资料，了解英国当时的风土人情。同时为了让读者在阅读过程中有时空感，我们尽可能地把其中引用的诗歌进行半白话文的翻译，毕竟几百年前的英语和现代英语有话语风格的差异。当然，尽管忠实翻译是对译者基本的伦理要求，但要完全做到几乎不可能，只能尽量忠实于原文。如果完全忠实于作者和原文，就有可能损害读者和译文；如果为了迎合读者而改造译文，就会扭曲原文，无法忠实呈现作者的意思。所以在翻译过程中我们不一定追求文本的精确（textually exact），而追求文化的正确（culturally correct），以达成既可以完整传递作者的意思和本书的信息，又能够关照到读者正确理解的需求和阅读体验。当然理想与现实总有差距。虽然这是我们追求的目标，但限于水平，本书的翻译还有不足之处，为此我们诚恳希望读者提出意见和建议，以便将来订正。

本书的翻译工作是在清华大学历史系梅雪芹教授的安排下开启的。在翻译过程中，昆明理工大学 2016、2017 级翻译方向硕士研究生胡映月、邰金侠、赖铭慧、查龙娇、陈玉青同学（排名不分先后）对原文进行了试译、资料查询，对译文的最初构建做了大量的工作。中国英国史研究会会长、北京大学历史学系高岱教授一直关心这项翻译工作，并给予了诸多指导。社会科学文献出版社的李期耀先生对于本书的翻译和出版倾注了大量的心血。对上述各位，我们表示最衷心的感谢。

王庆奖　苏前辉
2019 年 2 月

图书在版编目（CIP）数据

雾都伦敦：现代早期城市的能源与环境／（美）威
廉·卡弗特（William M. Cavert）著；王庆奖，苏前辉
译. --北京：社会科学文献出版社，2019.5
书名原文：The Smoke of London：Energy and
Environment in the Early Modern City
ISBN 978 - 7 - 5201 - 4544 - 2

Ⅰ.①雾…　Ⅱ.①威…②王…③苏…　Ⅲ.①城市空
气污染 - 污染防治 - 研究 - 伦敦　Ⅳ.①X51

中国版本图书馆 CIP 数据核字（2019）第 048538 号

雾都伦敦
—— 现代早期城市的能源与环境

著　　者／〔美〕威廉·卡弗特（William M. Cavert）
译　　者／王庆奖　苏前辉
审　　校／梅雪芹

出 版 人／谢寿光
责任编辑／李期耀

出　　版／社会科学文献出版社·历史学分社（010）59367256
　　　　　地址：北京市北三环中路甲 29 号院华龙大厦　邮编：100029
　　　　　网址：www.ssap.com.cn
发　　行／市场营销中心（010）59367081　59367083
印　　装／三河市东方印刷有限公司

规　　格／开本：889mm×1194mm　1/32
　　　　　印张：12.125　字数：281 千字
版　　次／2019 年 5 月第 1 版　2019 年 5 月第 1 次印刷
书　　号／ISBN 978 - 7 - 5201 - 4544 - 2
著作权合同
登 记 号／图字 01 - 2018 - 6015 号
定　　价／69.00 元